新工科·普通高等教育机电类系列教材

机 械 制 图

第 2 版

主编　陈彩萍　员创治

参编　白国庆　马树焕　杨　航

　　　张　博　赵　磊

机 械 工 业 出 版 社

本书是根据教育部高等学校工程图学课程教学指导分委员会 2019 年修订的《普通高等学校工程图学课程教学基本要求》，并在总结多年教学实践经验的基础上编写而成。

本书内容包括：点、直线、平面的投影，基本体及表面交线，轴测图，制图的基本知识与技能，组合体视图，机件的表达方法，标准件、常用件的表达方法，零件图的绘制与识读，装配图的绘制与识读和计算机绘图。全书内容符合我国现行的《技术制图》和《机械制图》国家标准，以及与制图有关的其他国家标准。

本书适合于高等工科院校机械类和近机械类专业师生使用，也可作为高职高专等院校相关专业的教材，还可供工程技术人员参考。此外，机械工业出版社还同时出版了与本书配套的《机械制图习题集 第 2 版》，供各院校师生选用。

本书为新形态一体化教材，以二维码的形式配备了丰富的微课视频、三维动画的数字化资源，学生可以随扫随学。本书配有 PPT 课件，选用本书的教师可登录机械工业出版社教育服务网（www.cmpedu.com）免费下载。

图书在版编目（CIP）数据

机械制图/陈彩萍，员创治主编. —2 版. —北京：机械工业出版社，2024.1（2024.9重印）

新工科·普通高等教育机电类系列教材

ISBN 978-7-111-74743-7

Ⅰ.①机… Ⅱ.①陈… ②员… Ⅲ.①机械制图-高等学校-教材 Ⅳ.①TH126

中国国家版本馆 CIP 数据核字（2024）第 005052 号

机械工业出版社（北京市百万庄大街 22 号 邮政编码 100037）

策划编辑：徐鲁融　　责任编辑：徐鲁融

责任校对：李小宝　　封面设计：王　旭

责任印制：常天培

北京机工印刷厂有限公司印刷

2024 年 9 月第 2 版第 2 次印刷

184mm×260mm·18.75 印张·460 千字

标准书号：ISBN 978-7-111-74743-7

定价：54.80 元

电话服务　　　　　　　　　　网络服务

客服电话：010-88361066　　机 工 官 网：www.cmpbook.com

　　　　　010-88379833　　机 工 官 博：weibo.com/cmp1952

　　　　　010-68326294　　金 书 网：www.golden-book.com

封底无防伪标均为盗版　　机工教育服务网：www.cmpedu.com

前　言

　　本书是根据教育部高等学校工程图学课程教学指导分委员会 2019 年修订的《普通高等学校工程图学课程教学基本要求》，结合应用型本科院校人才培养的教学特点，并在总结了多年教学实践经验的基础上编写而成。

　　本书在编写上注重以图代言，以例代理，具有以下特点：

　　1. 在编排体系上，从投影作图入手，由浅入深，由简到繁图文并茂，使画图与读图融为一体，将基本概念和基本理论融入实例之中，有利于学生理解和掌握。

　　2. 在学习内容的安排上，淡化理论知识，注重能力培养。每章均设有"知识目标"和"能力目标"，同时辅以"特别提示""思考"等，使学生在学习过程中做到心中有数，有利于知识的拓展与延伸。

　　3. 将"互联网+"思维融入教材中，以二维码的形式配备了微课视频、三维动画的数字化资源，使学生可以随扫随学，形成新形态一体化教材，实现传统与创新的"完美"结合。

　　4. 图例的选取具有针对性和适用性，均为工程中常见的形体和零件，使教学能更好地指导实践。

　　5. 遵守现行《技术制图》和《机械制图》国家标准。

　　本书适用于 64~96 学时教学，学时分配可参考下表。

学时分配表

序号	授课内容	少学时		多学时	
		理论课	实践课	理论课	实践课
第一章	点、直线、平面的投影	6	2	10	4
第二章	基本体及表面交线	6	2	10	4
第三章	轴测图	2	1	2	2
第四章	制图的基本知识与技能	3	1	4	2
第五章	组合体视图	8	2	10	2
第六章	机件的表达方法	8	2	10	4
第七章	标准件、常用件的表达方法	5	2	10	2
第八章	零件图的绘制与识读	4	2	8	2
第九章	装配图的绘制与识读	4	2	6	2
第十章	计算机绘图		2		2
小计		46	18	70	26
合计		64		96	

　　此外，为满足教育部关于高等学校课程思政建设的相关要求，本书中以二维码的形式引入"思政拓展"模块，展示技术图纸、设计图纸百年信物，讲述笔头创新、大国工匠的感人故事，将党的二十大精神融入其中，助力培养德才兼备的高素质人才。

　　本书由陈彩萍和员创治担任主编，白国庆、马树焕、杨航、张博和赵磊参与编写。编写分工：太原学院陈彩萍编写绪论、第七章、第八章、附录，山西工程技术学院员创治编写第六章、第九章，太原学院杨航编写第一章，太原学院白国庆编写第二章，太原学院张博编写第四章，山西工程技术学院马树焕编写第五章、第十章，山西工程技术学院赵磊编写第三章。

　　由于编者水平有限，书中难免有疏漏和不足之处，敬请使用本书的师生和其他广大读者批评指正。

编　者

目　录

绪　论

一、机械制图课程的性质和研究对象

机械制图是研究绘制和识读机械工程图样的基本原理和基本方法的一门技术基础课，是实践性和应用性并重的课程。

本课程所研究的图样主要是机械图，也就是准确表达机械产品的形状、大小、相对位置及技术要求等内容的图样，其绘制过程通常是按一定的投影方法和有关的标准和规定，将工程对象表达在图纸上。图样是设计、制造、使用和技术交流等过程中的重要技术文件。设计者通过图样表达设计意图；制造者通过图样了解设计要求、组织制造和指导生产；使用者通过图样了解机器设备的结构和性能，进行操作、维护和保养。因此，图样是传递和交流技术信息和思想的媒介和工具，也是工程界通用的技术语言。

思政拓展
推动煤电清洁化利用的
技术图纸

二、机械制图课程的目的和任务

本课程的主要目的是培养学生绘制和阅读机械图样的能力。本课程的主要任务有：

1. 阐明正投影法的基本理论及其应用方法。

2. 讲解绘图工具和仪器的使用方法，培养绘制和识读零件图、装配图的基本能力。

3. 培养空间想象能力和创新能力。

4. 介绍《技术制图》和《机械制图》国家标准的基本内容，初步培养查阅标准和工程手册的能力。

5. 培养认真负责的工作态度和耐心细致的工作作风。

三、机械制图课程的主要内容与基本要求

本课程的主要内容包括正投影作图基础、制图基本知识与技能、机械图样的表示法、零件图及装配图的识读与绘制等部分内容。学生学习这些内容时应达到以下基本要求：

1. 正投影作图基础

机械图样的识读和绘制理论是本课程的核心内容。通过学习应掌握运用正投影法图示空间形体和图解几何问题的基本理论和方法，并具有一定的空间想象和思维能力。

2. 制图基本知识与技能

掌握制图的基本知识和基本规定，了解国家标准的基本规定，学会使用绘图工具和仪器，掌握绘图的基本方法，培养绘图的操作技能。

3. 机械图样的表达方法

物体内外结构形状、大小的投影图表达方法和常用结构要素的特殊表达方法是本课程的

重要内容。通过学习要熟练掌握各种表达方法，并能正确运用表达方法绘制常见机构的图样，同时具有根据视图想象出物体形状的能力。

4. 机械图样的绘制与阅读

图样的绘制与阅读是本课程的主干内容，也是学习本课程的最终目的。通过学习要了解各种技术要求的含义，具备识读和绘制有一定难度的零件图和装配图的能力。

四、机械制图课程的学习方法

1. 学习理论部分时，要牢固掌握正投影的基本知识，就应将投影分析、几何作图同空间想象、分析、判断结合起来，由浅入深，由简到繁地多看、多画、多想，不断地由物画图，由图想物，提高空间分析能力和空间想象能力。

2. 学习制图应用时，学会应用形体分析法、线面分析法等基本理论和方法，并按照相关国家标准中的规定，正确熟练地绘制和阅读机械图样。

3. 学与练相结合。要想学好机械制图，使自己具有绘图和读图的本领，每节课后都应完成一定的训练，练习时要善于分析已知条件，并按做题要求正确作图。同时，应认认真真、反反复复地练习，不断提高作图的熟练度和准确度。

4. 绘图和读图能力要通过实践来培养。在绘图实践中，要养成正确使用绘图仪器和绘图工具的习惯，掌握正确查阅和使用相关手册的方法。

5. 读图和绘图都是一件十分细致的工作，实际工作中不得出任何差错，因此在学习中对每条线、每个符号都必须认真对待、一丝不苟，严格遵守《技术制图》和《机械制图》的国家标准。

第一章

点、直线、平面的投影

▶【知识目标】

- 了解正投影的特性。
- 掌握点、直线、平面的投影规律，特别是特殊位置直线和平面的投影规律。
- 熟知平面上点、直线的投影作图方法。
- 掌握直线与平面、平面与平面的相对位置及投影的规律。
- 理解换面法的概念。

▶【能力目标】

- 能正确理解投影法，特别是正投影法的概念，并能正确运用。
- 能根据点、直线和平面的投影规律，作出相应的投影图。
- 能根据点、直线和平面的相对位置关系的投影规律，解决实际问题。
- 能利用换面法解决空间几何问题。

点、直线和平面是构成物体的基本几何元素，掌握这些几何元素的正投影规律是学习机械制图的基础。

第一节　投影法的基本知识

一、投影法的概念

在日常生活中，空间物体受到光线的照射会在地上或墙上产生影子，这就是投影的自然现象。用几何的方法对投影的自然现象进行科学总结，就形成了各种投影法。如图 1-1 所示，将光源用点 S 表示，称为投射中心，平面 H 是产生投影的面，称为投影面，如在点 S、平面 H 之间有一点 A，则该点在平面 H 上的投影在点 S 与点 A 连线的延长线与投影面 H 的交点 a 处，直线 Sa 称为投射线，点 a 称为点 A 的投影。投射线通过物体向预定投影面进行投射而得到图形的方法称为投影法。

二、投影法的种类

根据投射线之间的相对位置关系，常用的投影法有中心投影法和平行投影法两大类。

1. 中心投影法

全部投射线都从一点（投影中心 S）投射出，在投影面上得到物体投影的方法，称为中心投影法，如图 1-1 所示。中心投影法的投影大小与物体和投影面之间的距离有关，一般不能反映空间物体表面的真实形状和大小。工程上常用中心投影法画建筑透视图。

2. 平行投影法

若将图 1-1 中的投射中心移至无穷远处，则所有投射线都相互平行，如图 1-2 所示，这种投影方法称为平行投影法。

根据投射线是否垂直于投影面，平行投影法又分为正投影法和斜投影法两种。

（1）正投影法　投射线垂直于投影面的投影方法称为正投影法，所得投影称为正投影，如图 1-2a 所示。

（2）斜投影法　投射线倾斜于投影面的投影方法称为斜投影法，所得投影称为斜投影，如图 1-2b 所示。

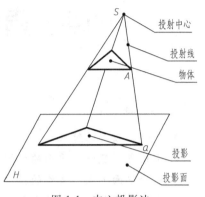

图 1-1　中心投影法

平行投影法的投影大小与物体和投影面之间的距离无关。

由于正投影法能准确地表达物体的形状和大小，而且量度性好，因此在工程制图中广泛应用，所以正投影法是本课程学习的主要内容。

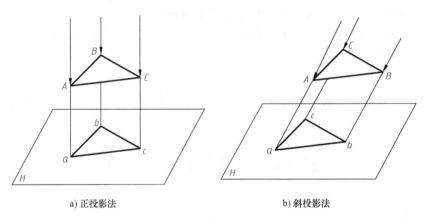

a) 正投影法　　　　　　　b) 斜投影法

图 1-2　平行投影法

三、正投影法的基本性质

1. 真实性

当直线或平面平行于投影面时，投影反映直线的实长或平面的实形，如图 1-3a 所示。

2. 积聚性

当直线或平面垂直于投影面时，直线的投影积聚为点，平面的投影积聚为线段，如图 1-3b 所示。

3. 类似性

当直线或平面倾斜于投影面时，直线的投影变短，平面的投影为原形的类似形，如

图 1-3c 所示。

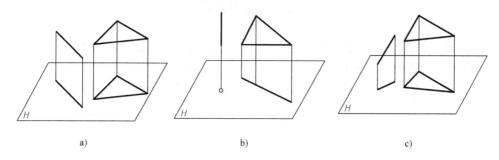

a)	b)	c)

图 1-3　正投影法的基本性质

四、三投影面体系的建立

一般情况下，只根据物体的一个投影不能确定其形状，如图 1-4 所示，三个形状不同的物体，它们在同一投影面上的投影却相同。所以，要想反映物体的完整形状，必须有从不同的方向得到的投影图，这些图互相补充，才能将物体的形状表达清楚。工程图中一般采用三面正投影的画法来表达物体的形状。

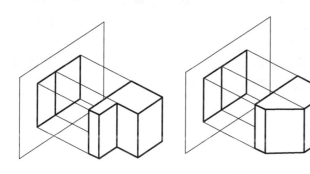

图 1-4　不同物体的单面投影

三投影面体系由三个相互垂直的投影面所组成，如图 1-5 所示，正立投影面——简称正面，用 V 表示；水平投影面——简称水平面，用 H 表示；侧立投影面——简称侧面；用 W 表示。

相互垂直的投影面之间的交线称为投影轴，分别是 OX 轴、OY 轴、OZ 轴。

1）OX 轴，简称 X 轴，是 V 面与 H 面的交线，它代表物体的长度方向。

2）OY 轴，简称 Y 轴，是 H 面与 W 面的交线，它代表物体的宽度方向。

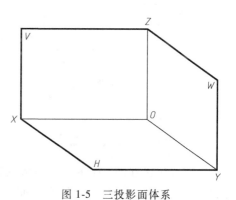

图 1-5　三投影面体系

3）OZ 轴，简称 Z 轴，是 V 面与 W 面的交线，它代表物体的高度方向。

三条投影轴相互垂直，其交点 O 称为原点。

第二节 点的投影

点的投影仍然是点，而且是唯一的，如图 1-6 所示，点 A 在 H 面的投影为一点 a。但是，已知点的一个投影并不能够确定空间点的位置，如图 1-6 所示，由点 b 不能确定其对应的空间点是 B_1、B_2 或 B_3。因此，为了确定空间立体的形状，可采用多面正投影法。

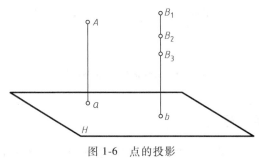

图 1-6 点的投影

一、点在三投影面体系中的投影

将点 A 置于三投影面体系中，自点 A 分别向三个投影面作垂线，它们的垂足就是点 A 分别在三个投影面上的投影，如图 1-7a 所示。点 A 在水平面 H 上的投影为 a，点 A 在正面 V 上的投影为 a'，点 A 在侧面 W 上投影为 a"。

空间点用大写字母表示，并规定水平投影用相应的小写字母表示，正面投影用相应的小写字母上加一撇表示，侧面投影用相应的小写字母加两撇表示。

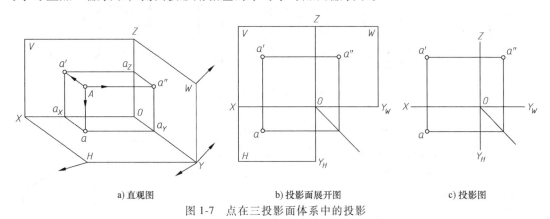

a) 直观图　　　b) 投影面展开图　　　c) 投影图

图 1-7 点在三投影面体系中的投影

二、点的三面投影规律

为将投影画在同一平面上，需将投影面展开。先将空间点 A 移去，再规定：正面（V 面）保持不动，水平面（H 面）绕 OX 轴向下旋转 90°，侧面（W 面）绕 OZ 轴向右旋转 90°，使它们与 V 面展成同一平面，这样就得到如图 1-7b 所示的投影图。OY 轴随 H 面和 W 面分为两处，分别用 OY_H 和 OY_W 表示。实际画图时投影面的边框不必画出，如图 1-7c 所示。

图 1-7
微课视频

点的三面投影规律：

1）点的投影的连线垂直于投影轴。即：$a'a \perp OX$，$a'a'' \perp OZ$。

2）点的投影到投影轴的距离等于该点的坐标，也就是该点到相应投影面的距离。

> **特别提示**
>
> ➤ 因投影面是无限大的，所以可以去掉投影面的边框线。
>
> ➤ 采用正投影法，投影图与物体到投影面的距离无关，作图时可以不画投影轴。

三、点的三面投影与直角坐标的关系

若将投影面体系视为空间直角坐标系，将投影面 V、H、W 视为坐标面，将投影轴 OX、OY、OZ 视为坐标轴，将原点 O 视为坐标原点。则如图 1-8 所示，点 A 的空间位置可以用直角坐标 (X, Y, Z) 来表示。其投影与坐标的关系为：

点 A 的 X 坐标值 $= Oa_X = aa_Y = a'a_Z = Aa''$，反映点 A 到 W 面的距离；

点 A 的 Y 坐标值 $= Oa_Y = aa_X = a''a_Z = Aa'$，反映点 A 到 V 面的距离；

点 A 的 Z 坐标值 $= Oa_Z = a'a_X = a''a_Y = Aa$，反映点 A 到 H 面的距离。

投影 a 由点 A 的 X、Y 坐标值确定，a' 由点 A 的 X、Z 的坐标值确定，a'' 由点 A 的 Y、Z 坐标值确定。所以已知点 A 的坐标值 (X, Y, Z) 后，就能唯一确定它的三面投影。

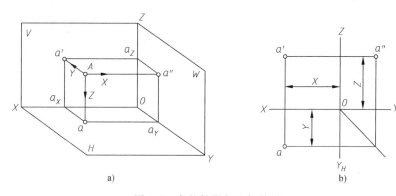

a)　　　　　　　　　　　　b)

图 1-8　点的投影与坐标关系

[例 1-1]　已知点的坐标为 $A(15，5，10)$，求作点 A 的三面投影图。

分析　已知空间点的三个坐标，可作出该点的两个投影，再求作第三投影。

作图　如图 1-9 所示。从原点 O 向左量取 15 得 a_X，向下量取 5 得 a_{YH}，向上量取 10 得 a_Z，过 a_X 作 OX 轴的垂线，与过 a_{YH} 所作 OY_H 轴垂线交于 a，与过 a_Z 所作 OZ 轴垂线交于 a'，由 a、a' 作出 a''。

[例 1-2]　已知各点的两面投影如图 1-10a 所示，求作其第三面投影，并判断点与投影面的相对位置关系。

作图及判断

1）根据点的投影规律可作出各点的第三面投影，如图 1-10b 所示。

2）根据点的坐标可判断点对投影面的相对位置。点 A 的三个坐标值均不等于零，故点 A 为一般位置的点；点 B 的 X 坐标为零，故点 B 为 W 面内的点；点 C 的 X、Y 坐标均为零，故点 C 在 OZ 轴上。

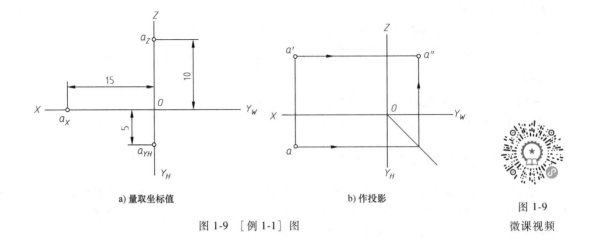

a) 量取坐标值   b) 作投影

图 1-9 〔例 1-1〕图

图 1-9

微课视频

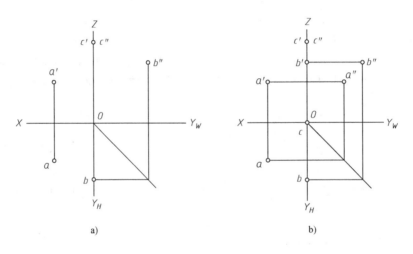

a)   b)

图 1-10 〔例 1-2〕图

思考

如果点的三个坐标中有一个为零，那它在三投影面体系中处于什么位置？如果点的三个坐标中有两个为零，那它在三投影面体系中又处于什么位置？

四、两点的相对位置

1. 两点的相对位置

空间两点的相对位置是指这两点在空间的左右（X）、前后（Y）、上下（Z）三个方向上的相对位置。要在投影图上判断空间两点的相对位置，应根据**两点的各个同面投影的位置关系和坐标差**来确定。

由图 1-11 中 A、B 两点的正面和水平面投影可知 $X_A > X_B$，故点 A 在点 B 的左方；由 A、B 两点的水平面和侧面投影可知 $Y_A < Y_B$，故点 A 在点 B 的后方；由 A、B 两点的正面和侧面投影可知 $Z_A < Z_B$，故点 A 在点 B 的下方。

2. 重影点及可见性

重影点是指空间两点的同面投影重合于一点时，这两个空间点称为重影点。如图 1-12 所示，C、D 两点的水平投影 $c(d)$ 重影为一点。因为水平投影的投影方向是由上向下，点 C 在点 D 的正上方，$Z_C > Z_D$，所以，点 C 的水平投影可见，点 D 的水平投影被遮住而不可见。通常规定，把不可见点的投影打上括号，如 (d)。

结论：如果两个点的某面投影重合时，则对该投影面的投影坐标值大者可见，小者不可见。

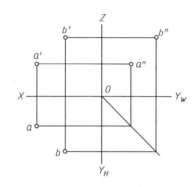

图 1-11 两点的相对位置

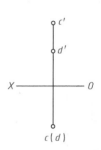

图 1-12 重影点

[例 1-3] 已知点 D 的三面投影，如图 1-13a 所示，点 C 在点 D 的正前方 15mm 处，求作点 C 的三面投影，并判别其投影的可见性。

分析 由已知条件知：$X_C = X_D$，$Z_C = Z_D$，$Y_C - Y_D = 15$mm。因此点 C 和点 D 在 V 面上的投影重影。又因为 $Y_C > Y_D$，所以点 C 的 V 面投影为可见点，则点 D 的 V 面投影为不可见点。

作图 过 d 沿 Y 向前量取 15mm，求出 c，c' 和 d' 重影于一点，由 c 和 c' 作出 c''，如图 1-13b 所示。

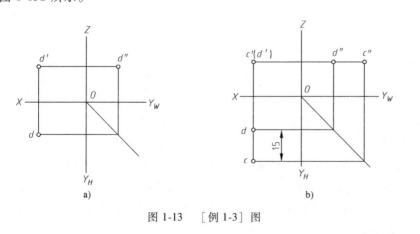

图 1-13 [例 1-3] 图

图 1-13
微课视频

特别提示

根据观测方向的不同，在投影图中重影点可见性的判别规律为"上遮下、左遮右、前遮后"。

第三节　直线的投影

一、直线的投影

直线的投影一般还是直线。在特殊情况下，直线的投影可积聚为一点。由于两点确定一条直线，因此直线的投影是直线上两点的同面投影的连线。如图 1-14 所示，已知直线上两点的坐标，则可以先作出这两点的三面投影，然后连接它们的同面投影，得到的 ab、$a'b'$ 和 $a''b''$ 即为直线的三面投影。

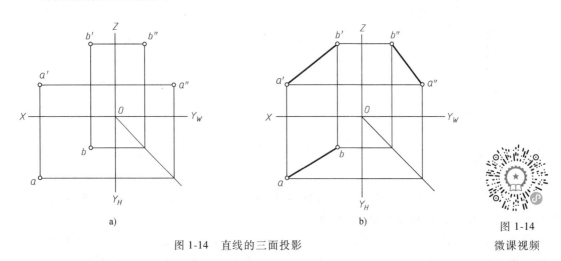

a)   b)

图 1-14　直线的三面投影

图 1-14

微课视频

二、各种位置直线的投影特性

直线根据其对投影面的位置可分为三种类型：投影面平行线、投影面垂直线和一般位置直线。前两种为特殊位置直线。

1. 投影面平行线的投影特性

投影面平行线是指平行于一个投影面而对另外两个投影面倾斜的直线。它有三种情况：只平行于水平面的直线称为水平线（平行于 H 面）；只平行于正面的直线称为正平线（平行于 V 面）；只平行于侧面的直线称为侧平线（平行于 W 面）。它们的投影特性见表 1-1。

2. 投影面垂直线的投影特性

投影面垂直线是指垂直于一个投影面而与另外两个投影面平行的直线。空间直线可垂直于不同的投影面，因此也有三种情况：垂直于水平面的直线称为铅垂线（垂直于 H 面）；垂直于正面的直线称为正垂线（垂直于 V 面）；垂直于侧面的直线称为侧垂线（垂直于 W 面）。它们的投影特性见表 1-2。

3. 一般位置直线的投影特性

对三个投影面都倾斜的直线为一般位置直线。直线对 H 面、V 面、W 面的倾角分别用 α、β、γ 表示，如图 1-15 所示，则直线 AB 的三面投影长度与倾角的关系为：$ab = AB\cos\alpha$，$a'b' = AB\cos\beta$，$a''b'' = AB\cos\gamma$。

　　一般位置直线的投影特性为：直线的三面投影都倾斜于投影轴，并且它们与投影轴的夹角都不反映直线对投影面的倾角，三面投影都小于直线的实长。

表 1-1　投影面平行线的投影特性

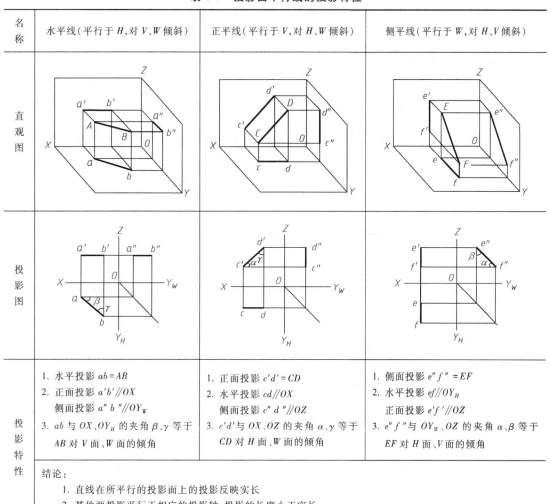

名称	水平线（平行于 H，对 V、W 倾斜）	正平线（平行于 V，对 H、W 倾斜）	侧平线（平行于 W，对 H、V 倾斜）
直观图			
投影图			
投影特性	1. 水平投影 $ab=AB$ 2. 正面投影 $a'b'/\!/OX$ 　侧面投影 $a''b''/\!/OY_W$ 3. ab 与 OX、OY_H 的夹角 β、γ 等于 AB 对 V 面、W 面的倾角	1. 正面投影 $c'd'=CD$ 2. 水平投影 $cd/\!/OX$ 　侧面投影 $c''d''/\!/OZ$ 3. $c'd'$ 与 OX、OZ 的夹角 α、γ 等于 CD 对 H 面、W 面的倾角	1. 侧面投影 $e''f''=EF$ 2. 水平投影 $ef/\!/OY_H$ 　正面投影 $e'f'/\!/OZ$ 3. $e''f''$ 与 OY_W、OZ 的夹角 α、β 等于 EF 对 H 面、V 面的倾角

结论：
　　1. 直线在所平行的投影面上的投影反映实长
　　2. 其他两投影平行于相应的投影轴，投影的长度小于实长
　　3. 反映实长的投影与投影轴所夹的角度等于空间直线对相应投影面的倾角

表 1-2　投影面垂直线的投影特性

名称	铅垂线（垂直于 H，平行于 V 和 W）	正垂线（垂直于 V，平行于 H 和 W）	侧垂线（垂直于 W，平行于 H 和 V）
直观图			

（续）

名称	铅垂线(垂直于 H,平行于 V 和 W)	正垂线(垂直于 V,平行于 H 和 W)	侧垂线(垂直于 W,平行于 H 和 V)
投影图	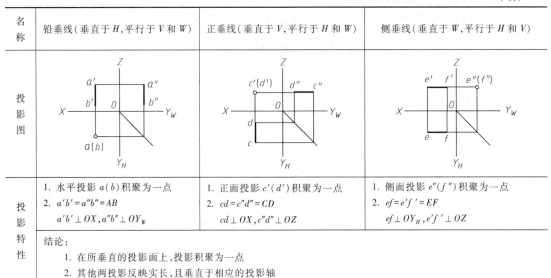		

投影特性	1. 水平投影 $a(b)$ 积聚为一点
	2. $a'b' = a''b'' = AB$
	  $a'b' \perp OX, a''b'' \perp OY_W$
		1. 正面投影 $c'(d')$ 积聚为一点
		2. $cd = c''d'' = CD$
		  $cd \perp OX, c''d'' \perp OZ$
			1. 侧面投影 $e''(f'')$ 积聚为一点
			2. $ef = e'f' = EF$
			  $ef \perp OY_H, e'f' \perp OZ$

	结论: 1. 在所垂直的投影面上,投影积聚为一点 2. 其他两投影反映实长,且垂直于相应的投影轴		

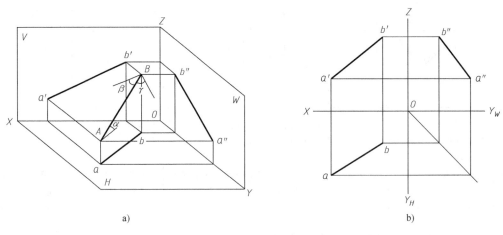

a)   b)

图 1-15　一般位置直线的投影

特别提示

判别直线与投影面的相对位置,可根据直线的投影特性进行判断。若直线的投影为"两平一斜",则该直线为投影面平行线,倾斜的投影在哪个面,直线就平行于哪个投影面;若直线的投影为"两线一点",则该直线为投影面垂直线,点在哪个面,直线就垂直于哪个投影面;若直线的投影为"三倾斜",则该直线为一般位置直线。

对一般位置直线而言,两个投影已完全足以确定它的空间位置和其上各点的相对位置,如需求出其实长和对投影面的倾角,可以采用直角三角形法。

一般位置直线 AB 的直观图如图 1-16a 所示,过点 A 作 $AC // ab$,与 Bb 交于点 C,构成直角三角形 ABC,该直角三角形的一条直角边 $AC = ab$(线段 AB 的水平投影),另一条直角边 $BC = Bb - Aa = Z_B - Z_A$(即线段 AB 的两端点的 Z 坐标差)。由于两条直角边的长度在投影图上均已知,因此可以作出这个直角三角形,从而求得直线的实长和对投影面的倾角。

直角三角形可在图中任意位置画出，为了使作图简便准确，常利用投影图上已有的图线作为其中的一条直角边。求直线的实长和倾角 α 的具体作图方法如图 1-16b、c 所示。

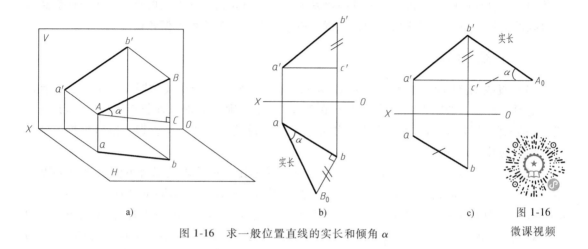

图 1-16 求一般位置直线的实长和倾角 α

图 1-16
微课视频

（1）以 ab 为一条直角边在水平投影面上作图（图 1-16b）

1）过点 a' 作 OX 轴的平行线并与投影连线 bb' 交于 c'，则 $b'c' = Z_B - Z_A$。

2）过 b（或 a）作 ab 的垂线，并在此垂线上量取 $bB_0 = b'c' = Z_B - Z_A$。

3）连接 aB_0 即可作出直角三角形 abB_0。斜边 aB_0 为直线 AB 的实长，$\angle baB_0$ 即为直线 AB 对 H 面的倾角 α。

（2）利用 Z 坐标差值在正立投影面上作图（图 1-16c）

1）过 a' 作 OX 轴的平行线并与投影连线 bb' 交于 c'，则 $b'c' = Z_B - Z_A$。

2）从 c' 出发在 $a'c'$ 的延长线上量取 $c'A_0 = ab$，得点 A_0。

3）连接 $b'A_0$ 作出直角三角形 $b'c'A_0$。斜边 $b'A_0$ 为直线 AB 的实长，$\angle c'A_0b'$ 即为直线 AB 对 H 面的倾角 α。

同理也可在正立投影面或水平投影面上求出直线的实长和倾角 β，如图 1-17 所示。使直角三角形的一条直角边为正面投影 $a'b'$，另一条直角边为 AB 两端点的 Y 坐标差值，则该三

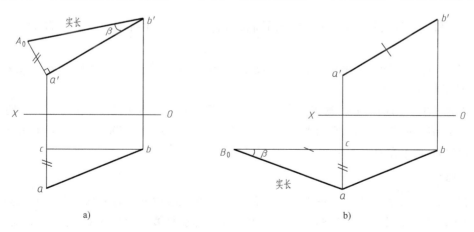

图 1-17 求直线的实长和倾角 β

角形的斜边为直线 AB 的实长，斜边与投影的夹角为直线对 V 面的倾角 β。

结论：用直角三角形法求直线实长和倾角的方法是，以直线在某一投影面的投影为一条直角边，以直线两端点到该投影面的距离差为另一条直角边，所形成的直角三角形的斜边就是直线的实长，斜边与直线投影的夹角就是该直线对这个投影面的倾角。

三、直线上的点

（1）**直线上点的投影特性** 点在直线上，则其投影必在该直线的同面投影上，并且满足点的投影特性。如图 1-18 所示，点 C 在直线 AB 上，则点 C 的三面投影 c、c' 和 c'' 必在直线 AB 的三面投影 ab、$a'b'$ 和 $a''b''$ 上。如果已知直线及其上点的一个投影，则可根据上述特性求出点的其他两投影。

（2）**点分割线段成定比** 直线上的点分割直线之比，在投影上保持不变。如图 1-19 所示，过直线上各点向投影面所作的垂线必定相互平行，所以 $AC:CB = ac:cb = a'c':c'b' = a''c'':c''b''$。例如要在图 1-19 所示的直线 AB 上求一点 C 使 $AC:CB = 1:3$。作图过程为：过 a（或 a'）任意作一直线 $a4$，并将直线 $a4$ 分为四等份，得到点 1、点 2、点 3，连接 $b4$，过点 1 作直线 $1c$ 平行于直线 $b4$ 并交 ab 于 c，则 c 即为点 C 的水平投影，根据 c 可求出 c'。

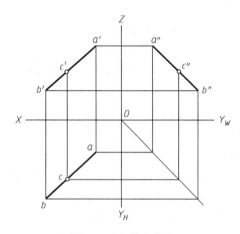

图 1-18   直线上的点

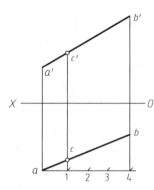

图 1-19   点分割线段成定比

[例 1-4] 已知直线 CD 及点 M 的两面投影，如图 1-20a 所示，判断点 M 是否在直线 CD 上。

作图 1 作侧平线 CD 和点 M 的侧面投影，如图 1-20b 所示，由图可知 m'' 不在 $c''d''$ 上，所以点 M 不在直线 CD 上。

作图 2 在 H 面内过 c 任意作一直线 cE，使 $cE = c'd'$，并在其上找到一点 M_1，使 $cM_1 = c'm'$。连接 dE，过点 M_1 作 dE 的平行线并与 cd 交于 m_1，如图 1-20c 所示。因为 m_1 与 m 不重合，所以点 M 不在直线 CD 上。

特别提示

判断点是否在直线上，一般只需两个投影面上的投影即可进行判断。但当直线为投影面平行线，且给出的两个投影都平行于投影轴时，需求出第三投影或采用点分割线段成定比的方法进行判断。

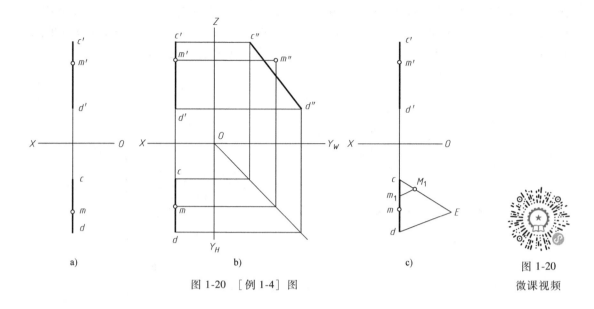

a)   b)   c)

图 1-20 ［例 1-4］图

图 1-20
微课视频

四、两直线的相对位置

空间两直线的相对位置有三种情况：平行、相交和交叉。平行和相交的两直线位于同一平面内，称为共面直线；而交叉两直线不在同一平面内，称为异面直线。它们分别具有如下投影特性。

1. 平行两直线

投影特性：空间两直线互相平行，它们的各组同面投影必定互相平行。如图 1-21 所示，如果空间直线 AB、CD 互相平行，过 AB、CD 所作投影面的投射面（投影面的垂面）必定互相平行，此平行两平面与投影面的交线必定互相平行，即有 $ab // cd$、$a'b' // c'd'$、$a''b'' // c''d''$。反之，若两直线的各组同面投影互相平行，则两空间直线一定互相平行。

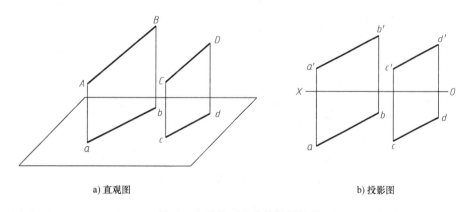

a) 直观图   b) 投影图

图 1-21 平行两直线的投影特性

2. 相交两直线

投影特性：空间两直线相交，它们的各组同面投影必定相交，并且交点符合点的投影规律。如图1-22所示，空间直线 *AB*、*CD* 相交于点 *K*，该交点是两直线的共有点，因此水平投影 *k* 既在 *ab* 上，又在 *cd* 上，同样，正面投影 *k'* 既在 *a'b'* 上，又在 *c'd'* 上，侧面投影 *k″* 既在 *a″b″* 上，又在 *c″d″* 上。点 *K* 是一个空间点，它的三面投影必符合点的投影规律。

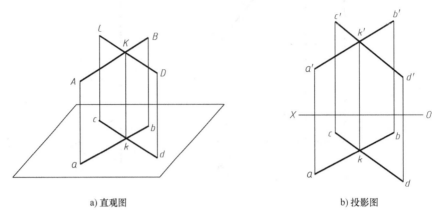

a) 直观图   b) 投影图

图 1-22　相交两直线的投影特性

3. 交叉两直线

在空间中既不平行又不相交的两直线称为交叉两直线。如图1-23所示，它们的投影不具有平行两直线或相交两直线的投影特性。

交叉两直线的同面投影可能有某一面的互相平行，但不可能各面的都平行。交叉两直线的投影可能有交点，但各投影交点的连线不垂直于相应的投影轴，这种投影上的交点并不是两直线真正的交点，而是两直线上相应点投影的重影点。对重影点应判断其可见性，即根据重影点对同一投影面的坐标值大小来判断，坐标值大者为可见点，小者为不可见点。

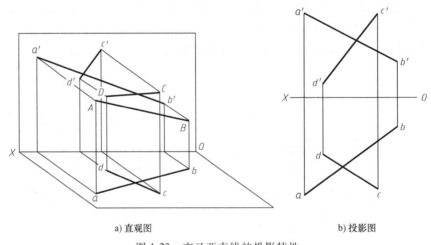

a) 直观图   b) 投影图

图 1-23　交叉两直线的投影特性

[例1-5]　已知直线 *AB* 和点 *C* 的投影，如图1-24a所示，求作经过点 *C* 并与 *AB* 相交的水平线 *CD*。

作图　根据水平线的投影特性，先作直线 *CD* 的正面投影并求出其与 *a'b'* 的交点 *d'*，再由 *d'* 作出 *d*。如图1-24b所示。

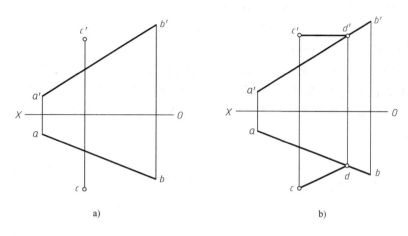

图 1-24　［例 1-5］图

［例 1-6］　已知两直线 AB、CD 的投影及点 M 的水平投影 m，如图 1-25a 所示，求作一直线 MN 使 $MN /\!/ CD$ 并与直线 AB 相交于点 N。

分析　根据平行两直线和相交两直线的投影特性，要使 $MN /\!/ CD$，则 MN 的各面投影应平行于 CD 的各面投影，并且其与 AB 的交点应满足点的投影规律。

作图　过 m 作 $mn /\!/ cd$ 并与 ab 交于 n，由 n 求出 n'，再过 n' 作 $n'm' /\!/ c'd'$ 求得 m'，如图 1-25b 所示。

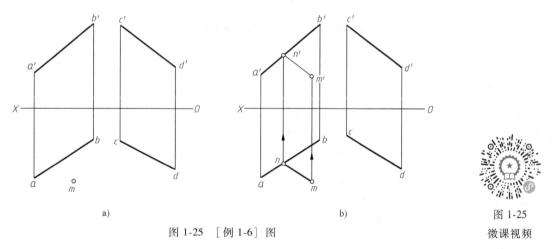

图 1-25　［例 1-6］图

图 1-25
微课视频

五、一边平行于投影面的直角的投影

空间两直线成直角（相交或交叉），若直角两边都对某一投影面倾斜，则其在该投影面上的投影不是直角。当互相垂直的两直线同时平行于同一投影面时，则它们在该投影面上的投影仍成直角。

一边平行于投影面的直角在该投影面上的投影仍为直角，如图 1-26a、b 所示。

证明：

已知空间两直线 $AB \perp AC$，$\angle BAC$ 是直角，$AB /\!/ H$ 面，AC 倾斜于 H 面。

因为 AB//H 面、$Aa \perp H$ 面，所以 $AB \perp Aa$。

因为 $AB \perp AC$、$AB \perp Aa$，所以 $AB \perp$ 平面 $ACca$。

因为 AB//H 面，所以 ab//AB。

由于 ab//AB、$AB \perp$ 平面 $ACca$，所以 $ab \perp$ 平面 $ACca$，因此，$ab \perp ac$，即 $\angle bac$ 为直角。

反之，如果空间中的相交两直线在某一投影面上的投影互相垂直，且其中一条直线平行于该投影面，那么这两条直线在空间中必定互相垂直。对交叉垂直两直线同样适用，如图 1-26c 所示。

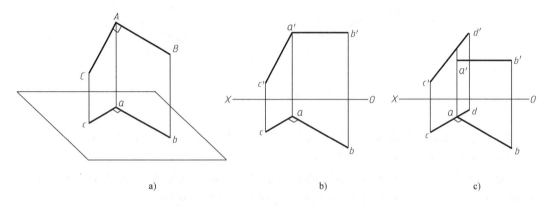

a)　　　　　　　　　　　　b)　　　　　　　　　　　　c)

图 1-26　一边平行于投影面的直角的投影

第四节　平面的投影

一、平面的表示法

由几何学可知，不在同一直线上的三点可以确定一个平面，根据此公理，在投影图上可以用下列任一组几何元素的投影表示平面的投影。

1）不在同一直线上的三点，如图 1-27a 所示。

2）一条直线和直线外一点，如图 1-27b 所示。

3）两条相交直线，如图 1-27c 所示。

4）两条平行直线，如图 1-27d 所示。

5）任意平面形，如图 1-27e 所示。

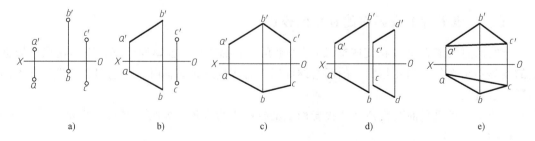

a)　　　　　b)　　　　　c)　　　　　d)　　　　　e)

图 1-27　平面的五种表示法

二、各种位置平面的投影特性

平面根据其对投影面的相对位置可分为三种：投影面垂直面、投影面平行面和一般位置平面。前两种为特殊位置平面。

1．投影面垂直面

垂直于一个投影面而对另外两个投影面倾斜的平面，称为投影面垂直面。它可分别垂直于三个投影面，因此有三种类型：只垂直于水平面的平面称为铅垂面（垂直于 H 面）；只垂直于正面的平面称为正垂面（垂直于 V 面）；只垂直于侧面的平面称为侧垂面（垂直于 W 面）。表 1-3 列出了投影面垂直面的投影特性。

2．投影面平行面

平行于一个投影面而垂直于另外两个投影面的平面，称为投影面平行面。它可分别平行于三个投影面，因此有三种类型：平行于水平面的平面称为水平面（平行于 H 面）；平行于正面的平面称为正平面（平行于 V 面）；平行于侧面的平面称为侧平面（平行于 W 面）。表 1-4 列出了投影面平行面的投影特性。

表 1-3　投影面垂直面的投影特性

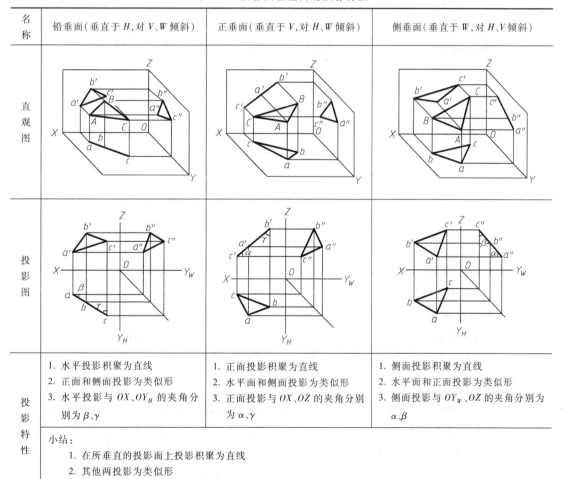

名称	铅垂面（垂直于 H,对 V、W 倾斜）	正垂面（垂直于 V,对 H、W 倾斜）	侧垂面（垂直于 W,对 H、V 倾斜）
直观图			
投影图			
投影特性	1．水平投影积聚为直线 2．正面和侧面投影为类似形 3．水平投影与 OX、OY_H 的夹角分别为 β、γ	1．正面投影积聚为直线 2．水平面和侧面投影为类似形 3．正面投影与 OX、OZ 的夹角分别为 α、γ	1．侧面投影积聚为直线 2．水平面和正面投影为类似形 3．侧面投影与 OY_W、OZ 的夹角分别为 α、β
小结	小结： 　1．在所垂直的投影面上投影积聚为直线 　2．其他两投影为类似形 　3．具有积聚性的投影与投影轴的夹角分别反映平面与相应投影面的倾角		

表 1-4　投影面平行面的投影特性

名称	水平面(平行于 H，垂直于 V、W)	正平面(平行于 V，垂直于 H、W)	侧平面(平行于 W，垂直于 H、V)
直观图	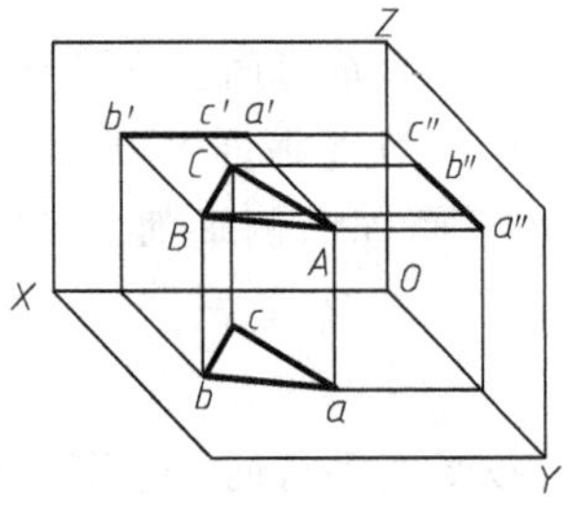	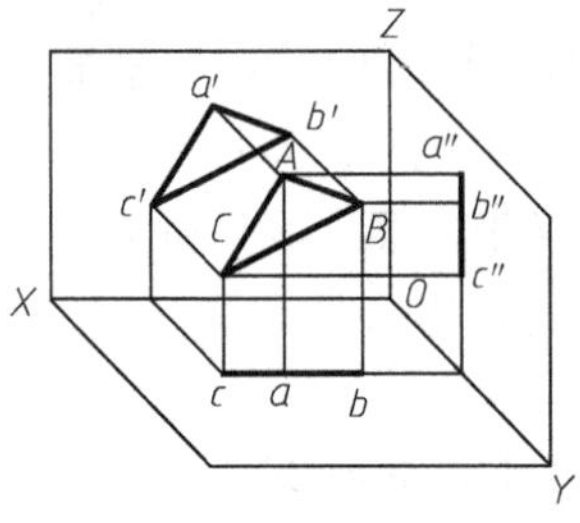	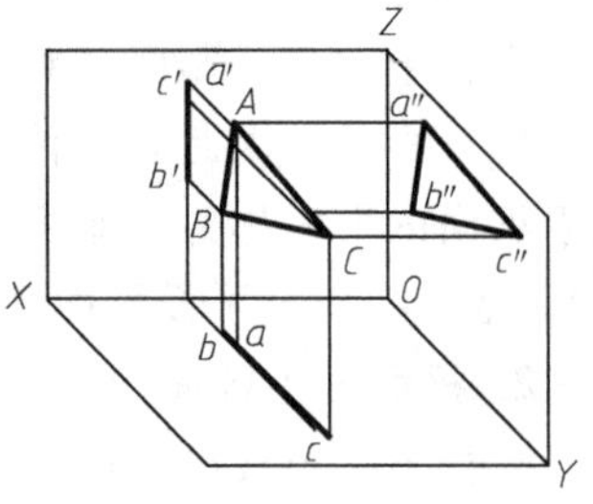
投影图	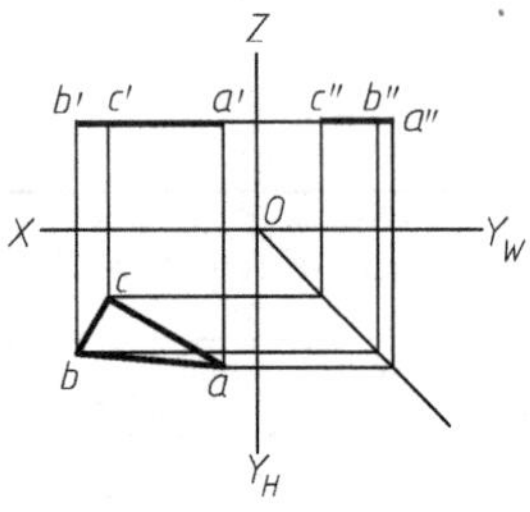	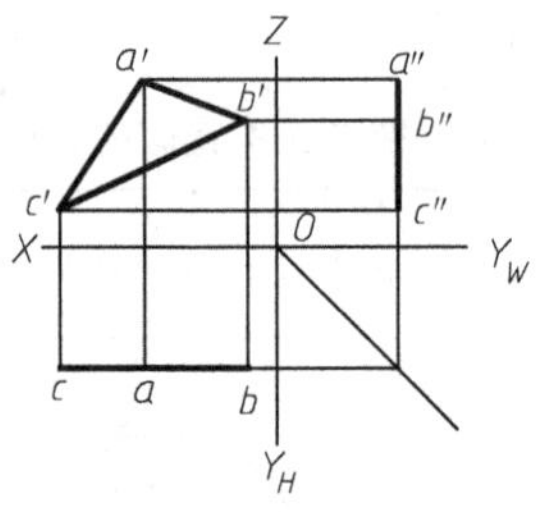	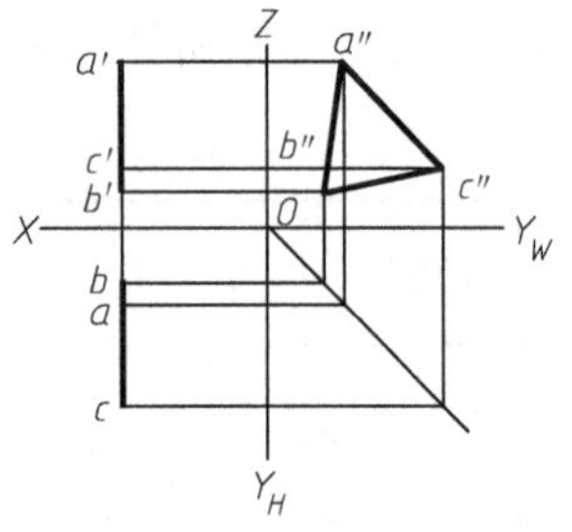
投影特性	1. 水平投影表达实形 2. 正面投影积聚为直线，且平行于 OX 轴 3. 侧面投影积聚为直线，且平行于 OY_W 轴	1. 正面投影表达实形 2. 水平面投影积聚为直线，且平行于 OX 轴 3. 侧面投影积聚为直线，且平行于 OZ 轴	1. 侧面投影表达实形 2. 水平面投影积聚为直线，且平行于 OY_H 轴 3. 正面投影积聚为直线，且平行于 OZ 轴

小结：
　　1. 在所平行的投影面上的投影反映实形
　　2. 其他两投影积聚为直线，且平行于相应的投影轴

3. 一般位置平面

对三个投影面都倾斜的平面称为一般位置平面。它的三个投影都不能积聚为直线，也不反映平面的实形，如图 1-28 所示，三角形的投影仍为三角形。

特别提示

判别平面与投影面的相对位置，可根据投影的特点进行判断。若平面的投影为"一框两线"，则该平面为投影面平行面，框在哪个面，平面就平行于哪个投影面；若平面的投影为"一线两框"，则该平面为投影面垂直面，线在哪个面，平面就垂直于哪个投影面；若平面的投影为"三个框"，则该平面为一般位置平面。

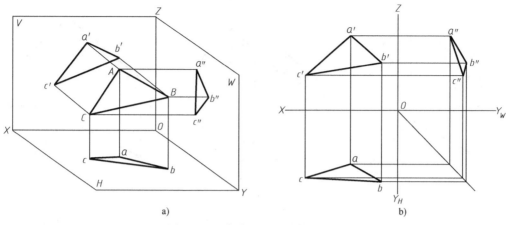

图 1-28 一般位置平面的投影特性

三、平面内的点和直线的投影

1. 平面上的点和直线

定理一：若直线过平面上的两点，则此直线必在该平面内。如图 1-29a 所示，在平面 ABC 的直线 AC 上取一点 D 并连接 BD，则直线 BD 必在平面 ABC 内。

定理二：若一直线过平面内的一点，且平行于该平面上的另一直线，则此直线在该平面内。如图 1-29b 所示，在平面 ABC 的直线 AC 上取一点 M，过点 M 作直线 MN 平行于 AB，则直线 MN 必在平面 ABC 内。

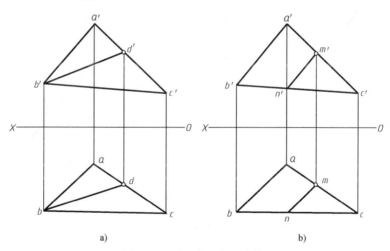

图 1-29 平面内的点和直线

[例 1-7] 已知 △ABC 内一点 K 的 V 面投影 k'，如图 1-30a 所示，求作点 K 的 H 面投影。

作图 1 在 V 面上连接 $a'k'$ 并延长，交 $b'c'$ 于 d'，作出直线 AD 的 H 面投影 ad，再在 ad 上求得 k，如图 1-30b 所示。

作图 2 在 V 面上过 k' 作直线 $m'n'$，使 $m'n' /\!/ a'b'$，作出直线 MN 的 H 面投影 mn，则 $mn /\!/ ab$，再在 mn 上求得 k，如图 1-30c 所示。

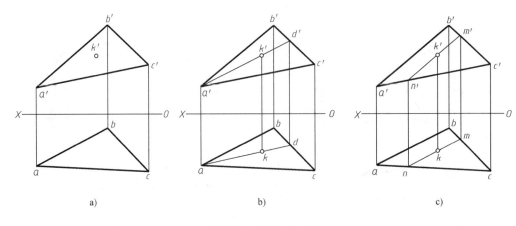

a)   b)   c)

图 1-30 [例 1-7] 图

[例 1-8] 已知四边形 $ABCD$ 的 V 面投影及 AB、BC 的 H 面投影，如图 1-31a 所示，完成四边形 $ABCD$ 的 H 面投影。

作图 1 在 V 面上过 d' 作 $d'e'$，使 $d'e'/\!/b'c'$ 并交 $a'b'$ 于点 e'；在 ab 上求出 e，过 e 作 bc 的平行线，并根据 $dd'\perp OX$ 轴作出 d；连接 ad、cd 即得所求，如图 1-31b 所示。

作图 2 在 V 面上连接 $a'c'$、$b'd'$ 得到交点 e'；在 H 面上连接 ac 并在其上作出点 E 的 H 面投影 e，连接 be 并延长，同时根据 $dd'\perp OX$ 轴作出 d；连接 ad、cd 即得所求，如图 1-31c 所示。

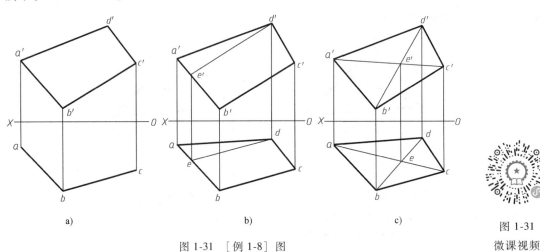

a)   b)   c)

图 1-31 [例 1-8] 图

图 1-31
微课视频

2. 平面内的投影面平行线

凡在平面内且平行于某一投影面的直线，称为平面内的投影面平行线。可分为三种情况：平面内的水平线，即在平面内且平行于水平面的直线；平面内的正平线，即在平面内且平行于正面的直线；平面内的侧平线，即在平面内且平行于侧面的直线。

平面内的投影面平行线与投影面平行，其投影就应符合投影面平行线的投影特性。而直线又在平面内，就应同时满足直线在平面内的条件。

［例 1-9] 已知△*ABC* 的两面投影，作△*ABC* 平面内距 *V* 面 10mm 的正平线，如图 1-32 所示。

作图　因为正平线的水平投影平行于 *OX* 轴，先作 *de*//*OX* 且使其距 *V* 面 10mm，再求出 *d'e'*。

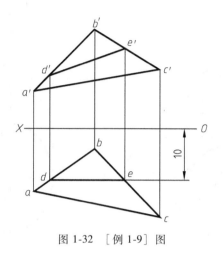

图 1-32　［例 1-9]图

图 1-32
微课视频

四、特殊位置圆的投影

1. 与投影面平行的圆

当圆平行于某一投影面时，则其在该投影面上的投影仍为圆，其他两投影均积聚为直线，其长度等于圆的直径，且平行于相应的投影轴，如图 1-33 所示。

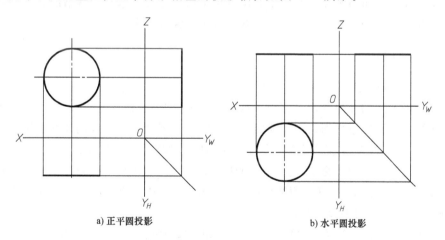

a) 正平圆投影　　　　　b) 水平圆投影

图 1-33　与投影面平行的圆的投影

2. 与投影面垂直的圆

当圆与投影面垂直时，则其在所垂直的投影面上的投影积聚为直线且长度等于圆的直径，其他两投影均为椭圆。如图 1-34 所示，圆心为 *C* 的圆与 *V* 面垂直，该圆的 *V* 面投影积聚为直线，且倾斜于投影轴，其长度为圆的直径，它的 *H* 面投影为椭圆，长轴是平行于 *H*

面的直线 *AB* 的投影 *ab*，长度等于圆的直径，短轴是与 *AB* 垂直的直线 *DE* 的投影 *de*。求得椭圆的长轴和短轴后，即可用近似画法作出椭圆。

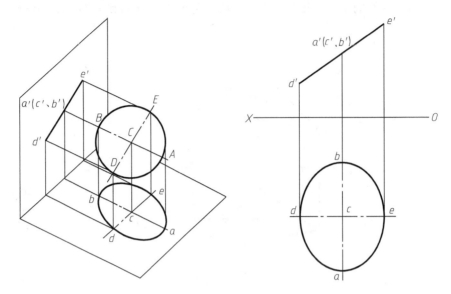

图 1-34　与投影面垂直的圆的投影

第五节　直线与平面、平面与平面的相对位置

直线与平面或平面与平面之间的相对位置有平行、相交和垂直三种情况，其中垂直是相交的特殊情况。下面分别讨论各种相对位置的投影特性和作图方法。

一、平行问题

1. 直线与平面平行

直线与平面平行的几何条件：直线平行于平面上的某一条直线。直线与平面平行的投影特性为：如果直线平行于平面，则直线的各面投影必与平面上一直线的同面投影平行。

[例 1-10]　过点 *M* 作直线 *MN* 平行于平面 *ABC*，如图 1-35a 所示。

作图　过已知点可作无穷多条直线平行于平面 *ABC*。本例只作一条与平面内的任一直线平行的直线即可：过点 *M* 作直线 *MN* 平行于△*ABC* 的 *AC* 边（即 *mn*//*ac*、*m′n′*//*a′c′*），则直线 *MN*//平面 *ABC*，如图 1-35b 所示。

[例 1-11]　过点 *M* 作直线 *MN* 平行于 *V* 面和平面 *ABC*，如图 1-36a 所示。

作图　因为平面 *ABC* 为正垂面，所以直线 *MN* 的正面投影 *m′n′* 必定平行于 *a′b′c′*。又因直线 *MN* 为正平线，所以其水平投影 *mn* 平行于 *OX* 轴，如图 1-36b 所示。

2. 平面与平面平行

平面与平面平行的几何条件：①若一个平面上的两相交直线分别平行于另一平面上的两相交直线，则两平面互相平行，如图 1-37a 所示；②若两投影面垂直面互相平行，则它们具有积聚性的那组投影必互相平行，如图 1-37b 所示。

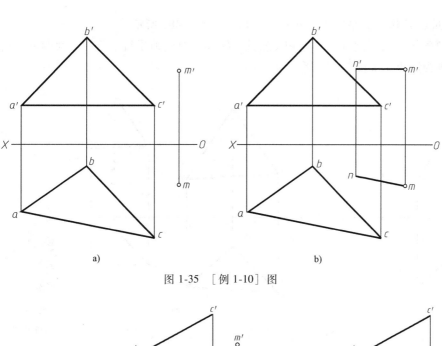

a)

b)

图 1-35

微课视频

图 1-35 ［例 1-10］图

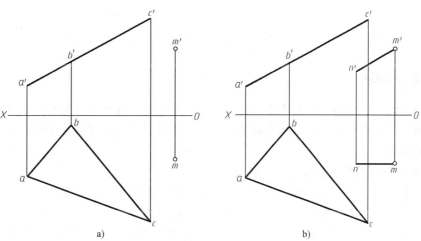

a)

b)

图 1-36 例 ［1-11］图

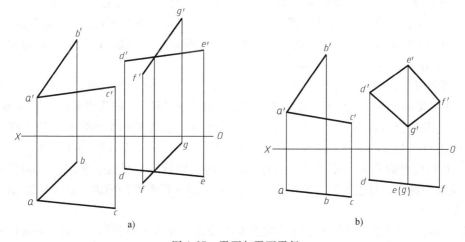

a)

b)

图 1-37 平面与平面平行

[例 1-12]　过点 K 作平面平行于已知平面 ABC，如图 1-38a 所示。

作图　按几何条件，只要过点 K 作两相交直线 KL、KH 对应地平行于已知平面的一对相交直线，此平面即为所求，如图 1-38b 所示。

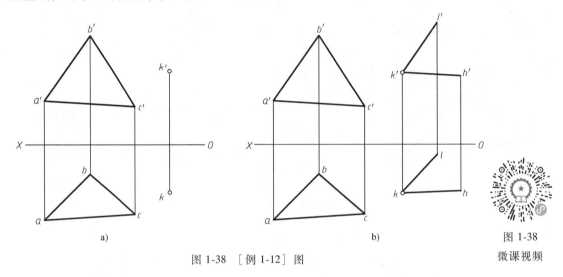

图 1-38　[例 1-12]图

图 1-38

微课视频

二、相交问题

直线与平面、平面与平面若不平行就必相交。直线与平面相交，其交点是直线与平面的共有点，两平面相交，其交线是两平面的共有线。本节只讨论平面和直线中至少有一个处于特殊位置的情况。

1. 特殊位置平面与一般位置直线相交

若平面平行或垂直于投影面，则其在相应投影面上的投影具有积聚性。利用此特性可直接确定它们的共有点在该面上的投影，再利用点的投影规律求出其余投影。

[例 1-13]　如图 1-39a 所示，求一般位置直线 EF 与铅垂面 $\triangle ABC$ 的交点 K 的投影，并判断可见性。

分析与作图　直线与平面的交点是直线和平面的共有点，因此它的投影必在直线和平面的同面投影上，所以交点 K 的 H 面投影 k 必在 $\triangle ABC$ 的 H 面投影 abc 上，又必在直线 EF 的 H 面投影 ef 上。由图 1-39a 可知平面 $\triangle ABC$ 的水平投影 abc 为直线，所以交点 K 的 H 面投影 k 就是 abc 与 ef 的交点，再由 k 求出 $e'f'$ 上的 k'。

判断可见性　图中正面投影 $e'f'$ 与 $a'b'c'$ 的重合部分存在可见性问题，并且交点 K 的投影是可见与不可见的分界点。利用重影点来判别，如投影 $e'f'$ 和 $a'c'$ 的交点是一重影点 $m'(n')$，在 ac 和 ef 上分别求出 m 和 n，由 H 面投影可知平面 ABC 上点 M 的 Y 坐标大于直线 EF 上点 N 的 Y 坐标值，所以直线 EF 上的 NK 一段在平面 $\triangle ABC$ 之后，$n'k'$ 不可见，$k'f'$ 可见。

对于特殊位置的平面，可利用平面有积聚性的投影判别可见性。从水平投影可以看出 fk 在铅垂面的前方，故正面投影 $f'k'$ 为可见，而 ke 段在铅垂面的后方，故 $k'e'$ 被 $\triangle a'b'c'$ 遮住部分为不可见。

[例 1-14]　求直线 AB 与水平圆的交点 K 的投影，并判别可见性，如图 1-40a 所示。

分析与作图　由图可知，圆平面是水平面，其正面投影有积聚性，因此可先求出点 K

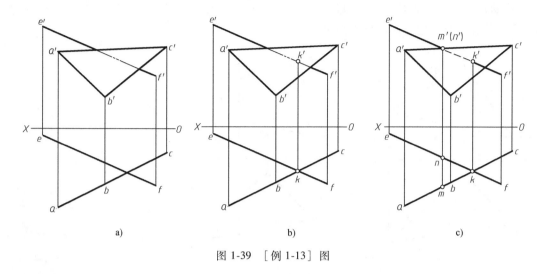

图 1-39 ［例 1-13］图

的 V 面投影 k'，再求出 H 面投影 k，如图 1-40b 所示。

判别可见性 由于 $a'k'$ 段在圆平面的正投影的上方，故水平投影 ak 可见，kb 被圆遮住的部分不可见。

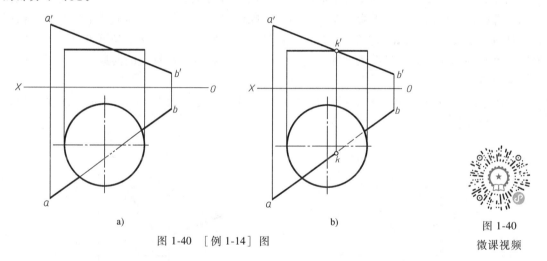

图 1-40 ［例 1-14］图

图 1-40

微课视频

2. 特殊位置直线与一般位置平面相交

若直线垂直于投影面，则其在该投影面上的投影具有积聚性。可利用点的投影规律，借助于辅助线求出相应的投影。判别可见性要利用重影点进行。一般先从同面投影的重叠部分中找一对交叉直线的重影点，然后在其他投影面上找到它们的相应投影，再比较两者坐标的大小进而判别出可见性（大者可见，小者不可见）。

［例 1-15］ 求铅垂线 DE 与 $\triangle ABC$ 的交点 K 的投影，并判别可见性，如图 1-41a 所示。

分析与作图 由于直线 de 是铅垂线，其水平投影有积聚性，所以交点 K 的水平投影 k 与 d、e 积聚为一点，又因交点 K 是 $\triangle ABC$ 内的一点，可利用平面内取点的作图方法，借助于辅助线求出 k'，如图 1-41b 所示。

判别可见性 V 面上的投影 $b'c'$ 与 $d'e'$ 的交点 $m'(n')$ 是重影点，点 M 在直线 DE 上，

点 N 在直线 BC 上，由 H 面投影可知，m 在 n 的前方，所以直线 DE 的 V 面投影的 $d'k'$ 段可见，$k'e'$ 段被 $\triangle ABC$ 遮住的部分不可见。

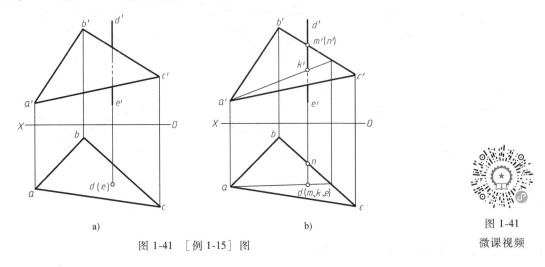

a)   b)

图 1-41   ［例 1-15］图

图 1-41
微课视频

3. 一般位置平面与特殊位置平面相交

当相交两平面之一为特殊位置平面时，可利用投影的积聚性直接求得两个共有点，连接此两点即得两平面的交线的投影，交线的另一个投影可由一般位置平面的两个边线与平面有积聚性投影的交点的投影连线求得。判别可见性时应注意两点：①交线是可见与不可见的分界线；②在同面投影中，只有两个图形的重叠部分才存在判别可见性的问题，凡不重叠的部分都是可见的。

［例 1-16］ 水平面 $\triangle ABC$ 与一般位置平面 $\triangle DEF$ 相交，如图 1-42a 所示，求交线的投影并判别可见性。

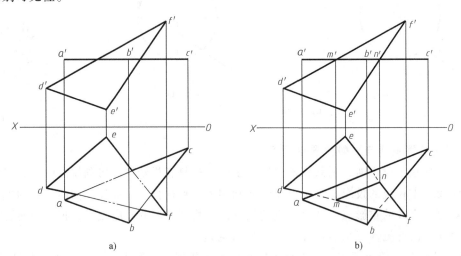

a)   b)

图 1-42   ［例 1-16］图

分析与作图   因为 $\triangle ABC$ 为水平面，其正面投影有积聚性，所以两平面交线的正面投影必在 $\triangle ABC$ 的正面投影 $a'b'c'$ 上。同时该交线又是 $\triangle DEF$ 内的一条直线，其水平投影必在

△d'e'f'上。所以△d'f'e'与△a'b'c'相交所得线段m'n'即为交线MN的正面投影，如图1-42b所示。可以看出点M在直线DF上，点N在直线EF上，因此可由m'、n'求出m、n。

判别可见性 因为V面上的m'n'f'在a'b'c'的上方，所以H面上的mnf可见，△ABC被△DEF遮挡部分的H面投影不可见，四边形DENM被△ABC遮挡部分的H面投影不可见，不可见部分画虚线。

[例1-17] 求一般位置平面△ABC与铅垂面△DEF的交线MN的投影，并判别可见性，如图1-43a所示。

分析与作图 铅垂面△DEF的水平投影有积聚性，因此可直接求出m、n，再由m、n求出m'、n'。交线是可见与不可见的分界线，可见性的判别结果如图1-43b所示。

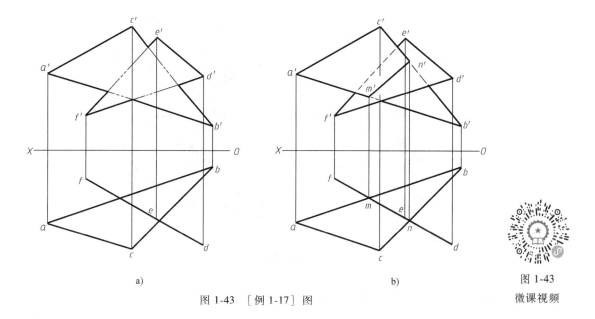

a)

b)

图1-43

图1-43 [例1-17]图

微课视频

三、垂直问题

1. 直线与平面垂直

如果一直线垂直于某一平面内的两条相交直线，那么这条直线必垂直于该平面。例如图1-44中的直线LG垂直于平面P内的两条相交直线AB和CD，则直线LG垂直于平面P。

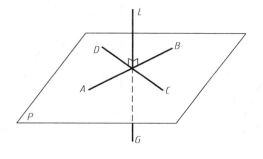

图1-44 直线与平面垂直

[**例 1-18**]   过已知点 D 作平面 ABC 的垂线，如图 1-45a 所示。

分析与作图   为了使过点 D 所作的直线垂直于平面 ABC，可在平面内作一条水平线和一条正平线，然后过点 D 作直线垂直于平面内的水平线和正平线。过点 A 作 $AM//H$ 面，即过 a' 作 $a'm'//OX$ 轴，并求出其水平投影 am；过点 C 作 $CN//V$ 面，即过 c 作 $cn//OX$ 轴，并求出其正面投影 $c'n'$；再过点 D 作直线 DK 垂直于 AM、CN，即作 $dk \perp am$，$d'k' \perp c'n'$，如图 1-45b 所示。

由 [例 1-18] 可知直线与平面垂直的投影特性：如果一直线垂直于某一平面，则该直线的水平投影必定垂直于该平面内的水平线的水平投影，直线的正面投影必定垂直于该平面内的正平线的正面投影。

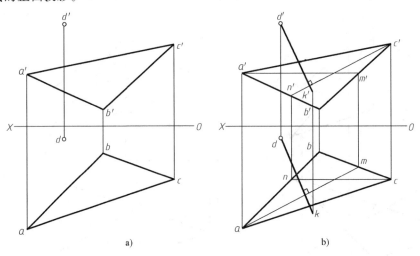

图 1-45   [例 1-18] 图

[**例 1-19**]   求点 D 到正垂面 ABC 的距离，如图 1-46a 所示。

分析与作图   因为 $\triangle ABC$ 的正面投影有积聚性，所以平面 ABC 内的正平线的正面投影

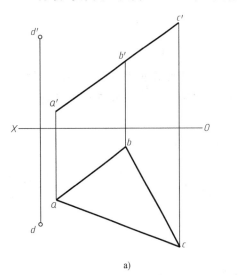

a)

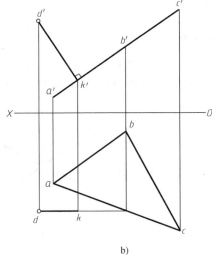

b)

图 1-46

微课视频

图 1-46   [例 1-9] 图

与 $a'b'c'$ 重合，作 $d'k' \perp a'b'c'$，则 $d'k'$ 必垂直于平面 ABC 内的正平线的正面投影。正垂面内的水平线只有正垂线，其水平投影垂直于 OX 轴，其正面投影积聚为一点。因为 $b'b \perp OX$ 轴，所以延长 $b'b$ 即得 $\triangle ABC$ 内一条正垂线的水平投影，再作 $dk \perp b'b$ 求得 k，如图 1-46b 所示。由图可知 $dk /\!/ OX$ 轴。

　　由［例 1-19］可得：当平面处于特殊位置时，垂直关系就能直接反映出来，如直线垂直于投影面垂直面时，它必然是一条投影面平行线，平行于该平面所垂直的投影面，该平面有积聚性的投影与该垂直线的同面投影必互相垂直。

2. 两平面垂直

　　如果一个平面经过另一个平面的一条垂线，那么这两个平面互相垂直，如图 1-47 所示。反之，如果两平面互相垂直，那么经过第一个平面内一点，作出的垂直于第二个平面的直线必在第一个平面内。

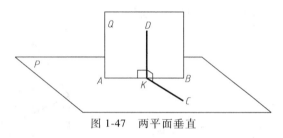

图 1-47　两平面垂直

　　［例 1-20］　过已知点 D 作一平面垂直于已知平面 ABC，如图 1-48a 所示。

　　分析与作图　过已知点 D 作直线 DK 垂直于平面 ABC，如图 1-48b 所示，然后包含直线 DK 作平面（可作无数多个），即在直线 DK 外任取一点 E，则平面 DEK 垂直于平面 ABC。

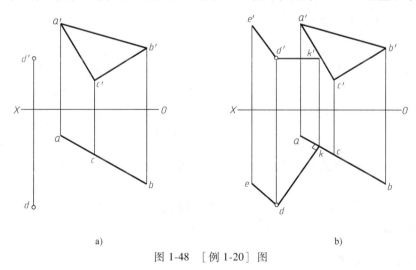

a)　　　　　　　　　　　　　　　　　　b)

图 1-48　［例 1-20］图

第六节　换　面　法

　　当空间直线和平面对投影面都处于一般位置时，则它们的投影都不反映真实大小也不具有积聚性；当它们对投影面处于特殊位置时，则它们的投影有的反映真实大小，有的具有积聚性。在解决一般位置空间几何元素点、直线和平面的度量或定位问题时，如把它们由一般位置转化为特殊位置，问题就会容易解决，换面法就是转化空间几何元素对投影面的相对位置，以达到简化解题的目的的方法。

一、换面法的基本概念

保持空间几何元素的位置不动，用新的投影面来代替某一旧的投影面，使空间几何元素对新的投影面的相对位置变成有利于解题的位置，然后求出其在新的投影面上的投影，这种方法称为变换投影面法，简称换面法。

如图1-49所示，有一铅垂面ABC，V、H两投影面体系（简称V/H体系）中的投影均不反映$\triangle ABC$实形。为了使新投影反映实形，取一个平行于平面ABC且垂直于H面的V_1面来代替V面，则新的V_1面和原有的H面构成一个新的V_1、H两投影面体系。$\triangle ABC$在V_1/H体系中的V_1面投影$\triangle a_1'b_1'c_1'$就反映$\triangle ABC$的实形。

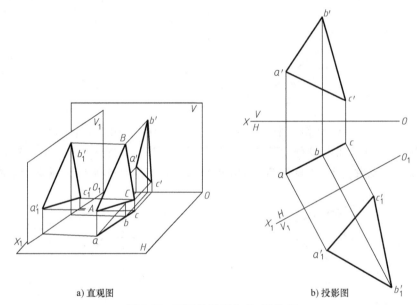

a) 直观图　　　　　　　　　　　b) 投影图

图1-49　V/H体系变为V_1/H体系

由此可知，使用换面法时，新的投影面并非是任意选择的，而是需要满足以下两个条件：

1）新投影面必须与空间几何元素处于有利于解题的相对位置。

2）新投影面必须垂直于一个保持不变的投影面。

二、点投影变换规律

1. 点的一次变换

点是一切几何形体的基本元素。这里先研究变换V面时，点的投影变换规律。如图1-50a所示，点A在V/H体系中的正面投影为a'，水平投影为a。现保持H面不变，取一铅垂面V_1代替V，形成新的V_1/H体系。将点A向V_1投影面投射，得到V_1面上的投影a_1'。这样点A在新、旧投影面体系中的投影有下列关系：

1）由于两个投影体系具有公共的水平投影面 H，因此点 A 到 H 面的距离相等，即 $a'a_x = Aa = a'_1 a_{x1}$。

2）当 V_1 面绕 $O_1 X_1$ 轴旋转到与 H 面在同一平面时，如图 1-50b 所示，根据点的投影规律可知 aa'_1 必定垂直于 $O_1 X_1$ 轴。

由此可得点的投影变换规律：

1）在投影图中点的新投影和不变投影（图 1-50 中，不变换的投影面上的投影，即 H 面投影）的连线必垂直于新投影轴。

2）点的新投影到新投影轴的距离等于对应的旧投影到旧投影轴的距离（即到 H 面的距离不变）。

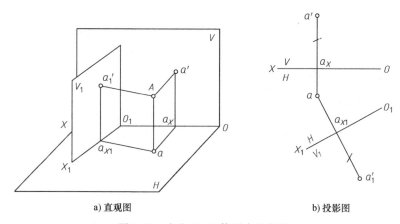

a) 直观图　　　　　　　　　b) 投影图

图 1-50　点在 V_1/H 体系中的投影

2. 点的二次变换

在应用换面法解决实际问题时，有时仅变换一次投影面并不能解决问题，必须变换两次或更多次。图 1-51 表示了变换两次投影面时求点的新投影的方法，但不管变换几次，其原理都与变换一次投影面是相同的。

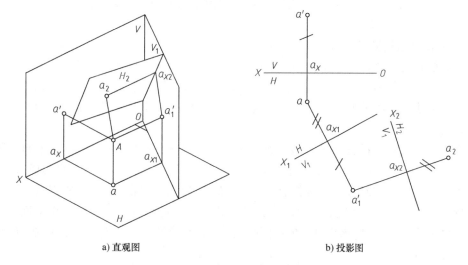

a) 直观图　　　　　　　　　b) 投影图

图 1-51　点的二次投影变换

必须指出：在变换多次投影面时，新投影面的选择除了必须符合前述的两个条件外，H 和 V 投影面应该交替变换。如图 1-51 所示的投影面变换就是先由 V_1 面代替 V 面，构成 V_1/H 体系；再以这个体系为基础，取 H_2 面代替 H 面又构成 V_1/H_2 体系。

三、四个基本问题

1. 一般位置直线变换为投影面平行线

一般位置直线变换为投影面平行线的方法如图 1-52a 所示，直线 AB 在 V/H 体系中为一般位置直线，取铅垂面 V_1 代替 V 面，使 V_1 面平行于直线 AB。这样直线 AB 在 V_1 面上的投影 $a_1'b_1'$ 就反映 AB 的实长，并且 $a_1'b_1'$ 与 O_1X_1 轴的夹角反映直线 AB 对 H 面的倾角 α。

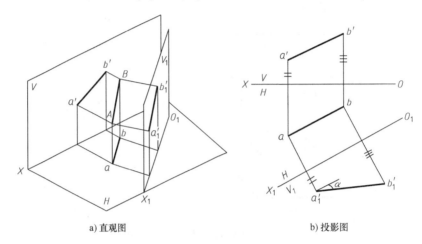

a) 直观图 b) 投影图

图 1-52 一般位置直线变换为投影面平行线

将一般位置直线变换为投影面平行线的投影图作法如图 1-52b 所示，作图过程为：

1）作新投影轴 O_1X_1，使 $O_1X_1 // ab$，标出 V_1/H。

2）按点的换面法规律求出 a_1'、b_1'。

3）连接 $a_1'b_1'$ 得到直线 AB 的新投影，则 $a_1'b_1'$ 反映直线 AB 的实长，$a_1'b_1'$ 与 O_1X_1 轴的夹角反映直线 AB 对 H 面的倾角 α。

2. 一般位置直线变换为投影面垂直线

将一般位置直线变换为投影面垂直线时，由于与一般位置直线垂直的平面是一般位置平面，与其他投影面都不垂直，又因为换面法要求新投影面垂直于一个保持不变的投影面，所以一次换面无法实现所求变换。必须通过直线的二次换面，才可以将一般位置直线变换为投影面垂直线。

如果所给的是一条投影面平行线，那么变换一次投影面即可将其变换为投影面的垂直线。如图 1-53a 所示，直线 AB 是一条正平线，因此作垂直于直线 AB 的新投影面 H_1 必垂直于原体系中 V 面，这样经过一次变换就将直线 AB 变换为投影面垂直线。根据投影面平行线的投影特性，$AB // a'b'$，因此在 V 面内作新投影轴 O_1X_1 垂直 $a'b'$，过 O_1X_1 作 V 面的垂直面即得到新投影面 H_1，然后求出 AB 在新投影面 H_1 上的新投影 a_1、b_1，a_1、b_1 在 H_1 面上的投影重影为一点。

要把一般位置直线变换为投影面垂直线，必须经过两次变换，即由一般位置线，变换为

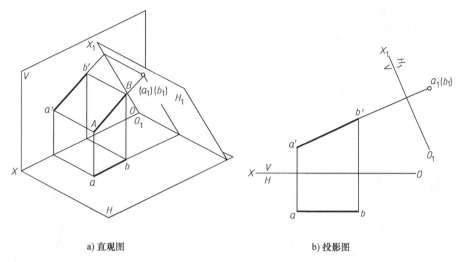

a) 直观图　　　　　　　　　　b) 投影图

图 1-53　投影面平行线变换为投影面垂直线

投影面平行线，再变换为投影面垂直线。作图方法如图 1-54 所示，直线 AB 为一般位置直线，如先变换 V 面，使 V_1 面平行于 AB，则直线 AB 在 V_1/H 体系中为投影面平行线；再变换 H 面，作 H_2 面垂直于 AB，则直线 AB 在 V_1/H_2 体系中为投影面垂直线。

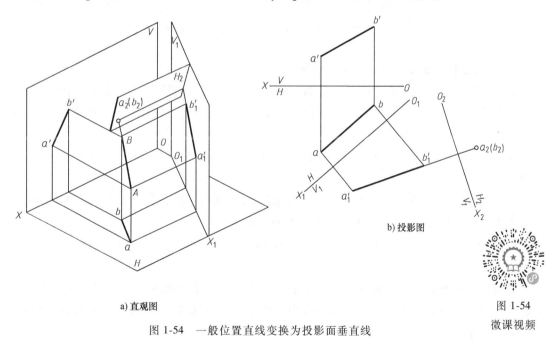

a) 直观图　　　　　　　　　　　　　　　b) 投影图

图 1-54

微课视频

图 1-54　一般位置直线变换为投影面垂直线

同理，经过两次换面也可以将一般位置直线变换为 V_2 面垂直线。

3. 一般位置平面变换为投影面垂直面

将一般位置平面变换为投影面垂直面后，就可以求出其对投影面的倾角。

如图 1-55a 所示，平面 ABC 为一般位置平面，如要变换为正垂面，则必须取新投影面 V_1 代替 V 面，V_1 面须既垂直于平面 ABC，又垂直于 H 面，为此可在 $\triangle ABC$ 内先作一条水平线，然后作 V_1 面与该水平线垂直，则它也一定垂直 H 面。如图 1-55b 所示，角 α 即为平面 ABC 对 H 面的倾角。

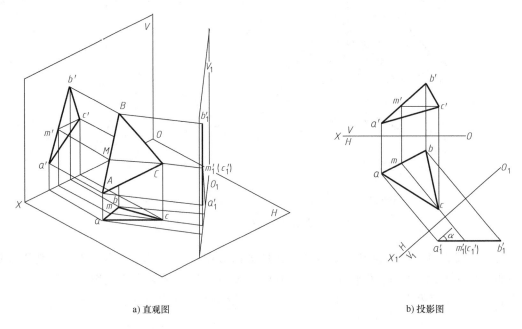

a) 直观图　　　　　　　　　　　b) 投影图

图 1-55　一般位置平面变换为投影面垂直面

4. 一般位置平面变换为投影面平行面

如果要把一般位置平面变换为投影面平行面，只变换一次投影面是不行的。因为若取新投影面平行于一般位置平面，则新投影面一定是一般位置平面，它和原投影面体系中的哪一个投影面都不能构成两投影面体系。

要解决这个问题，必须变换两次投影面，即由一般位置平面，变换为投影面垂直面，再变换为投影面平行面。

如图 1-56 所示，平面 ABC 为一般位置平面，为了求出它的实形，必须变换两次投影面，先将平面 ABC 变换为垂直面，再将其变换为平行面。

[**例 1-21**]　求过点 K 的直线，使其与平面 CDE 平行且与直线 AB 相交，如图 1-57a 所示。

分析　应用换面法求一新投影面，使平面 CDE 变换为投影面垂直面，则平面 CDE 在新投影面上的投影具有积聚性。在新投影面内求得平面 CDE 投影的平行线，则其对应的空间直线必平行于平面 CDE。

作图

1）在平面 CDE 内过点 E 作一水平线 EF。保持 H 面不动，变换 V 面，使平面 CDE 变为新投影面 V_1 的垂直面，如图 1-57b 所示。再将点 K 和直线 AB 同时变换到 V_1/H 体系中。

2）过 k_1' 作 $k_1's_1' /\!/ d_1'c_1'$ 并交 $a_1'b_1'$ 于 s_1'。

3）在原投影体系中求出点 S 的投影 s 和 s'，则直线 KS（ks，$k's'$）即为所求。

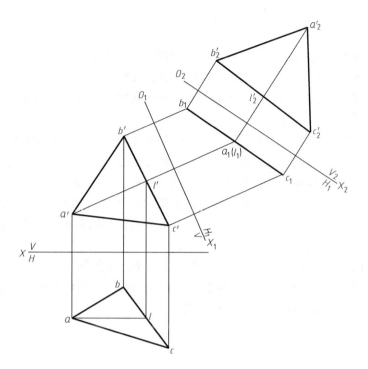

图 1-56
微课视频

图 1-56 一般位置平面变换为投影面平行面

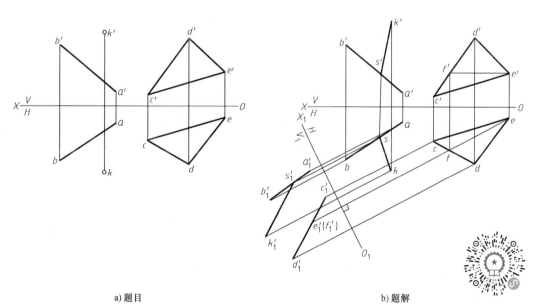

a) 题目   b) 题解

图 1-57 ［例 1-21］图

图 1-57
微课视频

小　结

本章主要介绍了点、直线、平面的投影特性、作图原理和作图方法。

1）点是构成几何形体的最基本要素，点的投影是一切空间形体投影的基础。点在互相垂直的两投影面内的投影连线垂直于投影轴；点到某投影面的距离等于点在与该投影面垂直的那个投影面上的投影到其投影轴的距离。

2）直线的投影由直线上任意两点的投影所决定。直线按其在三投影面体系中对投影面的相对位置分为三种：投影面平行线、投影面垂直线和一般位置直线。空间两直线的相对位置有平行、相交和交叉三种。要能够根据投影图判断空间直线的相对位置。

3）平面可以用各种几何元素组的投影表示。平面按其对投影面的相对位置分为三种：投影面垂直面、投影面平行面和一般位置平面。平面上点和直线的作图是相互联系的，要熟练应用有关结论完成在平面上取点、取线的作图。

4）直线与平面、平面与平面的相对位置有平行和相交两种，要会利用投影关系作图。

5）换面法是将直线或平面变换到有利于解题的位置，作图时注意如何变换投影面，也就是如何作投影轴，使直线或平面的投影反映实长或实形。

第二章

基本体及表面交线

▶【知识目标】

- 了解三面投影与三视图的关系。
- 掌握工程上常见基本体的投影特性。
- 熟知截交线、相贯线的概念、形成及特性。
- 掌握不同类型立体截切后截交线的类型、投影特性、作图步骤。
- 掌握两回转体正交相贯线的作图步骤。

▶【能力目标】

- 能根据基本体的立体图画出相应的三视图。
- 能利用棱线法作出平面立体截交线的投影。
- 能根据平面与回转体的截交线的特性，画出相应的投影图。
- 能利用回转体及相贯线的投影特性，正确绘制相贯体的三视图。

基本体是单一的几何体，不能再分解的物体。工程上常见的基本体包括平面立体和曲面立体。平面立体的表面均为平面多边形；表面为曲面或曲面与平面所围成的立体称为曲面立体，工程中常见的曲面立体是回转体，回转体的表面为回转面和平面或完全是回转面。本章主要讨论基本体的投影特性、表面取点和表面作交线的作图方法。

第一节　三面投影与三视图

物体的投影实质上是构成该物体的所有表面的投影的总和。根据有关标准和规定，用正投影法绘制出的物体的图形称为视图。一般来说，利用一个视图不能完整地确定物体的空间形状，因此在工程制图中常采用多面投影的方法表达物体的投影。

将物体置于三投影面体系中，按正投影法分别向三个投影面投射，所得图形称为三视图。其中由前向后投射在 V 面上的视图称为主视图，由上向下投射在 H 面上的视图称为俯视图，由左向右投射在 W 面上的视图称为左视图，如图 2-1a 所示。将三视图展开到同一图面上后，使物体的各视图有规律地配置，相互之间会形成对应关系。

一、尺寸关系

立体有长、宽、高三个方向的尺寸，每个视图能反映立体两个方向的尺寸，主视图反映长度和高度，俯视图反映长度和宽度，左视图反映宽度和高度，这样两个视图同一方向的尺寸应相等，即：

主、俯视图同时反映立体的长度，它们之间具有"长对正"的投影关系；

主、左视图同时反映立体的高度，它们之间具有"高平齐"的投影关系；

俯、左视图同时反映立体的宽度，它们之间具有"宽相等"的投影关系。

三视图之间"长对正、高平齐、宽相等"的"三等"关系就是三视图的投影规律，如图 2-1b 所示。

二、方位关系

立体有上、下、左、右、前、后六个方位，主视图反映立体的上、下和左、右，俯视图反映立体的左、右和前、后，左视图反映立体的上、下和前、后。这样在俯、左视图中，靠近主视图的一边表示立体的后面，远离主视图的一边表示立体的前面，如图 2-1c 所示。

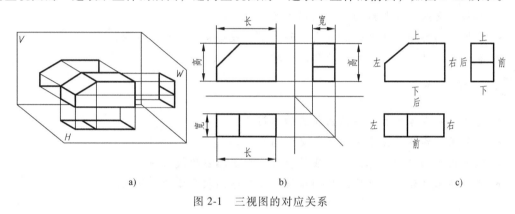

图 2-1　三视图的对应关系

第二节　平面立体的三视图

常见平面立体主要有棱柱、棱锥。因此，绘制平面立体的三视图，实质上是作出组成平面立体的各表面的平面形及交线的投影。

一、棱柱的三视图

棱柱是由两个平行且相等的多边形顶面和底面与若干个侧面围成的，顶（底）面是几边形就是几棱柱，棱柱的棱线相互平行。下面以正六棱柱为例分析投影和作图。

1. 正六棱柱的三视图

（1）投影分析　将正六棱柱按照如图 2-2a 所示放置，顶面和底面处于水平位置，它们的水平投影反映实形，即为正六边形，它们的正面和侧面投影积聚为直线。前、后两个侧面为正平面，它们的正面投影重合且反映实形，水平投影和侧面投影都积聚为平行于相应投影轴的直线。其他四个侧面为铅垂面，它们的水平投影分别积聚为斜线，正面投影和侧面投影均为类似形（矩形），且同侧的两侧棱柱面的投影对应重合。

（2）作图步骤　先画出对称中心线，再作出反映顶面和底面实形的投影（水平投影），然后根据投影关系画出其他两面投影，如图 2-2b 所示。

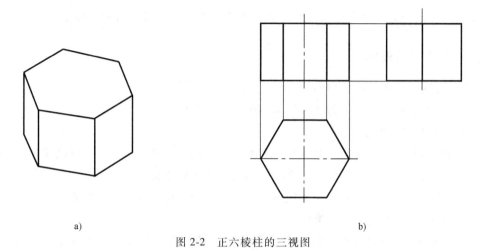

a)   b)

图 2-2 正六棱柱的三视图

特别提示

作棱柱投影时，一般先作出反映棱柱形状特征的投影，然后根据"三等"关系画出其他视图。

2. 棱柱表面取点

在平面立体表面取点，其基本原理和方法与第一章中的在平面上取点的方法相同，也要判别投影的可见性。

[**例 2-1**] 已知正六棱柱表面上点 A 和点 B 的正面投影，求其他两面投影，如图 2-3a 所示。

分析 由图可知，六棱柱的各个表面均处于特殊位置，在表面上取点可利用平面投影的积聚性作图。由点 A 的正面投影 a' 的位置和可见性，可判断它在六棱柱的左前侧面上，此面的水平投影积聚为斜线，点 A 的水平投影 a 在此斜线上。由点 B 的正面投影 b' 不可见可知，点 B 在六棱柱的后面，后面在水平面上的投影积聚为直线，点 B 的水平投影 b 在此直线上。

作图 如图 2-3b 所示，注意点 A 和点 B 分别所处的前、后位置。

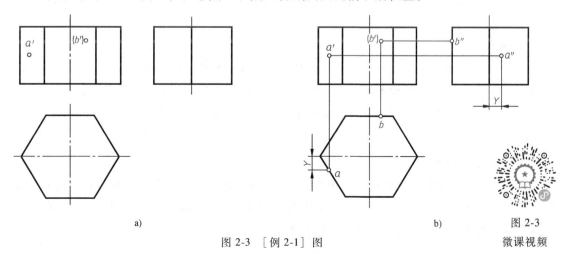

a)   b)   图 2-3

图 2-3 [例 2-1] 图   微课视频

特别提示

在棱柱体表面取点可先判断点的位置，然后利用棱柱面投影的积聚性进行作图。

二、棱锥的三视图

棱锥的底面为多边形，各侧面均为过棱锥顶点的三角形。如图 2-4a 所示，正三棱锥的底面为正三角形，三个侧面均为过棱锥顶点的等腰三角形。

1. 正三棱锥的三视图

（1）投影分析　正三棱锥的底面为水平面，△ABC 的水平投影△abc 反映实形，正面和侧面投影积聚为平行于相应投影轴的直线。后棱锥面为侧垂面，△SAC 的侧面投影积聚为斜线，正面和侧面投影均为三角形的类似形。左、右两个侧棱锥面为一般位置平面，△SAB 和 △SBC 的三面投影均为三角形的类似形。

（2）作图步骤　一般先作棱锥顶点 S 和底面△ABC 的三面投影，然后将棱锥顶点和底面三个顶点的同面投影连接起来，即得正三棱锥的三面投影，如图 2-4b 所示。

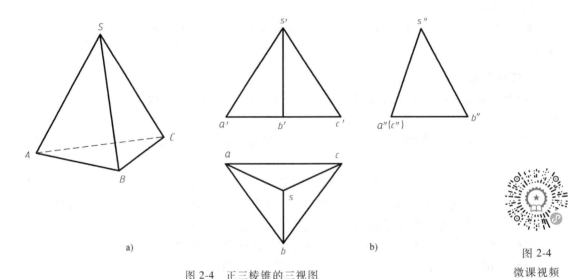

a)　　　　　　　　　　　　b)

图 2-4　正三棱锥的三视图

图 2-4
微课视频

特别提示

棱锥是由一个多边形底面和若干个具有公共顶点的三角形侧面组成，棱锥的投影特性是：一个视图的外形轮廓为多边形，其他视图的外形轮廓为三角形。作投影时，先作底面的各面投影，其次确定棱锥顶点的三面投影，最后将棱锥顶点的投影与底面各点的投影连接起来即可。

2. 棱锥表面取点

在棱锥表面上取点，其原理和方法与在平面上取点相同。如果点在特殊位置平面上，可利用其积聚性求解，而在一般位置平面上取点，则要利用辅助线法求解，即先在点所在平面上过点作辅助直线，然后在此直线的投影上求点。

[例2-2] 已知正三棱锥表面上一点 K 的正面投影，求点 K 的其他两个投影，如图 2-5a 所示。

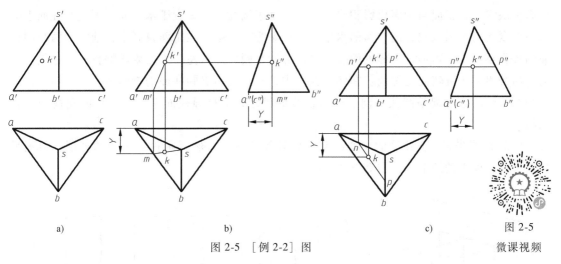

a) b) c) 图 2-5
图 2-5 [例2-2] 图 微课视频

作图 1 过点 K 和棱锥顶点 S 作辅助直线 SM。先过 k' 求得辅助线 SM 的正面投影 $s'm'$；再求出辅助线的其他两投影，由 $s'm'$ 得 sm 和 $s''m''$；在辅助线的投影上求出点 K 的同面投影，如图 2-5b 所示。

作图 2 过点 K 作一条水平辅助线。在 $\triangle s'a'b'$ 内过 k' 作 $n'p'\;/\!/a'b'$，求出 NP 的水平投影 np（平行于 ab）、侧面投影 $n''p''$（$/\!/a''b''$），则可在直线 NP 的投影上求出点 K 的投影 k 和 k''，如图 2-5c 所示。

> **特别提示**
> 棱锥侧面的投影没有积聚性，在棱锥表面上取点应先在棱面上作辅助线，然后根据点与线的从属关系完成表面取点。

第三节 曲面立体的三视图

工程中常见的曲面立体一般是回转体，它是由回转面或由回转面与平面共同围成的立体。常见的回转体有圆柱、圆锥和圆球。

由一动线（直线或曲线）绕一定直线旋转而成的曲面，称为回转面。其中的定直线称为轴线，动线称为回转面的母线。回转面上任意位置的母线称为素线，母线上任意一点的旋转轨迹都是圆，该圆称为纬圆。曲面的形状取决于母线的形状及其相对于轴线的位置。

一、圆柱的三视图

1. 圆柱的视图

（1）圆柱的形成 以直线为母线，绕与它平行的轴线回转一周所形成的回转面为圆柱面。圆柱面和与其垂直的上、下圆形底面共同围成圆柱体，如图 2-6 所示。

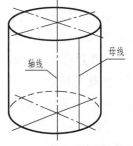

图 2-6 圆柱的形成图

（2）圆柱的投影 将圆柱按照如图 2-7a 所示放置，圆柱上、下底面为水平面，其水平投影反映实形，正面与侧面投影积聚为直线。由于圆柱轴线垂直于水平面，因此圆柱面上的每一条素线均为铅垂线，圆柱面的水平投影积聚为一个圆。在正面投影中，前、后两半圆柱面的投影重合为一矩形，矩形的两条竖的边分别是圆柱面最左、最右素线的投影，也是圆柱前、后分界的主视转向轮廓线。在侧面投影中，左、右两半圆柱面的投影重合为一矩形，矩形的两条竖的边分别是圆柱最前、最后素线的投影，也是圆柱面左、右分界的左视转向轮廓线。

（3）作图步骤 先作圆的中心线和回转轴线的投影，然后画投影为圆的视图，再画另外两个投影面上的矩形，如图 2-7b 所示。

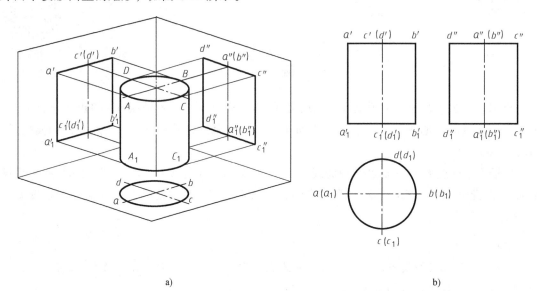

a)   b)

图 2-7 圆柱的三视图

特别提示

圆柱由两个平行且全等的圆形底面和一个与它们垂直的圆柱面所围成，其在与轴线垂直的投影面上的视图为圆，其他两个视图为相同的矩形。

2. 圆柱表面上取点

［例 2-3］ 已知圆柱表面上点 M 和点 N 的正面投影 m'、n'，如图 2-8a 所示，求其他两面投影。

分析与作图 由 m' 的位置和可见性，可判断点 M 在前半圆柱面上；由 n' 不可见，可判断点 N 在后半圆柱面上。点 M 和点 N 的水平投影在圆周上，因此先求出 m、n，再求 m''、n''，作图过程如图 2-8b 所示。

判断可见性 点 N 在左半圆柱面上，因此 n'' 可见；点 M 在右半圆柱面上，因此 m'' 不可见。圆柱面的水平投影有积聚性，不判断 m、n 的可见性。

［例 2-4］ 已知轴线为侧垂线的圆柱体表面上点 M、N 的投影 m'、n，如图 2-9a 所示，求其他两面投影。

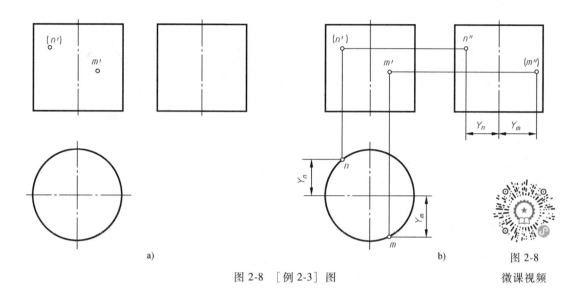

图 2-8　[例 2-3] 图

图 2-8

微课视频

　　分析与作图　因为点 M 的正面投影 m' 可见，可判断点 M 在前半圆柱面上；点 N 的水平面投影 n 为可见，可判断点 N 在上半圆柱面上。两点的侧面投影在圆周上。如图 2-9b 所示，过 m' 作水平线交左视图的右半圆周于 m''，由 n 在左视图的后半圆周上作出侧面投影 n''，再由 m' 和 m'' 求出 m，由 n 和 n'' 求出 n'。

　　判断可见性　点 M 在圆柱的下半圆柱面上，所以其水平投影不可见；点 N 在后半圆柱面上，其正面投影不可见。

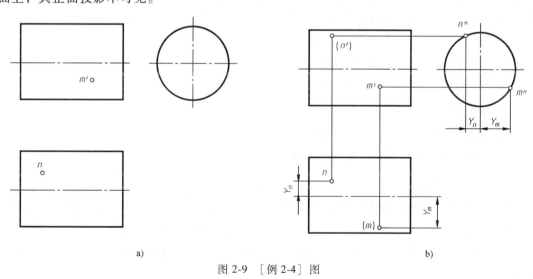

图 2-9　[例 2-4] 图

二、圆锥的三视图

1. 圆锥的视图

（1）圆锥的形成　以直线为母线，绕与它相交的轴线回转一周所形成的回转面为圆锥面。圆锥面与垂直于轴线的圆形底面共同围成圆锥体，如图 2-10a 所示。

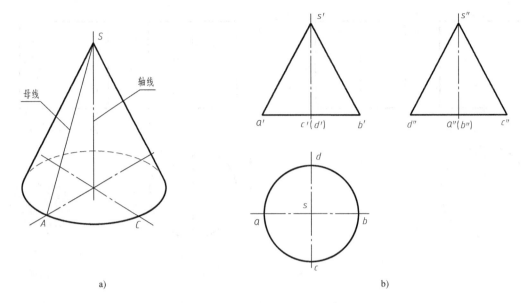

a)   b)

图 2-10　圆锥的形成及视图

（2）投影分析　圆锥的轴线垂直于水平面，底面为水平面，因此，底面的水平投影反映实形，正面和侧面投影积聚为直线。圆锥面在三面投影中都没有积聚性，水平投影与底面的水平投影重合，全部可见。正面投影由前、后两个半圆锥面的投影重合为一等腰三角形，三角形的两腰分别是圆锥面最左、最右素线的投影，也是圆锥面前、后分界的主视转向轮廓线。侧面投影由左、右两半圆锥面的投影重合为一等腰三角形，三角形的两腰分别是圆锥最前、最后素线的投影，也是左、右分界的左视转向轮廓线。

（3）作图步骤　先作圆的中心线和回转轴线的投影，然后作底面圆的投影，再根据投影关系作出另两个投影，如图 2-10b 所示。

特别提示

圆锥是由一个圆形底面和一个顶点位于与底面相垂直的中心轴线上的圆锥面所围成，圆锥的一个视图为圆，其他两视图为全等的等腰三角形。

---

2. 圆锥表面取点

如果在圆锥的底面上取点，可利用其积聚性在表面取点。如果在圆锥面上取点，由于圆锥面的三个投影均不具有积聚性，因此应采用辅助素线法或辅助圆法求解。

［例 2-5］　已知圆锥表面上一点 K 的正面投影 k'，如图 2-11a 所示，求点 K 的另两个投影。

作图 1　采用辅助素线法。由点 K 的正面投影 k' 的位置及可见性，可判断出点 K 在左前圆锥面上。以过顶点 S 和点 K 的素线 SM 为辅助线。连接 $s'k'$ 并与底边交于 m'，然后求出该素线的 H 面和 W 面投影 sm 和 $s''m''$，最后由 k' 求出 k 和 k''，如图 2-11b 所示。

作图 2　采用辅助圆法。过已知点 K 作辅助圆，该圆面垂直于轴线。过 k' 作辅助圆的正面投影 $m'n'$，然后作出圆形的水平投影，则 k 在此圆周上，由 k' 求出 k 和 k''，如图 2-11c 所示。

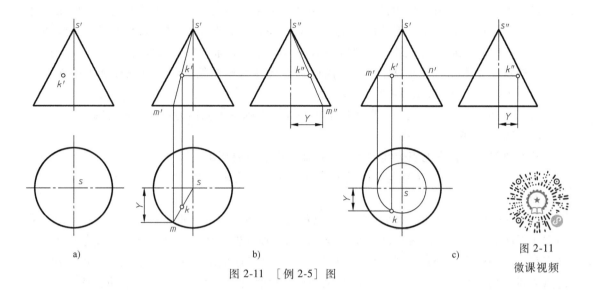

a)　　　　　　　b)　　　　　　　c)

图 2-11　［例 2-5］图

图 2-11
微课视频

特别提示

　　因为圆锥面没有积聚性，所以在圆锥表面上取点需要通过作辅助素线或辅助圆的方法求得。

三、圆球的三视图

1. 圆球的视图

（1）圆球的形成　圆球面可看成是以一个圆作为母线绕一条直径回转而成，如图 2-12a 所示。

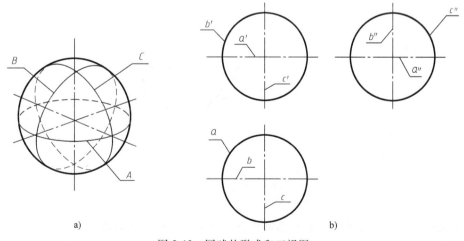

a)　　　　　　　　　　　　　　b)

图 2-12　圆球的形成和三视图

　　（2）投影分析　圆球的三面投影均为等直径的圆，它们的直径等于球的直径。球面上最大水平圆 A 将圆球分为上、下两个半球，上半球可见，下半球不可见，俯视图轮廓即为圆 A 的水平投影圆 a，因此圆 A 为俯视转向轮廓线，其正面和侧面投影与相应的中心线重合；最大正平圆 *B* 将圆球分为前、后两个半球，前半球可见，后半球不可见，主视图轮廓即为圆 *B* 的正面投影圆 *b'*，因此圆 *B* 为主视转向轮廓线，其水平面和侧面投影与相应的中心线重合；球面上最大侧平圆 *C* 将圆球分为左、右两个半球，左半球可见，右半球不可见，左视图轮廓即为圆 *C* 的侧面投影圆 *c"*，因此圆 *C* 为左视转向轮廓线，其正面和水平面的投影与相应中心线重合，如图 2-12b 所示。

（3）作图步骤　先画三个视图中圆的中心线，再画三个视图与球等直径的圆。

2. 圆球表面取点

球面的三面投影均无积聚性，因此在球面上取点，要用辅助圆法。

[例 2-6]　已知 *A*、*B* 两点在球面上，以及它们的投影 *a* 和 *b'*，如图 2-13a 所示，求其他两面投影。

分析与作图　由点 *A* 的水平投影 *a* 的位置及可见性可知，点 *A* 在右、上半球面上，可采用在正平面上的辅助圆作图。过 *a* 作直线 *mn//OX* 轴得辅助圆的水平投影 *mn*，其正面投影是直径为 *mn* 的圆，*a'* 必在此圆周上。由点 *A* 位于上半球面上，求得 *a'*，由 *a*、*a'* 求出 *a"*。由点 *B* 的正面投影 *b'* 的位置可知，点 *B* 位于转向轮廓线上，可由 *b'* 直接求得 *b*、*b"*。

判断可见性　点 *A* 在右、上、前球面上，这部分的点的侧面投影不可见，因此 *a"* 不可见。点 *B* 在左、下半球面上，所以其水平投影不可见，即 *b* 不可见，如图 2-13b 所示。

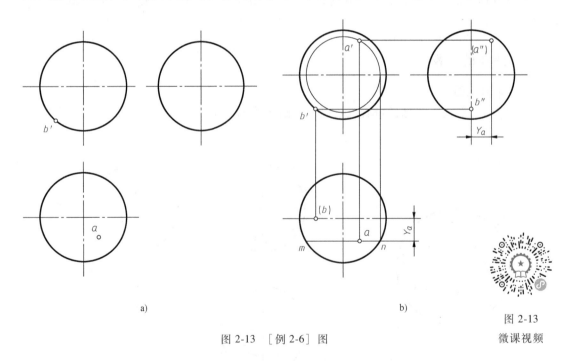

a) b)

图 2-13　[例 2-6] 图

图 2-13
微课视频

也可用平行于水平面或侧面的辅助圆作图，请尝试自己分析作图。

特别提示

由于圆球面没有积聚性，在圆球面上取点需要作辅助圆，它可以是水平圆，也可以是正平圆或侧平圆，根据不同情况作相应的辅助圆求点。

第四节　平面立体的截交线

一、基本概念

当平面截切立体时，在立体表面形成的交线称为截交线；截切立体的平面称为截平面；因截平面的截切在立体表面上由截交线围成的平面图形称为截断面；立体被平面截切后的部分称为切割体。

二、截交线的性质

平面立体被平面截切时，由于立体表面形状的不同和截平面相对于立体的位置的不同，所形成截交线的形状也不同，但任何截交线均具有以下两个性质：

1）截交线是封闭的，且围成平面多边形。

2）截交线是截平面与立体表面的共有线。

如图 2-14 所示，截平面 P 截切三棱锥，截交线围成 $\triangle DEF$，该三角形的各边是三棱锥各侧面与截平面 P 的交线，三角形的顶点是被截棱线与截平面的交点。

三、作截交线的一般方法

1. 空间分析

分析截平面与立体的相对位置，确定截交线的形状。分析截平面与投影面的相对位置，确定截交线的投影特性。

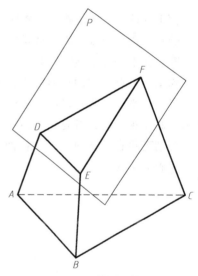

图 2-14　截切三棱锥

2. 作投影图

求出平面立体上被截切的各棱线与截平面的交点，然后顺次连接各点形成封闭的平面多边形。

[例 2-7]　求作四棱锥被截切后的水平投影和侧面投影，如图 2-15a、b 所示。

分析　截平面为正垂面，截交线的正面投影积聚为直线。截平面与四条棱线相交，在正面上可直接找出交点，其余投影必在各棱线的同面投影上。

作图　根据点的投影规律，在相应的棱线上求出截平面与棱线的交点，判断可见性后依次连接各点的同面投影，即得截交线，如图 2-15c 所示。

特别提示

➤作平面立体的截交线时，先求出被截棱线与截平面的交点，然后连接同一棱面上的点，可见棱面上的点用实线连接，不可见棱面上的点用虚线连接。

➤被投影面垂直面截切的立体，应注意分析视图中"斜线"的投影含义，该截交线上点的其他两面投影均取自于该线。

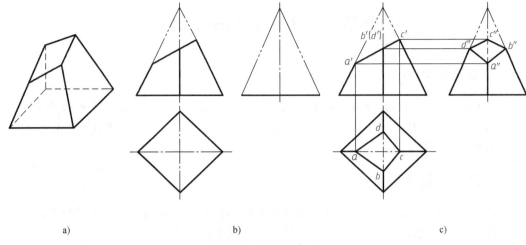

a)　　　　　　　　b)　　　　　　　　c)

图 2-15 ［例 2-7］图

[例 2-8]　正垂面截切六棱柱，完成截切后的三面投影，如图 2-16a、b 所示。

分析　由图可知，六棱柱被正垂面截切，截交线的正面投影积聚为一直线。对于水平投影，除顶面上的截交线外，其余各段截交线都积聚在六边形上。

作图　由截交线的正面投影，可在水平面和侧面相应的棱线投影上求得截平面与棱线的各交点的投影，依水平投影的顺序连接各交点的侧面投影，可得截交线的投影，如图 2-16c 所示。画左视图时，既要画出截交线的投影，又要画出六棱柱轮廓线的投影。

判别可见性　俯视图、左视图上截交线的投影均可见，在左视图中右棱线的投影不可见，应画成虚线。

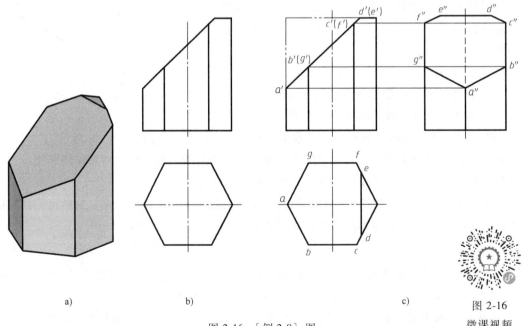

a)　　　　　　　　b)　　　　　　　　c)

图 2-16 ［例 2-8］图

图 2-16

微课视频

特别提示

当立体被截切后，切去的部分已经不存在了，注意相关图线就不要画出。要特别注意判断立体中棱线投影的可见性。如例2-8左视图中的右棱线的投影，原本因其与左棱线重影不被画出，而由于截平面切去了左侧部分，右棱线被截平面遮挡的部分不可见，画虚线。

[**例2-9**]　已知带切口的正三棱锥的正面投影，如图2-17a、b所示，求另外两面投影。

分析　该三棱锥的切口是由两个相交的截平面切割而形成的。两个截平面中一个是水平面，一个是正垂面，它们都垂直于正面，因此切口的正面投影有积聚性。水平截平面与三棱锥的底面平行，它与棱面△SAB 和△SAC 的交线 DE、DF 必平行于底边 AB、AC，其侧面投影积聚为一条直线。正垂面截平面分别与棱面△SAB 和△SAC 交于直线 GE 和 GF。两截平面的交线一定是一条正垂线。

作图

1）根据点 D 在棱线 SA 上，在 sa 上作出 d，由 d 分别作 ab、ac 的平行线，再由 d'(f') 分别作出 e 和 f，连接 de、df，即为 DE、DF 的水平投影，再根据投影规律作出侧面投影。可判断 de、df 可见，d"e"、d"f"可见，如图2-17b 所示。

2）由 g'分别在 sa、s"a"上求出 g、g"，然后分别连接 ge、gf、g"e"、g"f"。可判断 ge、gf、g"e"、g"f"可见，如图2-17c 所示。

3）连接 ef，由于直线 EF 被三个棱面遮挡，因此不可见，ef 画虚线。棱线 SA 中间段 DG 被截去，因此不应画出，棱线 SA 的水平投影中只有 sg、da，侧面投影中只有 s"g"、d"a"，完成的视图如图2-17d 所示。

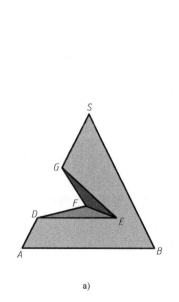

a)

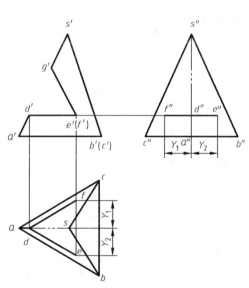

b)

图 2-17　[例2-9] 图

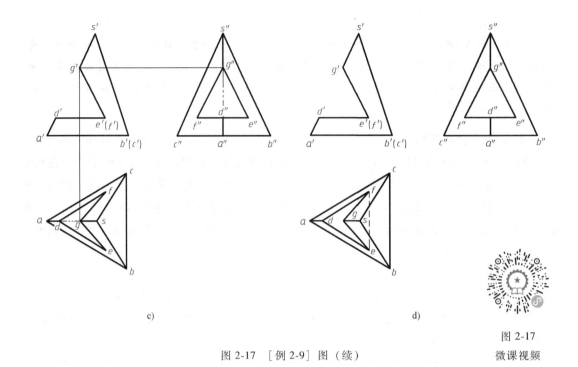

c)　　　　　　　　　　　　　　　　　　d)

图 2-17　[例 2-9]图（续）

图 2-17

微课视频

第五节　回转体的截交线

一、截交线的性质

回转体被平面截切时，截交线的形状取决于回转体的几何形状及其与截平面的相对位置，截交线有如下性质：

1）截交线是截平面和回转体表面的共有线，截交线上任意点都是它们的共有点。

2）截交线是封闭的，且围成平面图形。

3）截交线的形状取决于回转体表面的形状及截平面对回转体轴线的相对位置。

二、求截交线的方法和步骤

1）分析回转体的表面性质、截平面与投影面的相对位置和截平面与回转体的相对位置，初步判断截交线的形状及其投影特性。

2）求出截交线上的点，首先找特殊点，为了作图准确还要适当补充中间点。

3）光滑地连接各点，求得截交线的投影，并补全轮廓线的投影。

本节主要介绍特殊位置平面与几种常见回转体相交的截交线的画法。

三、圆柱的截交线

圆柱被平面截切时，截交线的形状取决于截平面与圆柱轴线的相对位置。平面截切圆柱，截交线的形式有三种，见表 2-1。

表 2-1 圆柱的截交线

截平面与圆柱轴线的相对位置	截平面与圆柱轴线平行	截平面与圆柱轴线垂直	截平面与圆柱轴线倾斜
立体图		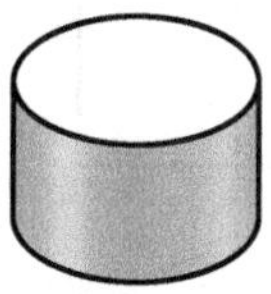	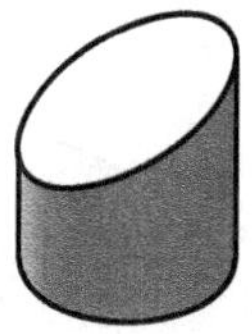
投影图	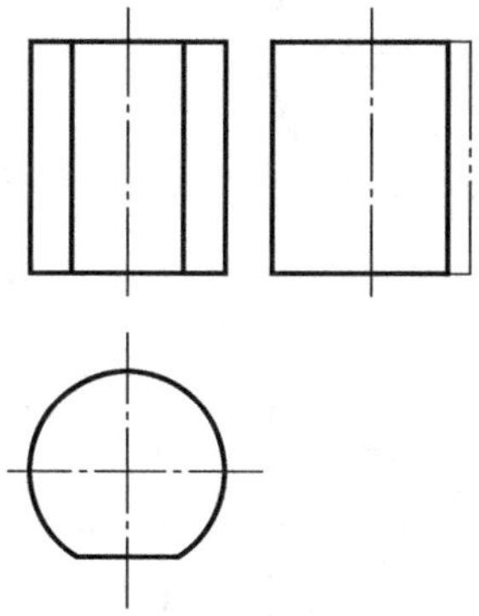	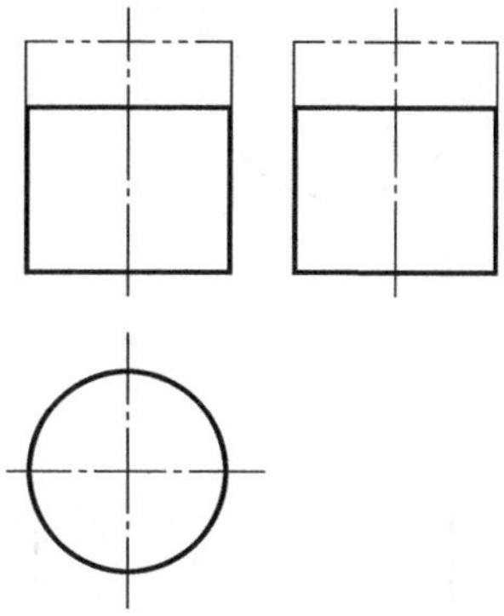	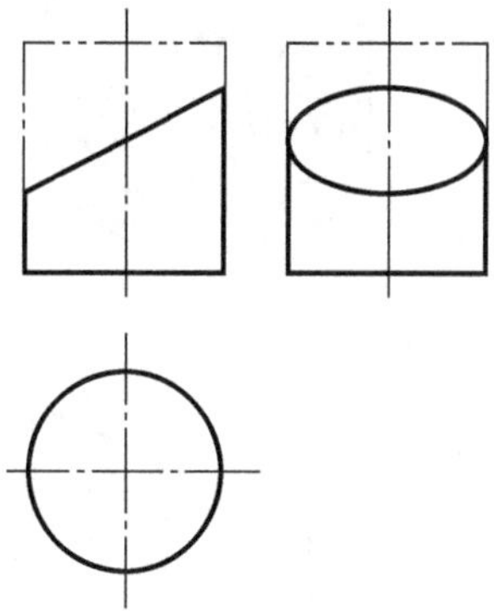
截交线形状	截交线围成矩形	截交线围成圆	截交线围成椭圆

[例 2-10] 已知斜切圆柱的主视图和俯视图，如图 2-18a、b 所示，求左视图。

分析 圆柱的轴线是铅垂线，截平面为正垂面且与圆柱轴线倾斜，斜切圆柱的截断面为椭圆。截交线的正面投影积聚为直线，水平投影积聚在圆周上，侧面投影为椭圆。

作图

1）求特殊点。截交线最左素线上的点 I 和最右素线上的点 II 分别是截交线的最低点和最高点。截交线最前点 III 和最后点 IV 分别是最前素线和最后素线与截平面的交点。作出点 I、点 II、点 III、点 IV 的正面投影 1′、2′、3′、4′ 和水平投影 1、2、3、4，然后根据点的投影规律求出侧面投影 1″、2″、3″、4″。如图 2-18c 所示。

2）求一般点。从主视图上选取四个点的投影 a′、b′、c′、d′，然后作 OX 轴的垂线对应求得它们的水平投影 a、b、c、d，再根据点的投影规律求出侧面投影 a″、b″、c″、d″，如图 2-18d 所示。

3）按截交线的顺序，光滑地连接各点作出截交线的侧面投影，如图 2-18e 所示。

思考

随着截平面对圆柱轴线倾角的变化，所得截交线及其投影的椭圆的长短轴会发生怎样的变化？

[例 2-11] 求如图 2-19a、b 所示的开槽圆柱的左视图。

分析 圆柱体上部的槽是由三个截平面截切形成的。左右对称的两个截平面是平行于圆柱轴线的侧平面，它们与圆柱面的截交线均为两条直素线，与上底面的截交线均为正垂线。另一个截平面是垂直于圆柱轴线的水平面，它与圆柱面的截交线为两段圆弧。三个截平面间产生了两条交线，均为正垂线。

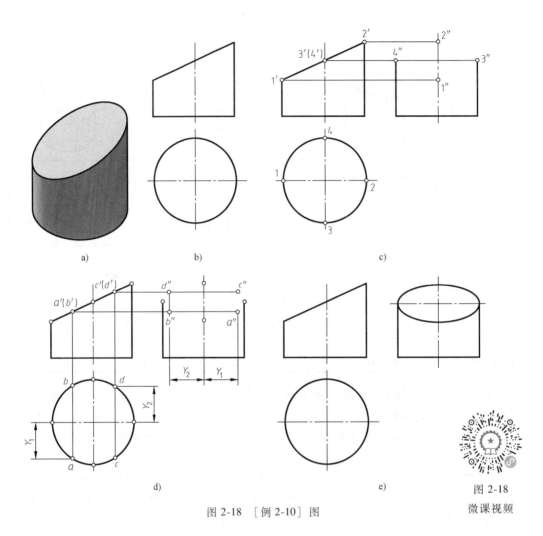

图 2-18 ［例 2-10］图

图 2-18
微课视频

作图　在俯视图和主视图上找出特殊点的投影 1、2、3、4、5、6、7、8、9、10 和 1′、2′、3′、4′、5′、6′、7′、8′、9′、10′，根据点的投影规律作出 1″、2″、3″、4″、5″、6″、7″、8″、9″、10″，按顺序依次连接各点，作图结果如图 2-19c 所示。

判别可见性　截平面交线的侧面投影不可见，应画成虚线。

［例 2-12］　已知圆柱截断体的主视图和左视图，如图 2-20a 所示，求作俯视图。

分析　由图可知，圆柱的轴线是侧垂线，截断体是由侧平面、正垂面和水平面截切圆柱而成。侧平面与圆柱轴线垂直，截交线为圆弧，其正面投影积聚为直线，侧面投影为圆弧；正垂面与圆柱轴线倾斜，截交线为部分椭圆，其正面投影积聚为直线，侧面投影与圆柱底面投影圆重合；水平面与圆柱轴线平行，截交线围成矩形，其正面、侧面投影均积聚为直线。

作图

1）求特殊点。侧平面与圆柱截交线圆弧的最高点 Ⅰ 和前后两端点 Ⅱ、Ⅲ 的侧面投影 1″、2″、3″和正面投影 1′、2′、3′可直接求出，并根据两面投影求出水平投影 1、2、3。点 Ⅱ、点 Ⅲ 也是部分椭圆的两个端点，另外两个端点 Ⅳ、Ⅴ 的正面投影 4′、5′和侧面投影 4″、

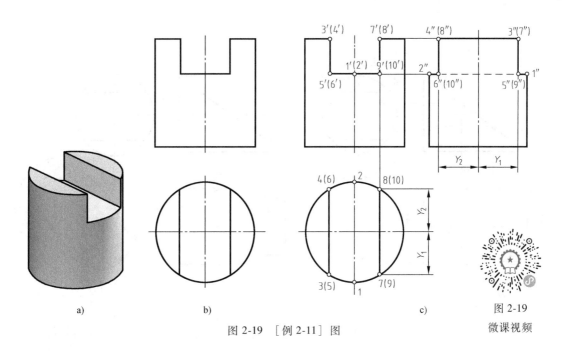

a)　　　　　　b)　　　　　　c)

图 2-19　[例 2-11] 图

图 2-19
微课视频

5″可直接求出，并根据两面投影求出水平投影 4、5。水平面与圆柱的截交线围成矩形，点 Ⅳ、Ⅴ 是矩形截交线的两个端点，另两个端点 Ⅵ、Ⅶ 的正面投影和侧面投影可直接求出，并根据两面投影求出水平投影。点 Ⅷ、Ⅸ 是部分椭圆短轴的端点，也是截交线的最前点和最后点，其正面投影 8′、9′和侧面投影 8″、9″可直接求出，根据两面投影求出水平投影 8、9，如图 2-20b 所示。

2）求一般点。圆弧和矩形的截交线不需要一般点。在截交线的椭圆部分选 A、B、C、D 四点，可直接求出其投影 a′、b′、c′、d′和 a″、b″、c″、d″，并根据两面投影求出 a、b、c、d，如图 2-20c 所示。

3）光滑地连接各点的水平投影，并补全轮廓线的投影，如图 2-20d 所示。

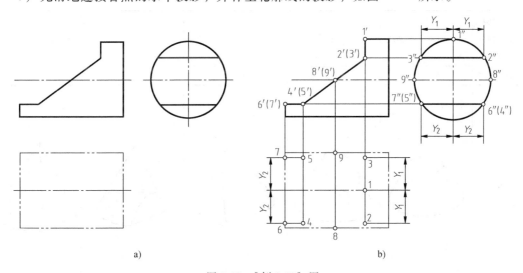

a)　　　　　　　　　　　　b)

图 2-20　[例 2-12] 图

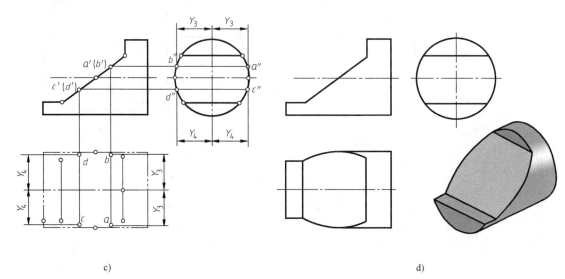

c)   d)

图 2-20   ［例 2-12］图（续）

特别提示

立体被多个平面截切时，需要分别分析截平面与立体的截交线，同时还需要分析截平面之间的交线。

四、圆锥的截交线

根据截平面的截切位置及其与圆锥轴线倾角的不同，截交线有五种不同的情况，见表 2-2。

表 2-2   圆锥的截交线

截平面与圆锥轴线的相对位置	截平面垂直于轴线	截平面倾斜于轴线		截平面平行于轴线	截平面过圆锥顶点
θ 与 α 的关系	$\theta = 90°$	$\theta > \alpha$	$\theta = \alpha$	$\theta = 0°$	$\theta < \alpha$
立体图					

（续）

截平面与圆锥轴线的相对位置	截平面垂直于轴线	截平面倾斜于轴线		截平面平行于轴线	截平面过圆锥顶点
θ 与 α 的关系	$\theta = 90°$	$\theta > \alpha$	$\theta = \alpha$	$\theta = 0°$	$\theta < \alpha$
投影图	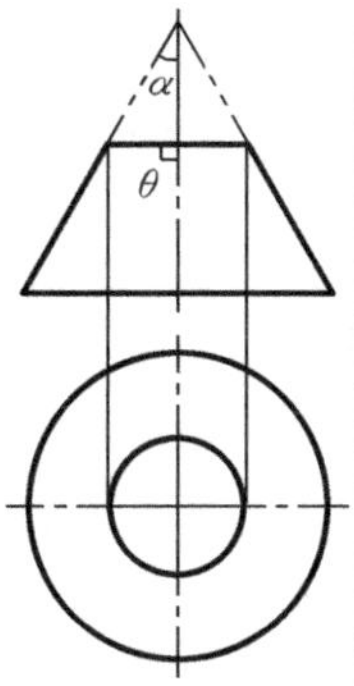	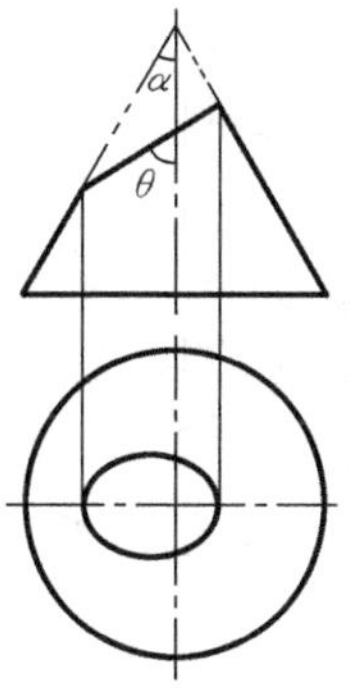	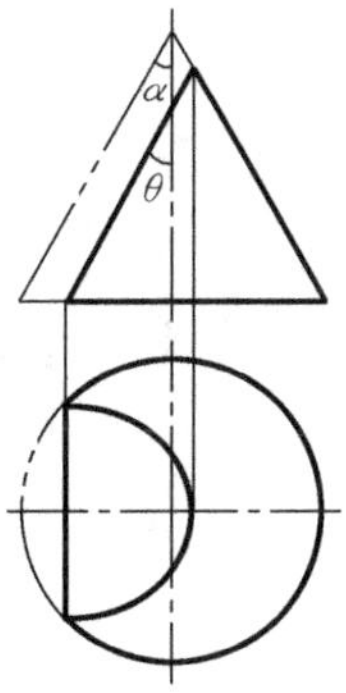	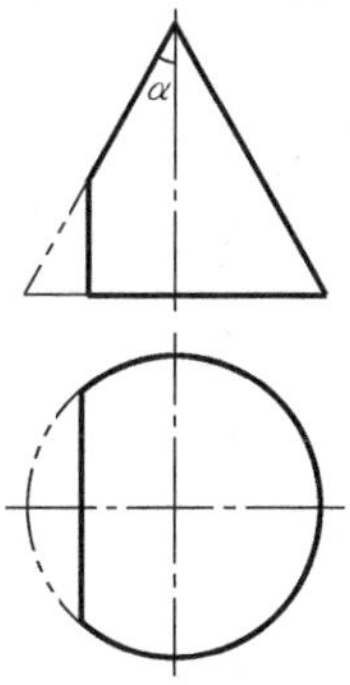	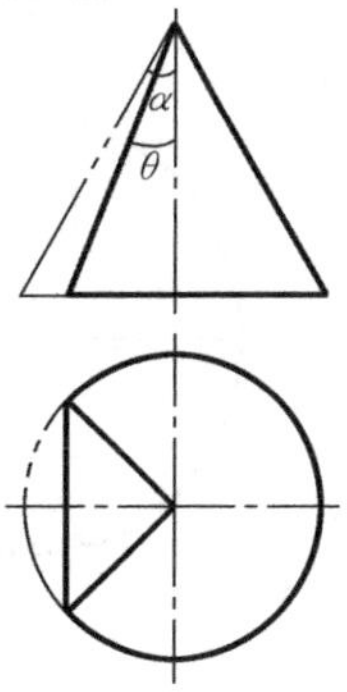
截交线形状	截交线围成圆	截交线围成椭圆	截交线为抛物线和直线	截交线为双曲线和直线	截交线围成三角形

　　因为圆锥面的各个投影均无积聚性，所以求圆锥的截交线时，可采用辅助平面法。利用三面（截平面、圆锥面、辅助平面）共点原理，求截交线上的点，下面举例介绍截切圆锥的作图步骤。

　　[例 2-13]　已知圆锥的主视图和部分俯视图，如图 2-21a 所示。求斜切圆锥体的俯视图和左视图。

　　分析　由图可知，圆锥的轴线为铅垂线，且截平面与圆锥轴线的倾角大于圆锥母线与轴线的夹角，因此截交线为椭圆。由于截平面是正垂面，截交线的正面投影积聚为直线，水平投影和侧面投影均为椭圆。选用辅助水平面（圆）作出截交线的水平投影和侧面投影。

　　作图

　　1）求特殊点　截交线的最低点 A 和最高点 B 也是椭圆长轴的端点，它们的正面投影 a'、b' 可直接求出，水平投影 a、b 和侧面投影 a''、b'' 按点从属于线的关系求出。圆锥前后素线与椭圆交点的正面投影 c'、d' 可直接求出，侧面投影 c''、d'' 可按点从属于线的原理求出；作辅助水平面（圆）的正面投影，与最右素线的投影相交确定水平圆的半径，进而在俯视图中作出辅助圆，则可求得水平投影 c、d。截交线的最前点 K 和最后点 L 也是椭圆短轴的端点，它们的正面投影为 $a'b'$ 的中点，用辅助圆法求出水平投影 k、l；再根据"宽相等"求出侧面投影 k''、l''。如图 2-21b 所示。

　　2）求一般点。选择适当的位置作辅助水平面，与截交线的交点的正面投影为 m'、n'，用辅助圆法求出水平投影，根据"宽相等"求出侧面投影，如图 2-21c 所示。

　　3）光滑地连接各点的同面投影，求出截交线的水平投影和侧面投影，并补全轮廓线的投影，如图 2-21d 所示。

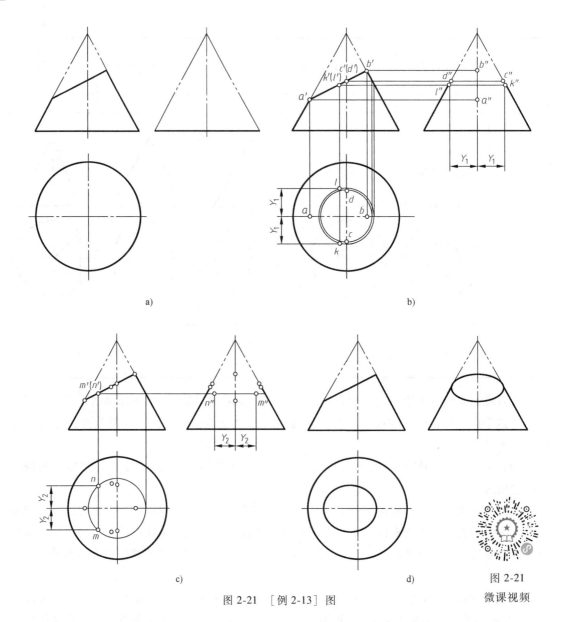

a)　　　　　　　　　　　　b)

c)　　　　　　　　　　　　d)

图 2-21

图 2-21　［例 2-13］图

微课视频

［例 2-14］ 已知截切圆锥体的主视图，如图 2-22a 所示，求其他两视图。

分析　由图可知，截平面为不过锥顶而平行于圆锥轴线的侧平面，圆锥面上的截交线为双曲线，其正面和水平投影积聚为直线，侧面投影为双曲线。

作图

1）求特殊点。圆锥面上的截交线的最高点 A 及截交线与圆锥底面的交点 B、C 为特殊位置的点，由它们的正面投影 a'、b'、c' 可直接求出水平投影 a、b、c 和侧面投影 a''、b''、c''，如图 2-22b 所示。

2）求一般点。在主视图中取适当数量的中间点，如点 D、E，利用 d'、e' 作辅助水平面，可求得 d、e 和 d''、e''，如图 2-22c 所示。

3）光滑地连接各点的同面投影，求出截交线的水平和侧面投影，如图 2-22d 所示。

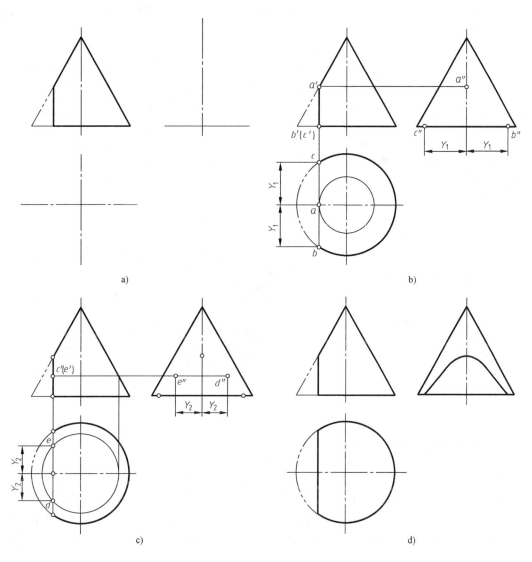

图 2-22　[例 2-14]图

[**例 2-15**]　已知车床顶尖的主视图，如图 2-23a、b 所示，求作车床顶尖的左视图和俯视图。

分析　由图可知，车床顶尖是由圆柱和圆锥组合，并被水平面和正垂面截切而成的。水平面与圆柱和圆锥的轴线平行，截交线是矩形与双曲线的组合，在水平面的投影反映实形；正垂面倾斜于圆柱轴线，截交线为椭圆弧。整个截交线由双曲线、直线和椭圆弧组成。

作图

1）求特殊点。根据特殊点的正面和侧面投影可作出它们的水平投影 1、2、3、4、5、6，如图 2-23c 所示。

2）求中间点。利用辅助圆法求出双曲线上一般点的Ⅶ、Ⅷ的投影，以及椭圆弧上点Ⅸ、Ⅹ的投影，如图 2-23d 所示。

3）连接各点。将各点的水平投影光滑地连接起来，即为所求截交线的水平投影，再补全轮廓线的水平投影，即得俯视图；截交线的侧面投影积聚为一条水平线和圆上一段圆弧，如图 2-23e 所示。

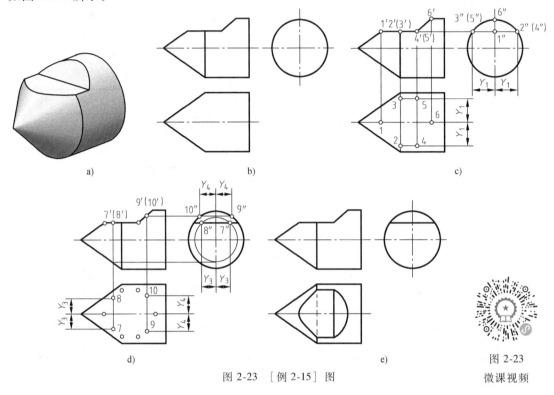

a)　　b)　　c)

d)　　e)

图 2-23　［例 2-15］图

图 2-23

微课视频

五、圆球的截交线

圆球被平面截切时，不论截平面处于什么位置，所得截交线都是圆。当截平面平行于某一投影面时，截交线在该投影面上的投影为圆，在另两个投影面上的投影积聚为直线，如图 2-24 所示，直线的长度等于截断面圆的直径，这个直径的大小与截平面到球心的距离有关。当截平面垂直于投影面时，截交线在该投影面上的投影积聚为直线，在另外两个投影面上的投影为椭圆。

［**例 2-16**］　已知圆球被截切后的主视图如图 2-25a 所示，求作俯视图。

分析　由图可知，截平面为正垂面，截交线的正面投影积聚为直线，水平投影为椭圆。

作图

1）求特殊点。截交线的最低点 A 和最高点 B 也是最左点和最右点，它们的水平投影 a，b 是截交线水平投影椭圆短轴的端点，在平行于 OX 轴的回转轴线的水平投影上。$a'b'$ 的中点 $c'(d)'$ 对应的水平投影是截交线的水平投影椭圆长轴的端点 c、d，可利用辅助水平圆求得。e'、f' 是截交线与圆球的水平投影轮廓线交点的正面投影，对应的水平投影 e、f 在圆球的

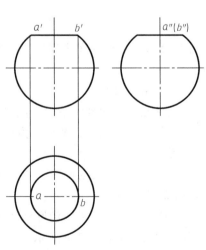

图 2-24　圆球的截交线

水平投影的轮廓线上。

2）求一般点。选择适当位置作辅助水平面，辅助水平面的正面投影与 $a'b'$ 相交得到 g'、h'，再利用该水平面的辅助圆求得它们的水平投影 g、h。

3）光滑地连接各点的同面投影，得截交线的水平投影，补全轮廓线，如图 2-25b 所示。

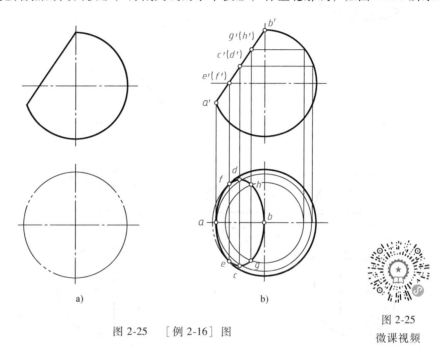

a)　　　　　　　　　　　b)

图 2-25　[例 2-16] 图

图 2-25
微课视频

[**例 2-17**]　已知带通槽的半球的主视图，如图 2-26a 所示，完成俯视图和左视图。

分析　半球上的通槽由三个平面构成，包括一个水平面和两个侧平面，两个侧平面左右对称，与球面的截交线均为一段圆弧，与水平截平面的交线为正垂线，截交线的侧面投影反映实形。水平截平面与球面的截交线是两段圆弧，其水平投影反映实形。作图的关键是确定截交线圆弧的半径，该半径可根据截平面的位置确定。

作图

1）作通槽的俯视图。过槽底部作辅助水平面，作出辅助水平面的水平投影，该投影的为一个圆，在圆周上截取与正面投影相对应的前后两段圆弧，并作出水平面与侧平面的交线的水平投影。

2）作通槽的侧面投影。两侧平面到球心等距，因此圆球上的两段截交线圆弧的半径相等，且两段圆弧的侧面投影重合，利用辅助侧平圆求出圆弧的侧面投影，如图 2-26b 所示。

3）判断可见性，补全轮廓线的投影，如图 2-26c 所示。

思考

[例 2-17] 的半球是被两个对称的侧平面切割，若其被两个不对称的侧平面截切，截交线会是怎样的呢？

特别提示

求曲面立体截交线时，应注意先求出特殊点。特殊点主要是指截交线上最高、最低、最左、最右、最前、最后的点，它们通常位于立体的回转轮廓线上。

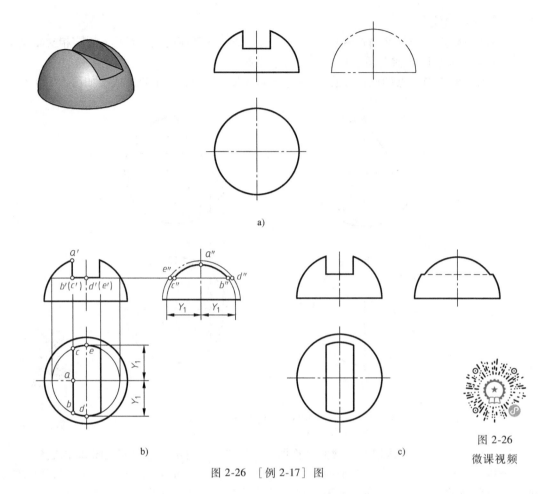

a)

b)　　　　　　　　　　　　　　　　　　c)

图 2-26　微课视频

图 2-26　［例 2-17］图

第六节　两回转体相交的相贯线

一、基本概念

如图 2-27 所示，圆柱与圆锥台都是回转体，它们相交后可看作一个整体，称为相贯体。两回转体相交称为相贯，其表面产生的交线称为相贯线。由于两相交回转体的形状、大小和相对位置的不同，得到的相贯线形状也不同。两回转体轴线垂直相交称为正交，在工程上这种情况最为常见，本节主要讨论两回转体正交的性质和作图。

1. 相贯线性质

1）表面性：相贯线位于两相交立体的表面上。

2）封闭性：相贯线一般是封闭的空间曲线，特殊情况下可以是平面曲线或直线段。

3）共有性：相贯线是两立体表面的共有线，也是两立体表面的分界线，相贯线上的点一定是两相交立体表面的共有点。

2. 相贯线的作图方法

作两回转体的相贯线，就是求出相交表面的共有点。求相贯线可按如下步骤作图。

1）分析两回转体表面性质，即两回转体的相对位置和相交情况。

2）求相贯线的特殊点，特殊点有最高点、最低点、最左点、最右点、最前点、最后点、可见与不可见的分界点及转向轮廓线上的点。有些点可根据从属关系直接求出，有些要用辅助平面法求出。

3）求一般点，常用作图方法为辅助平面法，即假想一辅助平面截切两回转体，分别得出两回转体表面的截交线，则两回转体上截交线的交点必为相贯线上的点。如图 2-28 所示，作辅助水平面 P 与圆柱轴线平行，与圆锥台轴线垂直，所以辅助平面与圆柱表面交线为矩形，与圆锥台表面交线为圆，则两截交线的交点 A、B、C、D 即为圆柱和圆锥台表面的共有点，它们也是辅助平面 P 上的点。若作一系列的辅助平面，便可得到相贯线上的若干点。

选择辅助平面的原则是：与两回转体表面的截交线的投影为最简单形状（直线或圆）。一般选投影面平行面。

4）顺次光滑地连接各点，并判断相贯线的可见性。

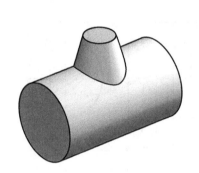

图 2-27　相贯线

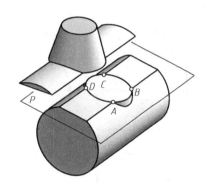

图 2-28　辅助平面法求相贯线上的点

二、两圆柱相交

[例 2-18]　已知正交两圆柱的俯视图和左视图，如图 2-29a 所示，请补齐主视图上缺少的图线。

分析　两圆柱的轴线垂直相交，它们分别是铅垂线和侧垂线，因此小圆柱的水平投影和大圆柱的侧面投影都具有积聚性。相贯线的水平投影积聚在小圆柱投影轮廓线的圆周上，侧面投影积聚为大圆柱投影轮廓线圆周的一部分。

作图

1）求特殊点。由正面投影轮廓线的交点求得相贯线最左点和最右点，同时也是最高点的正面投影 a'、b'，由侧面投影轮廓线的交点求得相贯线最前点、最后点的侧面投影 c''、d''，再根据从属关系求出它们的其他两面投影，如图 2-29b 所示。

2）求一般点。作辅助正平面，其侧面投影 e''、f'' 和水平面投影 e、f 分别在对应的相贯线积聚的圆周上，如图 2-29c 所示。

3）判别相贯线的可见性。前半相贯线的正面投影可见，因前后对称，后半相贯线与前半相贯线重影。

4）按水平投影各点顺序，依次连接各点成光滑曲线，得相贯线的正面投影，如图 2-29d 所示。

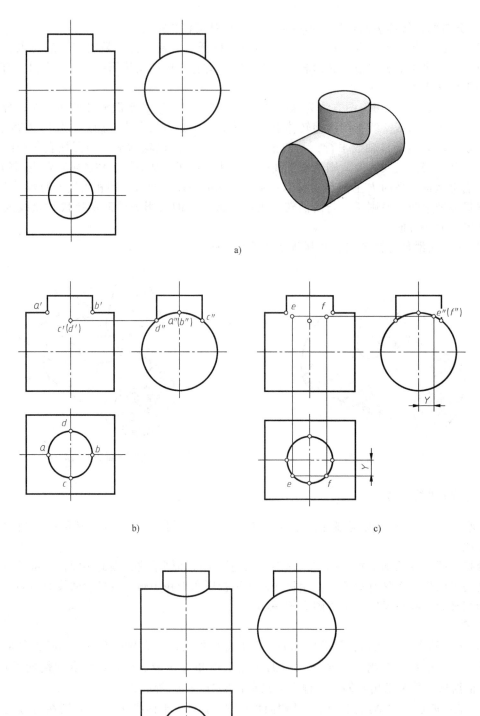

a)

b)   c)

d)

图 2-29 〔例 2-18〕图

图 2-29

微课视频

1. 两圆柱相贯的三种形式

轴线正交两圆柱有实体与实体相贯（图 2-30a）、实体与虚体相贯（图 2-30b）及虚体与虚体相贯（图 2-30c）三种形式，如图 2-30 所示，各种形式的相贯线的形状和求法与［例 2-18］基本相同。图 2-30b 中，由于孔在内部，故其正面转向线的正面投影和侧面转向线的侧面投影不可见，画虚线。图 2-30c 中，两圆柱孔均在长方体内部，故在长方体内部的投影轮廓线和相贯线均为虚线。

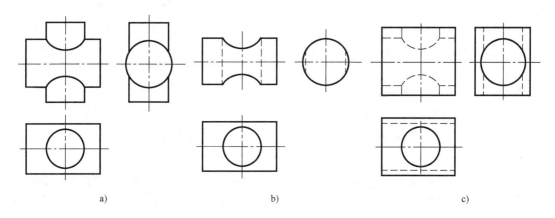

a)   b)   c)

图 2-30 两圆柱相贯的三种形式

2. 两圆柱正交时相贯线的变化

当两圆柱的相对位置不变，而直径发生变化时，相贯线的形状和位置也将随之变化，如图 2-31 所示。

当 $\phi_1 > \phi$ 时，相贯线为上下对称的空间曲线，如图 2-31a 所示。

当 $\phi_1 = \phi$ 时，相贯线在空间为两个相交的椭圆，其正面投影为两条相交的直线，如图 2-31b 所示。

当 $\phi_1 < \phi$ 时，相贯线为左右对称的空间曲线，如图 2-31c 所示。

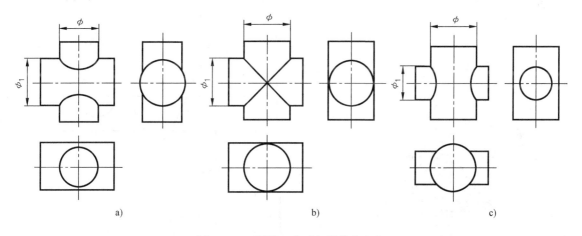

a)   b)   c)

图 2-31 两圆柱正交时相贯线的变化

3. 相贯线的简化画法

为了简化作图，当两圆柱正交且直径不同时，可采用近似画法，用圆弧代替非圆曲线作相贯线的投影。如图 2-32 所示，以大圆柱半径 R 为半径，以两圆柱转向轮廓线的交点为圆心画弧，交小圆柱轴线投影于点 O，再以 O 为圆心，R 为半径画弧。应当注意相贯线向着大圆柱轴线投影弯曲。

三、圆柱与圆锥相交

作圆柱与圆锥相交的相贯线，通常采用辅助平面法。

[例 2-19] 已知圆柱和圆锥相交立体的左视图，如图 2-33a 所示，求相贯线的正面投影和水平投影。

分析 由图可知，圆柱与圆锥的轴线互相垂直，圆柱的轴线是侧垂线，圆锥的轴线是铅垂线。相贯线的侧面投影积聚在圆柱侧面投影的圆周上。用辅助水平面（圆）法作图。

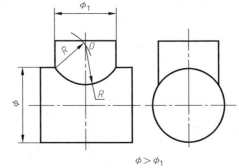

$\phi > \phi_1$

图 2-32 相贯线的简化画法

作图

1）求特殊点。相贯线的最高点 A 和最低点 B 是圆柱与圆锥的主视转向轮廓线的交点，其水平投影 a、b 和侧面投影 a″、b″可由点线从属关系直接确定。相贯线的最前点 C 和最后点 D 的侧面投影积聚在圆柱的侧面投影上，其侧面投影 c″、d″可直接求出；根据过点 C、D 的水平面的侧面投影求得该面的正面投影，由该面正面投影与圆锥最右素线的正面投影的交点确定辅助圆的半径，进而在俯视图中作出辅助圆的水平投影，又因为点 C 和 D 在圆柱的俯视转向轮廓线上，根据点线从属关系求得水平投影 c、d；最后根据侧面投影和水平投影求出正面投影 c′、d′。如图 2-33b 所示。

2）求一般点。在左视图中找到等高两点的侧面投影 e″、f″，作出辅助水平面的正面投影进而确定辅助圆的半径，在俯视图中作出辅助圆的水平投影，再根据"宽相等"，求得水平投影 e、f，再根据侧面投影和水平投影求出正面投影 e′、f′。同理求得另外的一般点 G、H 的投影。如图 2-33c 所示。

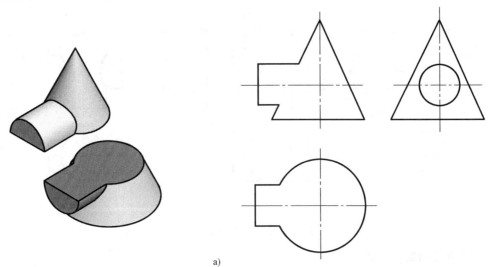

a)

图 2-33 圆柱和圆锥相交的相贯线

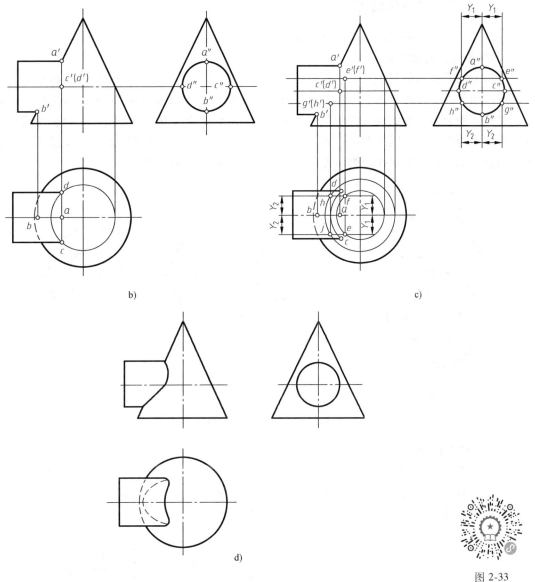

图 2-33　圆柱和圆锥相交的相贯线（续）

图 2-33

微课视频

3）判别可见性。在主视图上，前半相贯线的投影可见，后半相贯线的投影与前半相贯线重合。在俯视图上，由于点 C 和点 D 在圆柱的俯视转向轮廓线上，因此位于其上方的点的水平投影 e、a、f 可见，其下方的点的水平投影 h、b、g 不可见。圆锥底圆被圆柱面遮挡部分的水平投影也应画成细虚线。

4）依次连接各点完成相贯线的投影，如图 2-33d 所示。

特别提示

　　画相贯线的投影时，应先分析相交两立体的形状、大小和相对位置，然后判断相贯线的形状，求出特殊点，补充一般点，最后光滑连接各点。

四、相贯线的特殊情况

在特殊情况下，相贯线是平面曲线或直线。

1. 两回转体同轴相交

当两个回转体同轴相交时，它们的相贯线都是平面曲线——圆。当回转体轴线平行于投影面时，相贯线在该投影面上的投影是垂直于轴线的直线。如图 2-34a 所示，圆柱与圆锥同轴相交，因为两回转体的轴线都平行于正面且垂直于水平面，其相贯线的水平投影为圆，正面投影积聚为直线。如图 2-34b 所示，圆柱与圆球同轴相交，因两回转体的轴线都平行于正面且垂直于侧面，其相贯线的侧面投影为圆，正面投影积聚为直线。

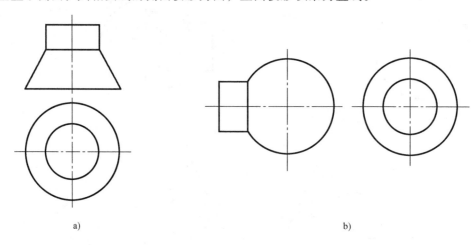

a)   b)

图 2-34　两回转体同轴相交

2. 两圆柱直径相等且正交

如图 2-35 所示，当两圆柱体直径相等且轴线垂直相交时，相贯线为两个相同的椭圆，椭圆平面垂直于两轴线所决定的平面。因为两圆柱的轴线都平行于正面，所以相贯线的正面投影积聚为直线。

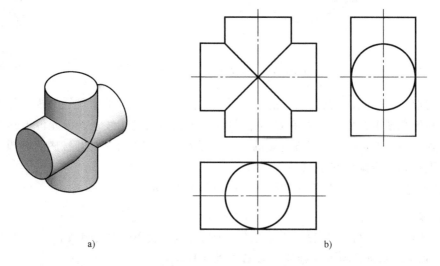

a)   b)

图 2-35　两等直径圆柱正交

[例 2-20]　已知一圆柱内两圆柱孔正交的俯视图和左视图，如图 2-36a 所示，求其主视图。

分析　由图可知两圆柱孔是等直径孔，它们的相贯线为椭圆，两回转体的轴线都平行于正面，相贯线的正面投影为直线。轴线为铅垂线的圆柱孔与外圆柱的相贯线为空间曲线。

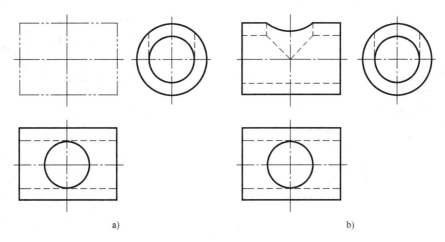

a) b)

图 2-36　[例 2-20] 图

作图　作图结果如图 2-36b 所示。

3. 两圆柱轴线平行相交

当轴线平行的两圆柱相交时，相贯线为平行的两条直线，如图 2-37 所示，两圆柱轴线均平行于正面，正面的交线为直线。

> **思考**
> 在什么条件下两回转体的相贯线为平面曲线？投影情况如何？

五、综合举例

对实际的物体而言，常常会有两个以上的立体相交的情况，其表面形成的交线称为组合相贯线。求多个立体相交的相贯线，其作图方法和求两个立体相交的相贯线的方法一样，首先要分析各相交立体的形状和相对位置，判断每处相贯线的形状，然后分别求出各部分相贯线的投影。

[例 2-21]　已知相贯立体的俯视图和左视图如图 2-38a 所示，求作主视图。

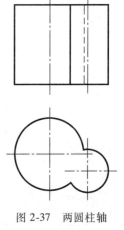

图 2-37　两圆柱轴
线平行相交

分析　该相贯立体由一直立圆筒与一水平半圆筒正交，内外表面都有交线。外表面为两个等直径圆柱相交，相贯线为两条平面曲线（椭圆），其水平投影和侧面投影分别积聚在它们所在的圆柱面有积聚性的投影上，正面投影为两段直线。内表面的相贯线为两段空间曲线，水平投影和侧面投影也积聚在圆孔有积聚性的投影上，正面投影为两段曲线。

作图

1）作两等直径圆柱外表面相贯线的正面投影，为从投影轮廓线交点到轴线投影交点的两段斜线。

2）作圆筒内表面相贯线的正面投影，可以采用简化画法画出两段圆弧，如图 2-38b 所示。

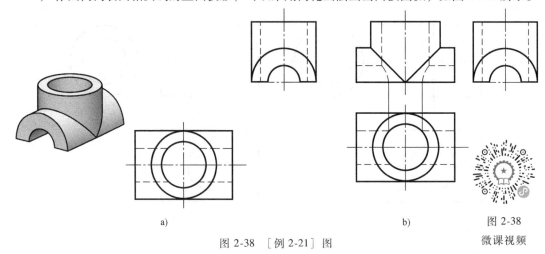

a)   b)   图 2-38

微课视频

图 2-38 ［例 2-21］图

［**例 2-22**］   求如图 2-39a 所示的三个圆柱相交而产生相贯线的投影。

分析   由图可知，两个直立圆柱同轴，一水平圆柱分别与两直立圆柱正交，水平圆柱在两个直立圆柱的圆柱面上的相贯线都是空间曲线。这个相贯线的侧面投影积聚在水平圆柱的投影轮廓圆周上，水平投影积聚在两直立圆柱的投影轮廓圆周上，正面投影为两段曲线。水平圆柱在大直立圆柱上表面上的相贯线是两条侧垂线。

作图

1）作空间曲线相贯线的水平投影，利用简化画法画出两段圆弧。

2）作侧垂线相贯线的投影，其水平投影和正面投影为线段，由左视图求出俯视图中的投影，再补全主视图。水平投影不可见，画虚线，如图 2-39b 所示。

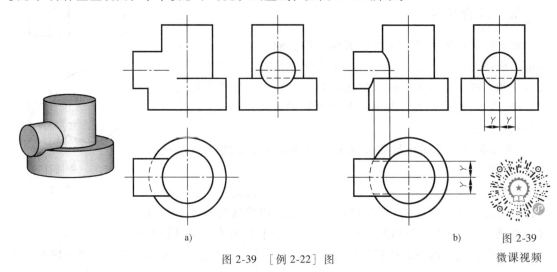

a)   b)   图 2-39

微课视频

图 2-39 ［例 2-22］图

[**例 2-23**]　求作如图 2-40a 所示半球与两个圆柱相交的相贯线。

分析　由图可知，相贯立体中的大圆柱与半球相切；左侧小圆柱的上半部分与半球相交，它们是共有侧垂轴线的同轴回转体，相贯线是垂直于侧垂轴线的半圆；小圆柱的下半部分与大圆柱相交，相贯线是空间曲线。由于相贯立体前后对称，所以相贯线的正面投影前后重合。

作图　（图 2-40b）

1）小圆柱与半球的相贯线是一条在侧平面内的半圆弧，其正面投影和水平投影均积聚为直线，可在主视图和俯视图中直接作出。

2）小圆柱与大圆柱的相贯线的正面投影采用简化画法画出；水平投影与大圆柱的水平投影重合，因其不可见，画虚线。

3）由于小圆柱轴线是侧垂线，所以相贯线的侧面投影与小圆柱的侧面投影重合。

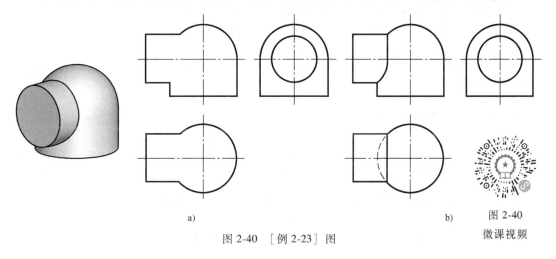

a)　　　　　　　　　　　　　　　　　　　b)

图 2-40　微课视频

图 2-40　[例 2-23]图

小　结

1）平面立体的棱线均是直线，画平面立体的投影图，就是画各棱线交点的投影，然后顺次连接，并注意区分可见性。平面立体投影图中的线表达的是立体表面上一条棱线的投影或一个有积聚性的面的投影。平面立体的投影图都是由封闭的线框组成的，一个封闭的线框代表着立体某个面的投影。平面立体表面取点是利用平面上取点的方法。

2）回转体的表面为曲面或曲面与平面，画回转体的投影图就是画回转体的轮廓线或转向轮廓线的投影。表面取点的方法有积聚性法、辅助素线法和辅助圆法。

3）截交线是截平面与立体表面的交线，平面立体的截交线是由直线组成的封闭平面多边形，通过截平面与立体棱线的交点求出。回转体的截交线是封闭的平面图形，可通过立体表面取点求出。当立体被多个截平面截切时，要逐个对截平面进行截交线的分析与作图。当只有部分被截切时，先按整体被截切求出截交线，然后取局部。

4）两回转体相贯，相贯线具有共有性、表面性和封闭性。图解相贯线的关键是作出其上的特殊点和一般位置点，根据相贯立体的结构特点，可选用积聚性法和辅助平面法求相贯线上的点的投影。

5）特殊情况下的相贯线是一些平面曲线或直线，此时得到形式简单的相贯线。

第三章

轴 测 图

▶ 【知识目标】

- 了解轴测图的基本概念、轴测投影的特性、常用轴测图的种类。
- 掌握正等轴测图的画法。
- 熟悉斜二轴测图的画法。

▶ 【能力目标】

根据三视图绘制正等轴测图和斜二轴测图。

在生产中，我们常用正投影图来表达物体的形状和大小，但它缺乏立体感，不易读懂，因此我们常用另外一种立体感较强的轴测图来表达物体的形状。

本章主要介绍轴测图的形成以及常用的正等轴测图和斜二轴测图的画法。

第一节　轴测图的基本知识

在结构设计、技术革新、产品说明等方面，需要表达机器的外观形状时，常用立体感很强的辅助图样来帮助人们看懂多面视图。轴测图是通过改变立体与投影面的相对位置或改变投射线与投影面的相对位置，进而在一个单面投影中得到立体感较强的投影图的一种图示方法。

一、轴测图的形成

轴测图是将物体连同其参考直角坐标系，沿不平行于任一坐标面的方向，用平行投影法将其投射在单一投影面上所得到的图形。

如图 3-1 所示，P 面为轴测投影面，P 面上的图形为轴测投影，即轴测图。

二、轴测图的轴间角和轴向伸缩系数

图 3-1 中确定立体位置的空间直角坐标轴 OX、OY、OZ 的投影 O_1X_1、O_1Y_1、O_1Z_1 称为轴测轴，轴测轴之间的夹角 $\angle X_1O_1Y_1$、$\angle Y_1O_1Z_1$、$\angle Z_1O_1X_1$ 称为轴间角。

轴测轴 O_1X_1、O_1Y_1 和 O_1Z_1 上的单位长度与相应直角坐标轴 OX、OY 和 OZ 上的单位长度之比分别为 X、Y 和 Z 轴的轴向伸缩系数，分别用 p、q、r 表示，即

$$p = \frac{O_1X_1}{OX} \qquad q = \frac{O_1Y_1}{OY} \qquad r = \frac{O_1Z_1}{OZ}$$

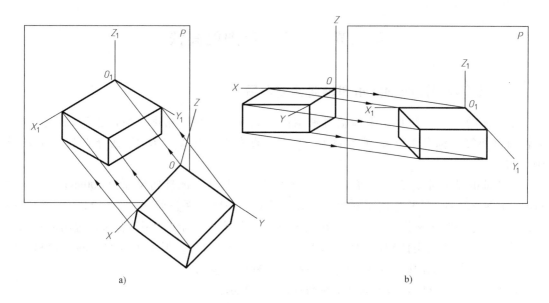

图 3-1 轴测图的形成

有了轴间角和轴向伸缩系数两种数据，就可以根据立体的三视图来绘制轴测图。在绘制轴测图时，视图上所有点和线的尺寸都必须沿坐标轴方向量取，并乘上相应的轴向伸缩系数，再画到相应的轴测轴方向上去，"轴测"一词由此而来。

三、轴测图的基本性质

由于轴测图是按平行投影法绘制而成的，它具有平行投影的如下基本特性。

（1）平行性　物体上平行于坐标轴的线段，其轴测投影中对应地平行于相应的轴测轴；物体上相互平行的线段，在轴测图中也相互平行。

（2）定比性　空间同一线段上各段长度的比例关系在轴测投影中保持不变。

（3）等比性　空间相互平行的线段的轴测投影长度之比等于空间线段长度之比。

四、轴测图的分类

轴测图的种类很多，当投射方向垂直于轴测投影面时，称为正轴测图，如图 3-1a 所示；当投射方向倾斜于轴测投影面时，称为斜轴测图，如图 3-1b 所示。

根据轴向伸缩系数的不同，这两类轴测图又各自分为三种。工程中常用的是正等轴测图和斜二等轴测图，因此本书只介绍这两种。

绘制物体的轴测图时，应先选择绘制哪一种轴测图，从而确定各轴向伸缩系数和轴间角。轴测图可根据已确定的轴间角，按表达清晰和作图方便的原则来安排，通常把 Z 轴画成铅垂方向。在轴测图中，应用粗实线画出物体的可见轮廓。为了使图形清晰，通常不画物体的不可见轮廓，但在必要时，也可用虚线画出物体的不可见轮廓。

特别提示

➤ 轴测图是由平行投影法得到的单面投影图，具有平行性、定比性和等比性。

➤ 轴测图的基本参数是轴间角和轴向伸缩系数。

第二节　正等轴测图的画法

一、正等轴测图的轴间角和轴向伸缩系数

因物体的三条空间直角坐标轴对轴测投影面倾斜成相同角度，所以正等轴测图的三个轴间角相等，都是120°，通常将 O_1Z_1 轴垂直布置，O_1X_1、O_1Y_1 轴分别与水平线成30°布置。

三条轴的轴向伸缩系数相等，$p=q=r=0.82$，即物体上的轴向尺寸为100mm时，在轴测图上画为82mm，这样作图很麻烦。为方便计算，一般把系数简化为 $p=q=r\approx1$，也就是说，凡立体上平行于坐标轴的直线，在轴测图上按实际尺寸画出。用简化系数画出的轴测图是用轴向伸缩系数画出的轴测图的 1.22 倍（$1/0.82\approx1.22$），但不影响物体的形状和立体感。因此画正等轴测图时，物体尺寸可直接从三视图中量取。

正等轴测图的轴间角和轴向伸缩系数如图 3-2 所示。

二、平面立体正等轴测图的画法

作平面立体轴测图的基本方法是沿坐标轴测量线性尺寸，并按坐标利用轴测轴画出各顶点的轴测投影再连线，该方法称为坐标法。对于由基本体切割掉一部分或几部分的平面立体，可先按完整基本体画出，然后用切割的方法画出其被切去部分的轮廓线，此方法称为切割法。对于由多个基本体叠加在一起形成的平面立体，先将其分为若干个基本体，然后将各基本体的轴测图画出，并组合在一起，此方法称为叠加法。

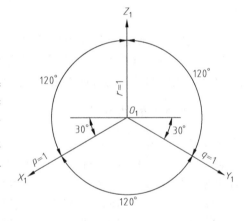

图 3-2　正等轴测图的轴间角和轴向伸缩系数

1. 坐标法画轴测图

[例 3-1]　已知四棱柱的三视图如图 3-3a 所示，求作其正等轴测图。

分析　根据四棱柱的特点，选四棱柱的一个顶点作为坐标原点，则过此顶点的三条棱即为空间直角坐标轴。立体上的坐标轴选定后，就可以沿 OX、OY、OZ 三个坐标方向量出四棱柱的长、宽、高，并将其对应到轴测图上，以定出各条棱的投影。

作图

1）在三视图中，画出直角坐标轴的投影，如图 3-3b 所示。

2）根据正等轴测图轴间角为120°画出轴测轴，如图 3-3c 所示。

3）按三视图上量取的尺寸作出 a_{X1}、a_{Y1}、a_{Z1} 三点，过此三点分别作 O_1X_1、O_1Y_1、O_1Z_1 轴中所在轴外另两轴的平行线，得到 a_1、a_1'、a_1'' 三点，如图 3-3d 所示。

4）过 a_1、a_1'、a_1'' 三点分别作 O_1Z_1、O_1Y_1、O_1X_1 轴的平行线，如图 3-3e 所示。

5）擦去不必要的作图线，加粗可见轮廓线，即得到四棱柱的正等轴测图，如图 3-3f 所示。

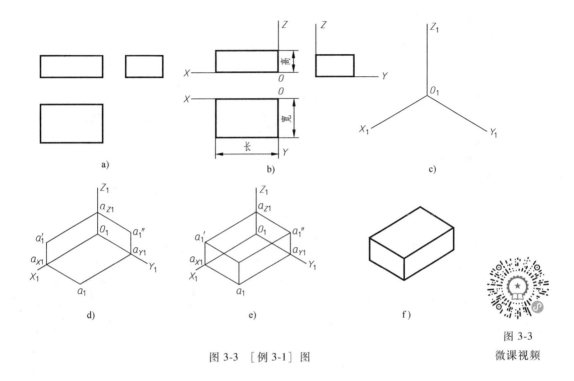

a)　　　　　b)　　　　　c)

d)　　　　　e)　　　　　f)

图 3-3　［例 3-1］图

图 3-3
微课视频

[例 3-2]　已知正六棱柱的主视图和俯视图，如图 3-4a 所示，求作其正等轴测图。

分析　如图 3-4a 所示，取顶面的中心为原点 O，使六棱柱顶面的左、右顶点 A、D 在 OX 轴上，各侧棱线平行于 OZ 轴，则正六棱柱的前后、左右均对称，顶面和底面都是水平面内的正六边形。作该正六棱柱正等轴测图可用坐标法，先确定顶面各点，再根据棱长完成轴测图。

作图

1）作轴测轴上的点，从原点 O_1 向 O_1X_1 正、负两方向量取 Oa、Od 长度得 a_1、d_1，沿 O_1Y_1 正、负两方向量取 Om、On 长度得 m_1、n_1，如图 3-4b 所示。

2）通过 m_1、n_1 作 O_1X_1 轴的平行线，量取 mb、mc、ne、nf 可得 b_1、c_1 和 e_1、f_1，然后首尾相连形成顶面轴测投影，如图 3-4c 所示。

3）由 f_1、a_1、b_1、c_1 沿 O_1Z_1 轴负方向量取棱柱体的高，得 g_1、h_1、i_1、j_1，如图 3-4d 所示。

4）依次连接 g_1、h_1、i_1、j_1，如图 3-4e 所示。

5）擦去不必要的作图线，加粗可见轮廓线，得到所求正等轴测图，如图 3-4f 所示。

2. 切割法画轴测图

[例 3-3]　已知某立体的三视图如图 3-5a 所示，求作其正等轴测图。

分析　该立体可以看作是由一个完整的长方体经过切割形成的，作正等轴测图时可先画出长方体的轴测图，再进行切割部分的作图。

作图

1）选定坐标原点和坐标轴。原点取立体的右后下角的顶点，如图 3-5a 所示。

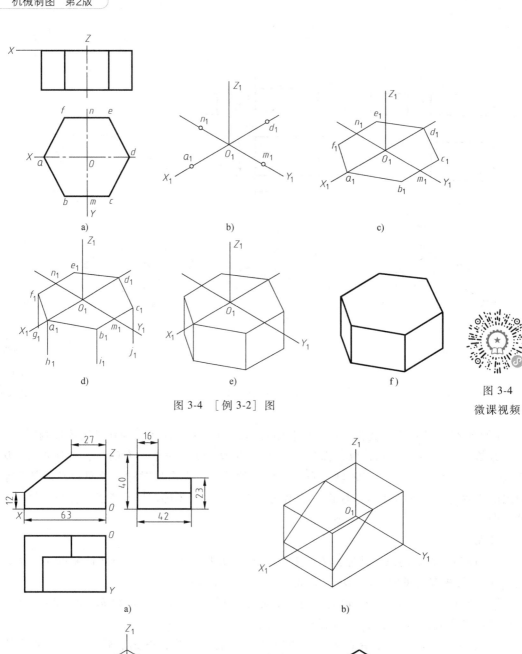

图 3-4　［例 3-2］图

图 3-4
微课视频

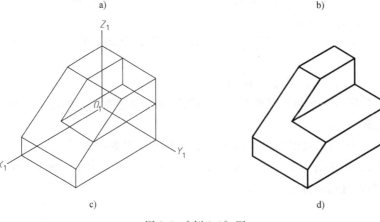

a)

b)

c)

d)

图 3-5　［例 3-3］图

图 3-5
微课视频

2）作轴测轴，按给定的长方体长（63）、宽（42）、高（40）三个尺寸，作出正等轴测图；再按照主视图所示尺寸，作出正垂面的轴测图，完成第一个切割部分的作图，如图 3-5b 所示。

3）按照左视图，从 $X_1O_1Z_1$ 平面向前量取 16，作出铅垂切割面的轴测图；再从 $X_1O_1Y_1$ 平面向上量取 23，作出水平切割面的轴测图，如图 3-5c 所示。

4）擦去不必要的作图线，加粗可见轮廓线，得到所求正等轴测图，如图 3-5d 所示。

3. 叠加法画轴测图

[**例 3-4**] 已知某立体的三视图，如图 3-6a 所示，求作正等轴测图。

分析 由图可知，该立体可看作是由三个棱柱叠加而成的，因此可根据相对位置依次画出每个部分的轴测图，最后得到整体的轴测图。

作图

1）选定坐标原点和坐标轴，并将其分解为 Ⅰ、Ⅱ、Ⅲ 三个基本立体，如图 3-6a 所示。

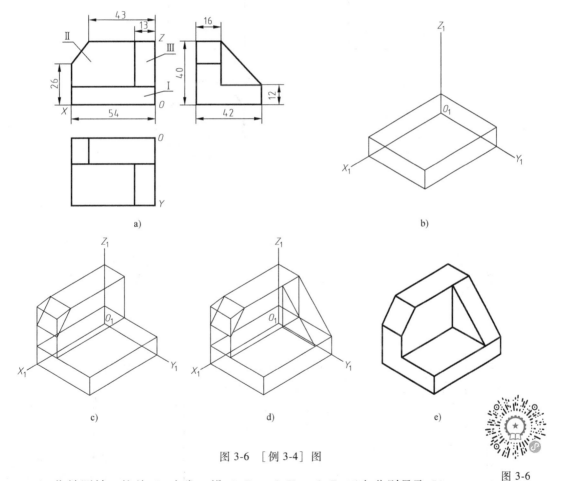

图 3-6 [例 3-4] 图

2）作轴测轴，按从 O_1 出发，沿 O_1X_1、O_1Y_1、O_1Z_1 正向分别量取 54、42、12 三个尺寸，画出立体 Ⅰ 的轴测图，如图 3-6b 所示。

3）画立体 Ⅱ 轴测图。立体 Ⅱ 与立体 Ⅰ 左、右和后面共面，按从 O_1 出发，沿 O_1X_1、O_1Y_1、O_1Z_1 正向分别量取 54、16、28 三个尺寸，在立体 Ⅰ 的上方画出长方体；再按照主视图所示 43、26 两个尺寸，"切去"左上角，得立体Ⅱ的轴测图，如图 3-6c 所示。

4）画立体Ⅲ的轴测图。立体Ⅲ与立体Ⅰ和立体Ⅱ右面共面，按从 O_1 出发，沿 O_1X_1 正向量取尺寸 13，画出立体Ⅲ的轴测图，如图 3-6d 所示。

5）擦去不必要的作图线，加粗可见轮廓线，得到所求正等轴测图，如图 3-6e 所示。

三、回转体正等轴测图的画法

回转体正等轴测图的画法主要涉及圆和圆角的轴测图的画法。

[例 3-5]　已知某圆柱的主视图和俯视图，如图 3-7a 所示，求作圆柱的正等轴测图。

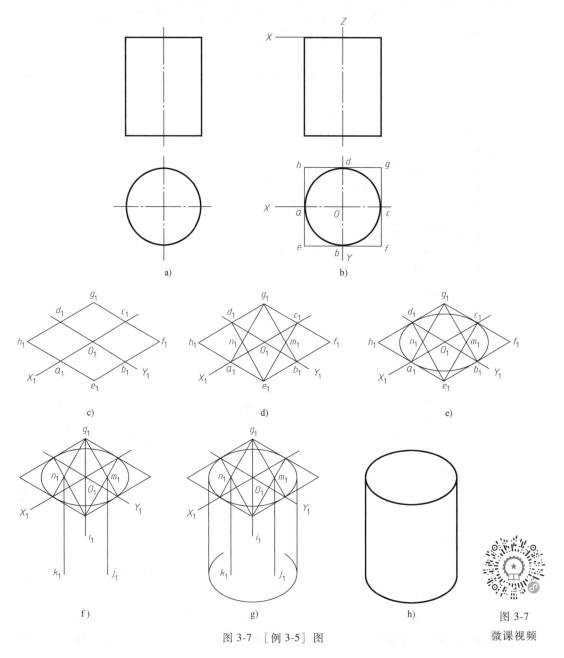

f)　　　　　　　g)　　　　　　　h)

图 3-7

图 3-7　[例 3-5] 图

微课视频

分析 由图可知，圆柱顶面和底面均为水平面内的圆，因此可取顶面中心为坐标原点 O，进而可以确定 OX 轴和 OY 轴，OZ 轴为圆柱轴线。下面的问题就是确定圆柱顶面、底面圆的画法。由于手工绘图很难准确绘制椭圆形状，因此这里介绍一种用四段圆弧来代替椭圆弧的近似画法。

作图

1）在圆柱的俯视图上，以圆心 O 为坐标原点，两条中心线为坐标轴 OX、OY，画出圆的外切正方形，如图 3-7b 所示。

2）画轴测轴 O_1X_1、O_1Y_1；在轴测轴上从原点 O_1 出发，量取圆的半径长度得 a_1、b_1、c_1、d_1 四点，再过此四点，画出各边分别平行于 O_1X_1、O_1Y_1 两轴测轴的椭圆外切菱形，分别交于 e_1、f_1、g_1、h_1，如图 3-7c 所示。

3）连接 e_1c_1、g_1b_1、d_1e_1、a_1g_1，得 m_1、n_1 两点，如图 3-7d 所示。

4）分别以 e_1、g_1 两点为圆心，以 e_1d_1（g_1a_1）为半径画出组成椭圆的两段大圆弧；再以 m_1、n_1 两点为圆心，以 m_1c_1（n_1d_1）为半径画出组成椭圆的两段小圆弧，如图 3-7e 所示。由此可见，e_1、g_1、m_1、n_1 四点为画椭圆过程中的四个圆心，a_1、b_1、c_1、d_1 四点为连接点。

5）底面椭圆与顶面椭圆的大小形状完全一样，因此我们可以用移心法直接将底面的四个圆心从顶面上"平移"下来。即分别过 g_1、m_1、n_1 三点（e_1 点"移"下来画出的圆弧为不可见部分，可以不作图）沿 O_1Z_1 轴负方向量出圆柱的高，得到底面椭圆三段圆弧的圆心 i_1、j_1、k_1，如图 3-7f 所示。

6）画圆柱底圆轴测图。以 i_1 为圆心，g_1a_1 为半径画出大圆弧，以 j_1、k_1 为圆心，m_1c_1 为半径画出椭圆上两段小圆弧；再作出上、下两个椭圆的外公切线，即圆柱面的轴测图，如图 3-7g 所示。

7）擦去不必要的作图线，加深可见轮廓线，完成轴测图，如图 3-7h 所示。

从作图过程可知，画椭圆的四段圆弧的圆心是根据椭圆的外切菱形求得的，因此这个方法也叫做菱形四心法。从正等轴测图的形成知道，立体上凡是平行于坐标面的圆的正等轴测图都是椭圆，如图 3-8 所示是平行于各坐标面的圆的正等轴测图。平行于 XOZ 坐标面、YOZ 坐标面的圆的轴测图的画法与比例相同，只需参考图 3-8 确定椭圆外切菱形的方向和位置。

[例 3-6] 已知被截切后圆柱的两视图如图 3-9a 所示，求作其正等轴测图。

分析 由图可知，圆柱被侧平面截切，交线为矩形；被正垂面截切，交线为椭圆弧和一条直线。

作图

1）在视图上选择坐标轴，如图 3-9a 所示。

2）画轴测轴，作出完整圆柱的正等轴测图，如图 3-9b 所示。

3）作侧平面与圆柱截交线的正等轴测图。首先在主视图上量取侧平面与圆柱轴线的距离 e；然后在圆柱顶面的轴测图上，从顶面中心 O_1' 出发，沿 O_1X_1 负方向量取 e，作平行于 O_1Y_1 轴的直线，交椭圆于 a_1、b_1，a_1b_1 为

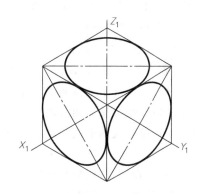

图 3-8 平行于三个坐标面的
圆的正等轴测图

所求矩形交线的轴测图的一个边；过 a_1、b_1 两点作 O_1Z_1 轴的平行线，按从主视图中量取的切割高度得 c_1、d_1，连接 c_1d_1 即得矩形截交线的正等轴测图，如图 3-9c 所示。

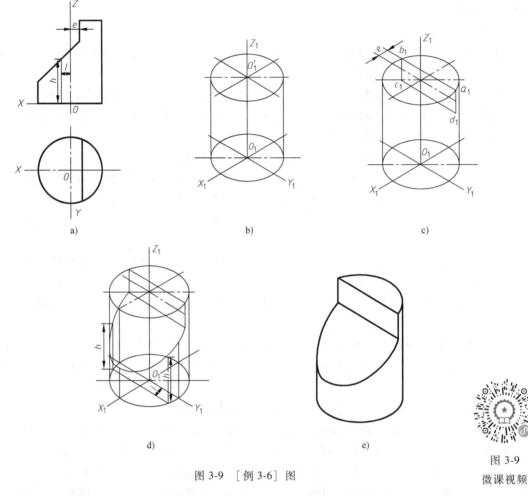

a)   b)   c)

d)   e)

图 3-9

微课视频

图 3-9 ［例 3-6］图

4）作正垂面截切圆柱的椭圆形截交线的正等轴测图。利用点从属于线的原理，用坐标法作交线上的若干点的正等轴测投影，先找转向线上的点，再补充一般点，然后光滑连接各点，即得椭圆形截交线的轴测图，如图 3-9d 所示。

5）擦去不必要的作图线，加深可见轮廓线，完成轴测图，如图 3-9e 所示。

［例 3-7］　根据如图 3-10a 所示带圆角的平板的两视图，作出其正等轴测图。

分析　平行于坐标面的圆角是圆的一部分，由［例 3-5］可知其正等轴测图是椭圆的一部分，特别是常见的四分之一圆角，其正等轴测图恰好是近似椭圆的四段圆弧中的一段。从切点作相应棱线的垂线，即可得圆弧的圆心。下面用简化画法作该立体的轴测图。

作图

1）在视图上选择坐标轴，如图 3-10a 所示。

2）作出不考虑圆角的平板顶面矩形的正等轴测图，如图 3-10b 所示。

3）从圆角对应位置的顶点出发，沿轴测图平行四边形的边分别量取半径长度（5mm），确定圆弧与边线的切点；过切点作边线的垂线，垂线与垂线的交点分别为圆心 O_{11} 和 O_{12}，圆心到切点的距离为菱形四心法画椭圆的连接弧半径画出连接弧，如图 3-10c 所示。

4）将已有圆心和切点按平板厚度（8mm）向下作出底面对应点的轴测投影，得到底面圆心 O_{13}、O_{14} 和切点，如图 3-10d 所示。

5）画出平板底面的相应圆弧的正等轴测图，作出右侧小圆弧的 O_1Z_1 方向的公切线，补全其他边线，如图 3-10e 所示。

6）擦去不必要的作图线，加深可见轮廓线，完成轴测图，如图 3-10f 所示。

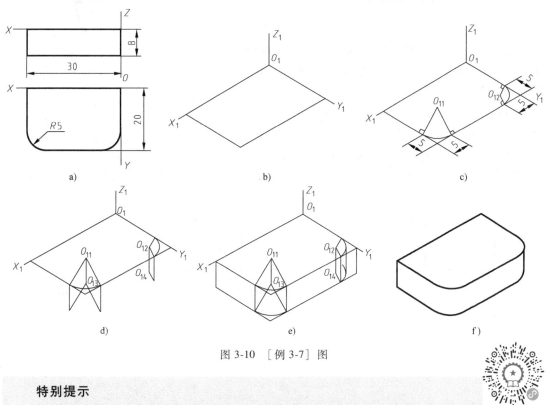

图 3-10 ［例 3-7］图

特别提示

➢ 绘制正等轴测图时，为了方便绘图，常用简化的轴向伸缩系数"1"。

➢ 平行于坐标面的圆的正等轴测图可用菱形四心法绘出椭圆。

图 3-10
微课视频

第三节　斜二等轴测图的画法

一、斜二等轴测图的轴间角和轴向伸缩系数

将物体上平行于坐标面 XOZ 的平面放置成与轴测投影面平行，让投射方向与轴测投影面倾斜，这样得到的轴测图即为斜二轴测图，如图 3-1b 所示。由于 XOZ 坐标面平行于 V 面，OX、OZ 轴的投影的位置和长度关系保持不变，所得轴测轴之间的夹角总是 $90°$，轴向伸缩系数 $p=r=1$；而轴测轴 O_1Y_1 的方向和轴向伸缩系数 q 可随着投影方向的变化而变化。为了便于绘图，国家标准规定，取 O_1Y_1 与水平方向成 $45°$ 角，轴间角 $\angle X_1O_1Y_1 = \angle Y_1O_1Z_1 =$

135°，轴向伸缩系数 q 为 0.5，如图 3-11 所示。以此轴测坐标系绘制的轴测图为斜二等轴测图。

斜二等轴测图的优点在于，物体上凡平行于坐标面 XOZ 的表面，其轴测投影都反映实形。利用这一特点，在表达单方向形状较复杂（主要是出现较多的圆）的物体形状时，画斜二轴测图比较方便。

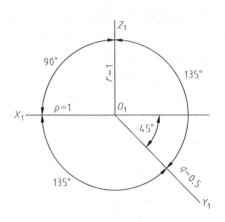

图 3-11　斜二等轴测图的轴间角与轴向伸缩系数

二、斜二等轴测图的画法

绘制斜二等轴测图的基本方法与正等轴测图相同，都是沿轴测量、沿轴画图。由于 Y 方向的轴向伸缩系数为 0.5，所以沿 O_1Y_1 轴量取尺寸时应取原长的 0.5 倍。

[例 3-8]　已知正方体的三视图，如图 3-12a 所示，绘制其斜二等轴测图。

分析　使正方体的前、后面在 XOZ 面内或平行于 XOZ 面，则它们的轴测图反映实形。沿轴测轴 O_1Y_1 取长度时须取原长的 0.5 倍。

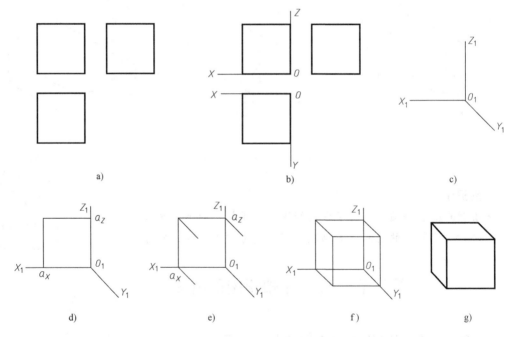

图 3-12　[例 3-8] 图

图 3-12
微课视频

作图

1）在视图中确定坐标轴，如图 3-12b 所示。

2）绘制轴测轴，O_1X_1、O_1Z_1 轴分别为水平与垂直方向，O_1Y_1 轴与水平线成 45°角，如图 3-12c 所示。

3) 在轴测轴 O_1X_1、O_1Z_1 上量取正方体的边长，得到 a_X、a_Z 二点，过此两点，分别作 O_1X_1、O_1Z_1 轴的平行线，作出正方体后面的轴测投影，如图 3-12d 所示。

4) 分别过正方体后面轴测投影的点 O_1 外的三个顶点作轴测轴 O_1Y_1 的平行线，在这三条平行线和 O_1Y_1 轴上取线段，长度为正方体边长的一半，如图 3-12e 所示。

5) 连接各条线段的端点，如图 3-12f 所示。

6) 擦去不必要的作图线，加深可见轮廓线，完成轴测图，如图 3-12g 所示。

[例 3-9] 已知圆台的主、俯视图，如图 3-13a 所示，绘制圆台的斜二等轴测图。

分析 由图可知圆台的前、后面都是圆，可将前、后面与 XOZ 坐标面平行放置，并将后（底）面的圆心作为坐标原点。

作图

1) 在视图中取圆台的大圆面（后面）的圆心为坐标原点，OY 轴与圆台轴线重合，如图 3-13b 所示。

2) 如图 3-13c 所示绘制斜二等轴测图的轴测轴，按圆台轴向（OY 方向）尺寸的一半，在 O_1Y_1 轴上找到圆台小圆面（前面）的圆心 O_{11}。

3) 分别以 O_1 和 O_{11} 为圆心，以主视图中大、小圆的半径为半径画圆；再画出此两圆的外公切线，如图 3-13d 所示。

4) 擦去不必要的作图线，加深可见轮廓线，完成圆台的斜二等轴测图，如图 3-13e 所示。

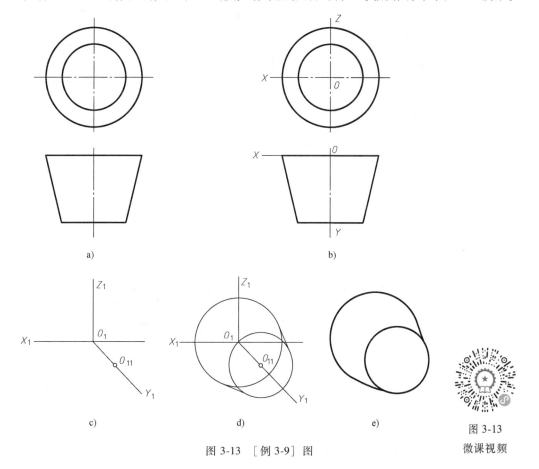

a)   b)   c)   d)   e)

图 3-13 [例 3-9] 图

图 3-13

微课视频

[例 3-10]　　根据如图 3-14a 所示立体的两视图，画出其斜二等轴测图。

分析　由图可知立体的前后面互相平行，可选择前面作为 XOZ 坐标面，坐标原点过圆心。

作图

1）在视图中确定 OX、OY、OZ 三个坐标轴，如图 3-14a 所示。

2）按斜二等轴测图的画法画出轴测轴，在 $X_1O_1Z_1$ 面上的轴测图与主视图完全相同，如图 3-14b 所示。

3）从 O_1 出发沿 O_1Y_1 轴负方向量取 9mm（18mm×0.5），确定后面的圆心，画出后面的两个同心圆；过底板的各顶点沿 O_1Y_1 轴负方向作 O_1Y_1 轴的平行线，线段长度取为 9mm，如图 3-14c 所示。

4）依次连接左侧三条平行线段的端点，再过最右侧线段端点作出 O_1X_1 轴的平行线，完成底板的斜二等轴测图；在后面大圆最左侧相切于圆作 O_1Z_1 轴的平行线，与 O_1Y_1 轴的平行线相交；作前后两个大圆的公切线，如图 3-14d 所示。

5）擦去不必要的作图线，加深可见轮廓线，完成轴测图，如图 3-14e 所示。

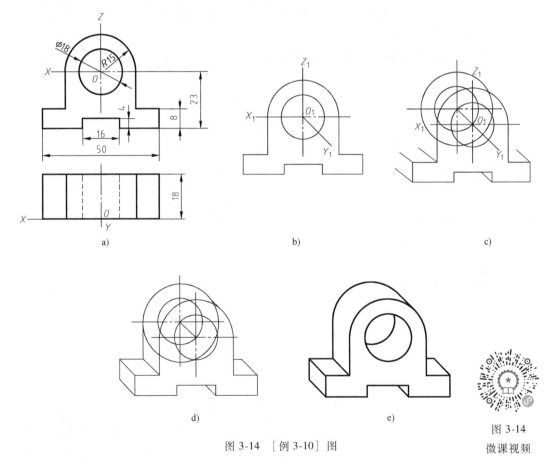

图 3-14　[例 3-10] 图

图 3-14
微课视频

思考

在什么情况下采用斜二轴测图作图最方便。

第四节 轴测草图的绘制

不用绘图仪器和工具，通过目测形体各部分的尺寸，徒手画出的图样称为草图。在设计、维修、仿造、计算机绘图等场合，经常需要借助草图来表达技术思想。草图虽然是徒手绘制的，但绝不是潦草的图。画出的草图应做到：图形正确、图线清晰、粗细分明、比例匀称、字体工整、尺寸无误。

绘制草图一般选用 HB 或 B 铅笔，铅芯磨成圆锥形，所使用图纸无特别要求，为了方便常使用印有浅色方格或菱形格的作图纸。

一、握笔的方法

手握笔的位置要比尺规画图高一些，以便于运笔和观察目标，笔杆与纸面成 45°～60° 角，执笔稳而有力。

二、直线的画法

徒手画直线时，运笔力求自然，小手指靠着纸面，应保证笔尖前进方向能够看得清楚，眼睛要随时注意直线终点。若直线较长，应分段画出，如图 3-15 所示。

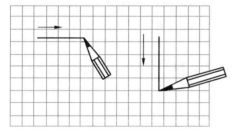
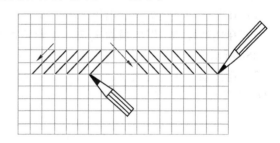

a) 画水平线、竖直线   b) 画斜线

图 3-15　徒手画直线

三、圆的画法

徒手画圆时，先用相互垂直的两段细点画线确定圆心。若画小圆，可先在中心线上找到距离圆心约等于半径的四个点，然后依次画四段圆弧，每段都转到自己顺手的方位画出，如图 3-16a 所示；画较大圆时，可再多画一对或几对相互垂直的直线，则可以多取些点，分段画出，最后擦去不必要的线，如图 3-16b 所示。

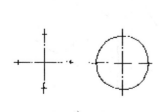
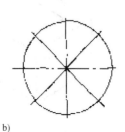

a)   b)

图 3-16　圆和圆弧的画法

四、椭圆的画法

徒手画椭圆时，先画垂直相交的两条点画线，作为长、短轴，目测确定椭圆长、短轴上的四个端点，再画出椭圆的外切矩形或外切平行四边形，然后按与此矩形或平行四边形相切的原则徒手画出各段椭圆弧，如图 3-17 所示。

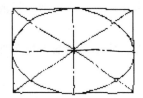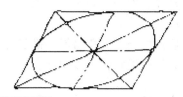

图 3-17　椭圆的画法

五、轴测草图的画法

[例 3-11]　已知四棱台的三视图，如图 3-18a 所示，徒手绘制其正等轴测图。

分析　四棱台的顶、底面分别是大小不同的矩形，画出此两面的正等轴测图，再依次将顶、底面的相应顶点相连，即得四棱台的轴测图。

作图

1）在菱形网格纸上先画出以四棱台底面矩形为底面的四棱柱轴测图，如图 3-18b 所示。

2）在四棱柱轴测图的顶面上按四棱台顶面大小画出其轴测投影（小平行四边形），如图 3-18c 所示。

3）连接顶、底面的相应顶点，画出棱线的轴测投影，即得到四棱台的正等轴测图，如图 3-18d 所示。

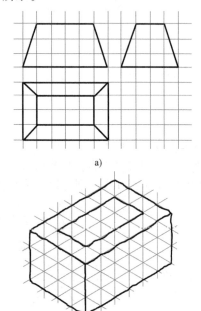

a)

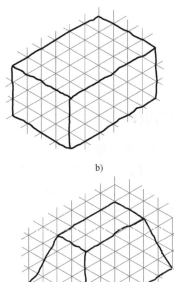

b)

c)

d)

图 3-18　[例 3-11]图

特别提示

绘制草图是一项细致的工作，需要多画多练，才能逐渐摸索出适合自己的画图手法。

小　结

1）正等轴测图中的"正"是指投射方向与投影面垂直，"等"是指三个轴向伸缩系数均等于 0.82（为了作图方简便，均被简化为 1），轴间角均等于 120°。凡与轴测轴平行的线段在作图时均按实长量取画图。

2）斜二等轴测图中的"斜"是指投射方向与投影面倾斜，"二"是指有两个轴间角相等，两个轴向伸缩系数相等，$p = r = 1$，$q = 0.5$；轴间角 $\angle X_1 O_1 Y_1 = \angle Y_1 O_1 Z_1 = 135°$，而 $\angle X_1 O_1 Z_1 = 90°$。

3）轴测图的投影特性：空间中的线段与轴测图的相应图线之间有平行性、定比性和等比性。

4）徒手绘图是工程技术人员应具备的基本能力，应熟悉绘制草图的方法。

第四章

制图的基本知识与技能

▶【知识目标】

- 了解国家标准对图幅、字体、比例、图线及尺寸标注的规定。
- 掌握绘图工具的使用方法。
- 掌握平面图形尺寸和线段的分析方法。
- 掌握平面图形的绘制方法。

▶【能力目标】

- 能按照国家标准的规定,正确选用图幅、字体、图线和比例绘制图形,并能按国家标准规定进行尺寸标注。
- 熟练使用绘图工具绘制平面图形,并进行尺寸标注。
- 能对平面图形进行尺寸分析和线段分析,并按照正确的方法和步骤作图。

制图基本知识包括国家标准《技术制图》《机械制图》等的有关规定和基本的作图方法,以及平面图形的画法、尺寸标注等。要正确、快速地绘制和阅读工程图样,必须严格遵守国家标准的有关规定,熟悉绘图工具的使用,掌握平面图形的画法和仪器绘图的技能。本章对此作简要介绍。

第一节 《技术制图》和《机械制图》国家标准中的规定

工程图样是工程界的语言,是现代机器制造过程中直接指导生产的重要技术文件,是国际、国内技术交流的有效工具。因此,国际上统一规定了"ISO"标准,我国也制定了同国际标准相适应的国家标准"GB"。作为工程技术人员,在绘制工程图样时,要树立标准意识,严格遵守工程制图国家标准(以下简称"国标")的各项规定。

一、图纸幅面和图框格式(摘自 GB/T 14689—2008[⊖])

1. 图纸幅面

图纸幅面是指图纸宽度与长度组成的图面。图纸基本幅面代号用 A0、A1、A2、A3、

⊖ GB/T 14689—2008 是图纸幅面和图框格式的标准号,其中"G""B""T"分别是"国家""标准""推荐"的汉字拼音第一个字母,"14689"是标准的编号,"2008"是该项标准发布的年份。

A4 表示，基本幅面与加长幅面的尺寸如图 4-1 所示。绘制图样时，应优先采用表 4-1 所列的国标规定的基本幅面。必要时，允许选用国标规定的加长幅面。

表 4-1 基本幅面及图框尺寸 （单位：mm）

幅面代号	A0	A1	A2	A3	A4
B×L	841×1189	594×841	420×594	297×420	210×297
a	25				
c	10			5	
e	20		10		

注：B、L、a、c、e 的含义如图 4-2 和图 4-3 所示。

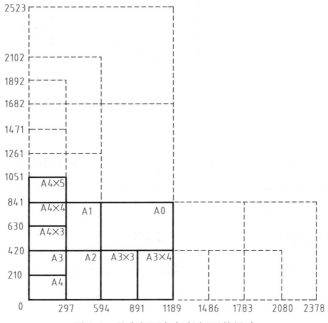

图 4-1 基本幅面与加长幅面的尺寸

2. 图框格式

图纸上限定绘图区域的线框称为图框。图纸的装订形式一般采用 A4 幅面竖装，也可以按 A3 幅面横装，每张图纸必须用粗实线绘制出图框线，如图 4-2、图 4-3 所示。

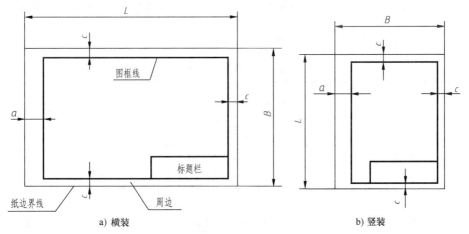

a）横装 b）竖装

图 4-2 留装订边的图框格式

如图 4-2 所示为留装订边的图框格式，图边尺寸 a、c 按表 4-1 选取。

图纸也可不留装订边，但同一产品的图样只能采用一种格式。不留装订边的图纸，其图框格式如图 4-3 所示，图边尺寸 e 按表 4-1 选取。

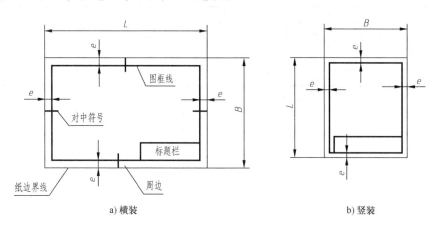

a) 横装　　　　　　　　　　　　　　　b) 竖装

图 4-3　不留装订边的图框格式

为了使图样复制时定位方便，应在图纸各边长的中点处分别画出对中符号。对中符号是从图纸边界画入图框内 5mm 的一段粗实线，如图 4-3a 所示。当对中符号处在标题栏范围内时，则伸入标题栏内部分省略不画。

二、标题栏（摘自 GB/T 10609.1—2008）

每张图纸必须画出标题栏，标题栏的位置位于图纸的右下方。标题栏的格式及其尺寸应按 GB/T 10609.1—2008 的规定画出，如图 4-4a 所示。学生完成制图作业时可使用简化的标题栏格式，如图 4-4b 所示。

三、比例（摘自 GB/T 14690—1993）

比例是指图中图形与其实物相应要素的线性尺寸之比。

绘制图样时，一般应从表 4-2 中规定的系列中选取不带括号的适当比例。必要时，也允许选取表 4-2 中带括号的比例。一般情况下，比例应标注在标题栏的"比例"栏内；当某个视图需要采用不同的比例时，必须另行标出，如：$\dfrac{\mathrm{I}}{2:1}$。

表 4-2　绘图的比例

原值比例	$1:1$							
缩小比例	$(1:6)$	$1:5$	$(1:4)$	$(1:3)$	$(1:2.5)$	$1:2$	$(1:1.5)$	$1:10$
	$(1:6\times10^{n})$	$1:5\times10^{n}$	$(1:4\times10^{n})$	$(1:3\times10^{n})$	$(1:2.5\times10^{n})$	$1:2\times10^{n}$	$(1:1.5\times10^{n})$	$1:1\times10^{n}$
放大比例	$5:1$	$(4:1)$	$(2.5:1)$	$2:1$				
	$5\times10^{n}:1$	$(4\times10^{n}:1)$	$(2.5\times10^{n}:1)$	$2\times10^{n}:1$	$1\times10^{n}:1$			

注：n 为正整数

图样上所注尺寸应为实物的真实大小（单位一律用 mm），与所用的比例无关，如图 4-5 所示。

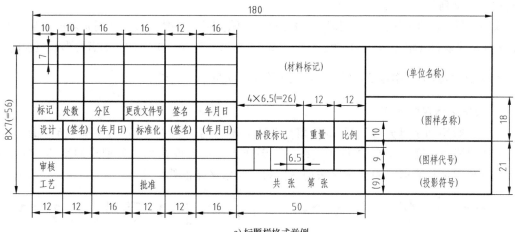

a) 标题栏格式举例

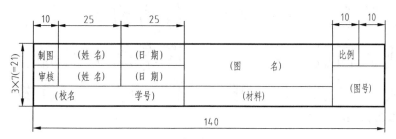

b) 学生用简化格式

图 4-4　标题栏格式

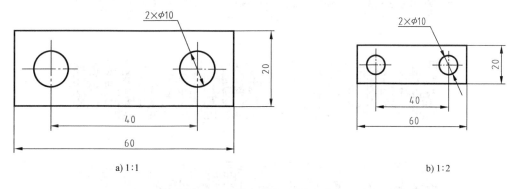

a) 1:1　　　　　　　　　　　　　　　　　b) 1:2

图 4-5　用不同比例画出的机件

思考

比例分为哪三种？绘图时如何选择比例？

四、字体（摘自 GB/T 14691—1993）

在工程图样中，还有许多信息是无法用图形来传递的，必须用语言文字来完成，如尺寸数字、技术要求等。在图样上书写汉字、数字和字母时，必须做到：字体工整、笔画清楚、间隔均匀、排列整齐。以保证图样的清晰、美观。

汉字应写成长仿宋体，并采用国家正式公布的简化汉字。字体的高度（用 h 表示）常称为号数，公称尺寸系列（单位为 mm）为：1.8，2.5，3.5，5，7，10，14，20。如需要书写更大的字，其字体高度应按 $\sqrt{2}$ 的比率递增。汉字的高度不应小于 3.5mm，字宽一般为 $\dfrac{h}{\sqrt{2}}$。

1. 长仿宋体汉字示例

笔画：数字和字母分为 A 型和 B 型，A 型字体的笔画宽度（d）为字高（h）的 1/14，B 型字体的笔画宽度为字高的 1/10。在同一图样上，只允许选用一种型式的字体。字母和数字可写成斜体或直体。斜体字字头向右倾斜，与水平基准线成 75°。

一丨∕∕∕丿乀乀丶丨∕丿丿乛乚乀丁

横平竖直　注意起落　结构均匀　填满方格
机械制图技术要求电子汽车航空船舶土木建筑
镀硬铬　旋转　中心孔　矿山　纺织

2. 拉丁字母示例

大写斜体

大写直体

小写斜体　　　　　　　　小写直体

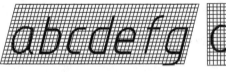

3. 罗马数字示例

斜体

4. 阿拉伯数字示例

斜体　　　　　　　　　　　　　　　　　　直体

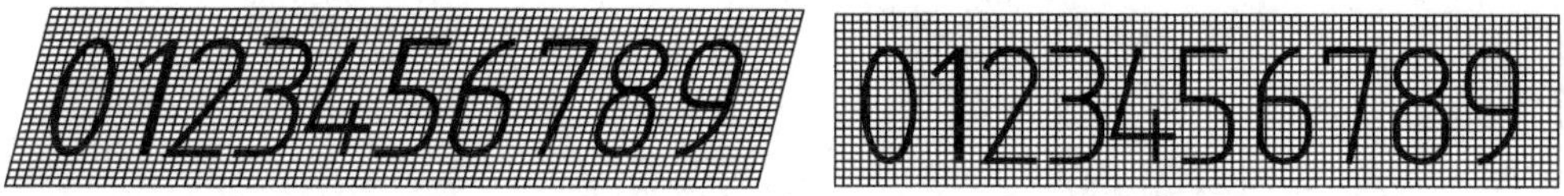

五、图线及其画法（摘自 GB/T 17450—1998、GB/T 4457.4—2002）

1. 图线型式及其应用

绘图时应采用国家标准规定的图线型式和画法，各种图线的名称、型式、宽度及应用说明见表 4-3。

表 4-3　图线

图线名称	图线型式	线宽	主要用途及线素长度	
粗实线	——————————————	d	可见轮廓线、可见棱边线、相贯线等	
细实线	——————————————	$d/2$	过渡线、尺寸线、尺寸界线、剖面线、指引线和基准线、重合断面的轮廓线等	
细虚线	— — — — — — —	$d/2$	不可见轮廓线、不可见棱边线	画长 12d，短间隔长 3d
细点画线	—‧—‧—‧—‧—	$d/2$	轴线、对称中心线、孔系分布的中心线等	长画长 24d，短间隔长 3d，短画长 0.5d
粗点画线	—‧—‧—‧—‧—	d	限定范围表示线	
细双点画线	—‧‧—‧‧—‧‧—	$d/2$	相邻辅助零件的轮廓线、可动零件的极限位置的轮廓线、轨迹线、中断线等	
波浪线	∿∿∿	$d/2$	断裂处的边界线、视图和剖视的分界线	
双折线	⌇⌇	$d/2$		

2. 图线宽度

图线宽度应根据图样的类型、尺寸、比例和缩微复制的要求，在下列数系中选择（该数系的公比为 $\sqrt{2}$，单位为 mm）：0.18，0.25，0.35，0.5，0.7，1，1.4，2。

图线分为粗、细两种线宽，它们的比例关系为 2∶1。粗线的宽度 d 通常采用 0.5mm 或 0.7mm，细线的宽度为 $d/2$。为了保证图样清晰，便于复制，图样上尽量避免出现线宽小于 0.18mm 的图线。图线及其应用示例如图 4-6 所示。

3. 图线的画法

1）同一图样中，同类图线的宽度应一致，虚线、点画线、双点画线的线段长度和间隙应各自大致相等。

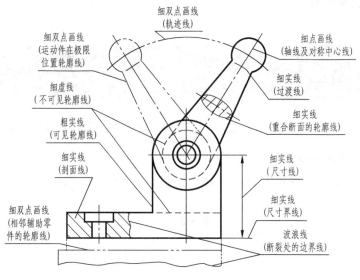

图 4-6　图线及其应用示例

2）两条平行线（包括剖面线）之间的距离应不小于粗实线的两倍宽度，其最小距离不得小于 0.7mm。

3）绘制圆的对称中心线时，圆心应为线段的交点。点画线（双点画线）的首末两端应是线段而不是点，且应超出圆周 2~5mm。在较小的图形上绘制点画线有困难时，可用细实线代替，如图 4-7a 所示。

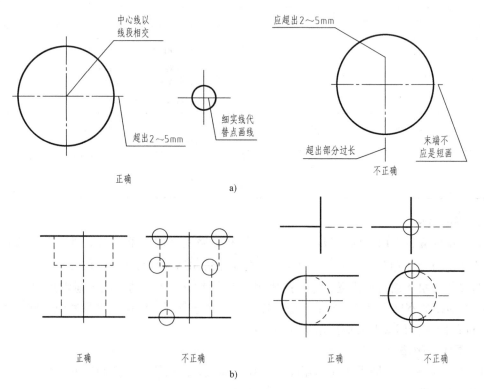

图 4-7　图线的画法

4) 虚线与各种图线相交时，应以线段相交；虚线作为粗实线的延长线时，实、虚变换处要空开，如图 4-7b 所示。

5) 图形的对称中心线、轴线等两端一般应超出图形轮廓线 2~5mm，如图 4-6 所示。

六、尺寸注法（摘自 GB/T 16675.2—2012、GB/T 4458.4—2003）

在图样上，图形只能表达物体的形状，而物体的大小则由标注的尺寸来确定。尺寸是图样中的重要内容之一，标注尺寸时必须严格遵守国家标准的有关规定。尺寸标注是一项极为重要的工作，必须认真、细致、一丝不苟地对待，如有尺寸遗漏和错误，将会带来极大的损失。

1. 基本规则

1) 物体的真实大小应以图样上所注的尺寸数值为依据，与图形的大小及绘图的准确度无关。

2) 图样中的尺寸，以毫米为单位的不需标注计量单位的代号和名称，如采用其他单位时，则必须注明计量单位的代号或名称，如 60°（度）、50cm（厘米）等。

3) 图样中的尺寸，为该图样所示物体最后完工时的尺寸，否则应另加说明。

4) 物体的每一尺寸一般只标注一次，并应标注在反映该结构最清晰的图形上。

2. 尺寸的组成

一个完整的尺寸由尺寸数字（包括必要的字母和图形、符号）、尺寸线（包括箭头或斜线）、尺寸界线组成，如图 4-8 所示。

（1）尺寸数字 线性尺寸的尺寸数字应注写在尺寸线的上方，也允许注写在尺寸线的中断处；角度尺寸数字一律水平书写，一般注在尺寸线的中断处或尺寸线的上方或外边，也可引出标注。在同一张图中应采用相同的字号，尺寸数字不能被图线通过，无法避免时应断开图线。

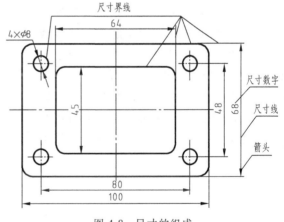

图 4-8 尺寸的组成

数字的书写方向：水平尺寸数字头朝上，垂直尺寸数字头朝左，倾斜尺寸应有字头朝上的趋势，如图 4-9a 所示。尽可能避免在图示的 30° 范围内标注尺寸，如无法避免时，可按图 4-9b 形式标注。对非水平方向的尺寸，其数字也可水平地注写在尺寸线的中断处。尺寸数字注法示例见表 4-4。

（2）尺寸线 尺寸线用细实线绘制，标注线性尺寸时，尺寸线必须与所注的线段平行，相同方向的各尺寸线段之间距离要均匀，间隔应为 5~10mm。尺寸线不能用图上的其他图线代替，也不能与其他图线重合或画成其他图线的延长线，并应尽量避免与其他的尺寸线或尺寸界线相交。角度的尺寸线应画成圆弧。

尺寸终端有箭头或斜线，如图 4-10 所示。箭头适合于各类图样，画图时箭头尖端应与

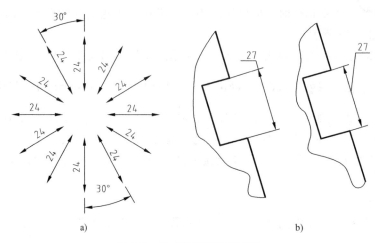

a)   b)

图 4-9 尺寸数字的注写方法

尺寸界线接触（不空开、不超出），机械图样中多采用箭头形式。当尺寸线与尺寸界线垂直时，尺寸线终端可以用斜线，斜线用细实线绘制，当用斜线代替箭头时，遵守的规则是：当尺寸线处于水平位置时，斜线与尺寸线只能从左下到右上成 45°倾斜，如图 4-10 所示。同一图样中只能采用一种尺寸终端的形式，当采用箭头时，如没有足够的位置画箭头，允许用圆点或斜线代替，如表 4-4 中"小尺寸注法"的示例。注意圆点只能画在尺寸线和尺寸界线的交点处，圆点的直径约为粗实线的宽度。

（3）尺寸界线　尺寸界线用细实线绘制，并应由图形的轮廓线、轴线或对称中心线引出，也可直接利用轮廓线、轴线或对称中心线作尺寸界线。尺寸界线应超出尺寸线约 2～3mm，如图 4-8 所示。尺寸界线一般应与尺寸线垂直，必要时才允许倾斜。在光滑过渡处标注尺寸时，必须用细实线将轮廓线延长，并从它们的交点处引出尺寸界线，如图 4-11 所示。

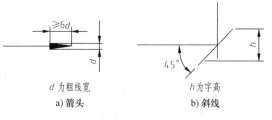

d 为粗线宽　　　　h 为字高
a) 箭头　　　　　b) 斜线

图 4-10 尺寸终端形式

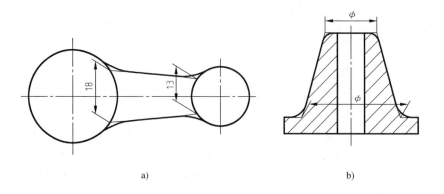

a)   b)

图 4-11 光滑过渡处的尺寸界线形式

3. 尺寸标注示例

表 4-4 列出了不同类型尺寸标注示例。

表 4-4　尺寸标注示例

项目	图　例	说　明
角度	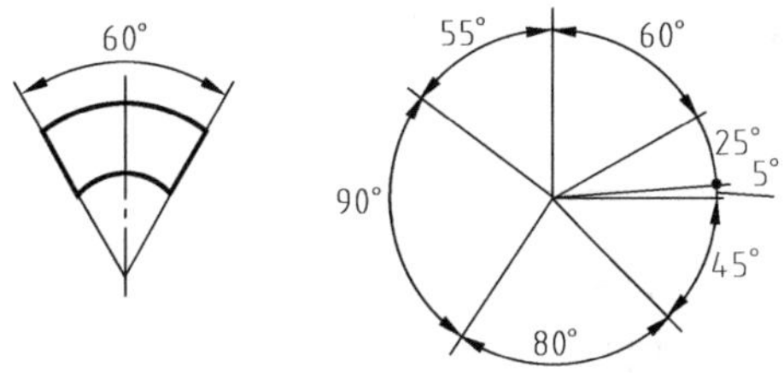	角度的尺寸界线应沿径向引出,尺寸线画成圆弧,其圆心为该角顶点,半径取适当大小;角度数字一律水平书写,一般注在尺寸线的中断处或尺寸线的上方或外侧,也可引出标注
圆的直径	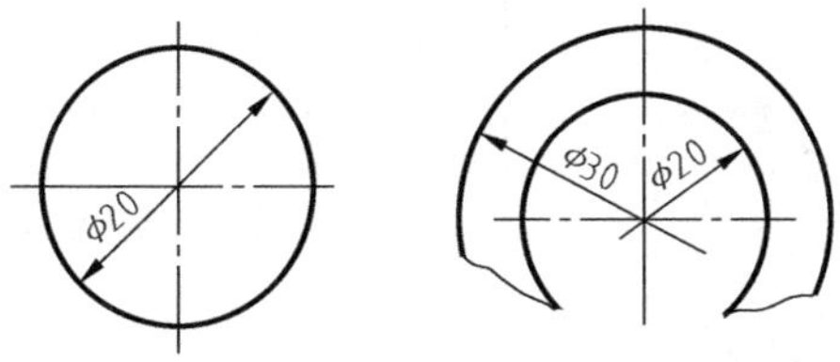	圆或大于半圆的弧应标注直径,并在尺寸数字前加注直径符号"φ",尺寸线应通过圆心,并在接触圆周的终端画箭头。圆弧直径尺寸线应画至略超过圆心,只在尺寸线的一端画箭头指向圆弧
圆弧半径		小于半圆的弧应标注半径,并在尺寸数字前加注符号"R",尺寸线应通过圆心,带箭头的一端应与圆弧接触,如图 a 所示。当圆弧半径过大或图纸范围内无法标出其圆心位置时,可按如图 b 所示的折线形式标注,不需标出其圆心位置时可按如图 c 所示形式标注
图线通过尺寸数字	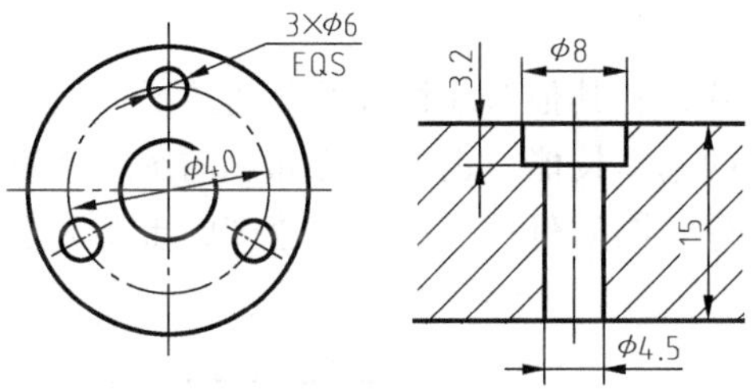	尺寸数字不能被图样上任何图线通过,当不可避免时,必须将图线断开
对称图形	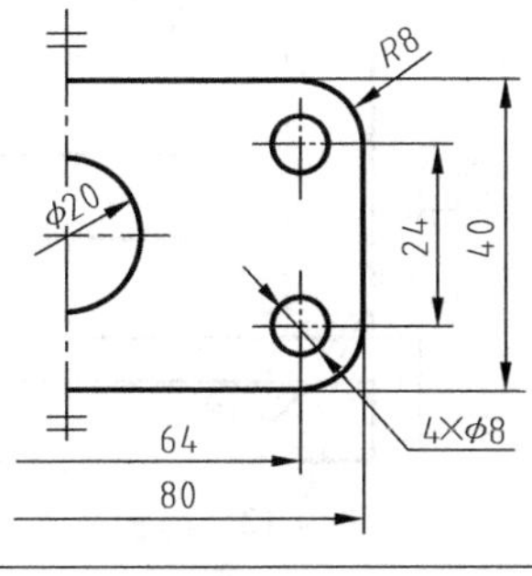	对称图形尺寸的标注为对称分布。当对称图形只画出一半或略大于一半时,尺寸线应略超过对称中心线或断裂处的边界线,此时在尺寸线的一端画出箭头

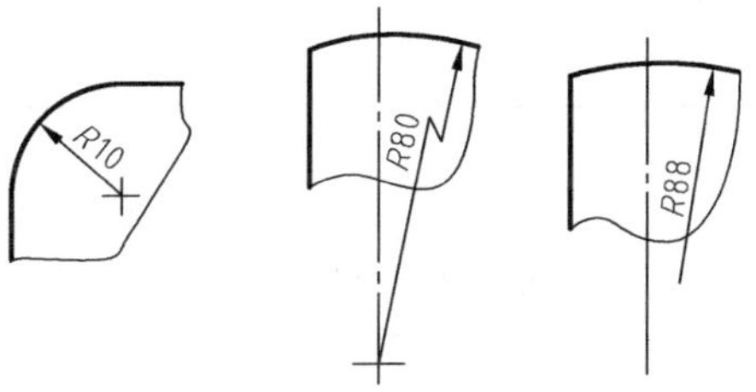

（续）

项目	图　例	说　明
球面		标注球面直径或半径时,应在尺寸数字前加注符号"Sφ"或"SR"
小尺寸		在尺寸界线之间没有足够位置画箭头或注写尺寸数字的小尺寸,可按图示形式进行标注。标注连续尺寸时,代替箭头的圆点大小应与箭头尾部宽度相同

特别提示

尺寸界线可以用其他图线代替,尺寸线不允许用其他任何图线代替,只能用细实线绘出,并且也不允许与其他图线相交。

第二节　几何作图

任何平面图形都可以看成是由直线、圆弧和其他曲线组成的几何图形。正确、熟练地掌握几何作图的方法,是工程技术人员必备的基本技能,也是学习和巩固图示理论不可忽视的训练方法。正确使用绘图工具和仪器是确保绘图质量、提高绘图速度的重要因素。

一、绘图工具的使用

1. 图板

图板是用来铺放和固定图纸并进行绘图的。图板是木制的矩形板,要求表面平整、光滑,导边平直,如图4-12所示。

2. 丁字尺

丁字尺由尺头和尺身组成。尺头较短,固定在尺身的左端,其内侧边与尺身上方的工作边垂直。主要用来绘制水平线,与三角板配合

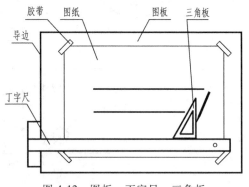

图 4-12　图板、丁字尺、三角板

使用可画竖直线及与水平方向成 15°整倍数角的斜线。使用时，丁字尺尺头紧贴图板左侧导边，然后用丁字尺尺身的上边画线，则可画出不同位置的水平线，如图 4-12 所示。

思政拓展
一把推船出海的"尺寸"

3. 三角板

三角板分为 45°角三角板和 30°、60°角三角板两种，将它们与丁字尺配合使用，可画出竖直线和与水平线成 15°整倍数角的斜线，如图 4-13 所示。利用两块三角板的配合，可画出任意已知直线的平行线和垂直线。

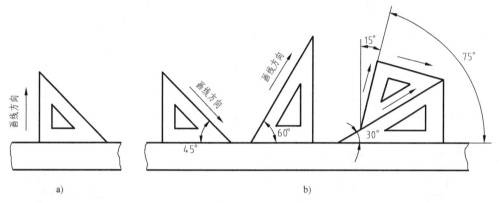

图 4-13　用三角板画线

4. 铅笔

绘图铅笔用"B"和"H"代表铅芯的软硬程度。B 前面数字越大，铅芯越软；H 前面数字越大，铅芯越硬；"HB"表示铅芯软硬适中。一般用 H、2H 铅笔画细线，用 H、HB 铅笔写字、画箭头。这些铅笔都应削出较长铅芯且磨成圆锥形，如图 4-14a 所示。HB、B 铅笔用于画粗实线，露出铅芯较短，磨成厚度为 d 的矩形，以保证画出粗实线均匀一致，如图 4-14b 所示。铅笔应从没有标号的一端开始削，铅芯的修磨可在砂纸上进行，如图 4-14c 所示。

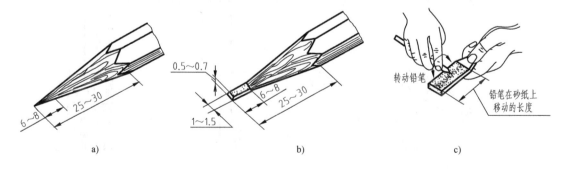

图 4-14　铅芯的形状

5. 分规和圆规

（1）分规　分规用来量取线段、等分线段和截取尺寸等。分规两腿端部均装有钢针，当合拢两腿时两针尖应汇交于一点，如图 4-15a 所示。量取线段的方法如图 4-15b 所示，等分线段的方法如图 4-15c 所示。

（2）圆规　圆规用于画圆弧和圆。画圆时，应将圆规钢针有台阶的一端朝下，使台阶

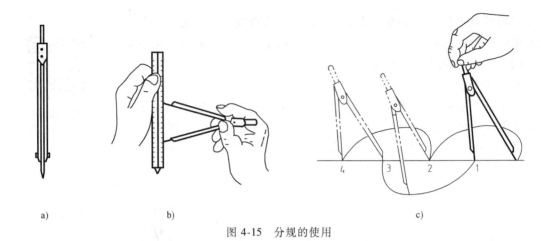

a)　　　　　　　　b)　　　　　　　　　　　c)

图 4-15　分规的使用

面接触纸面，具有肘关节的腿用来插铅芯，钢针和铅芯均应与纸面垂直，如图 4-16a 所示。按顺时针方向画圆，如图 4-16b 所示。画大圆时要加延长杆，如图 4-16c 所示。

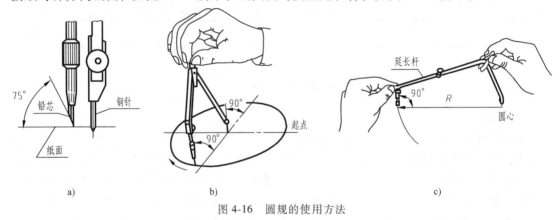

a)　　　　　　　　　　b)　　　　　　　　　　c)

图 4-16　圆规的使用方法

圆规上的铅芯应比画同类直线的铅芯软一号，修磨形状如图 4-17 所示。

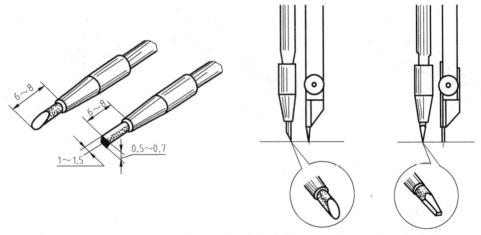

图 4-17　圆规用铅芯形状

6. 多功能模板

多功能模板种类较多，它们可使绘图速度大大提高，如画小图、螺母、符号、小圆角、正多边形等。

> **特别提示**
>
> 　为保证绘图的准确性，丁字尺的尺头只能与图板的左导边配合，不允许将丁字尺的尺头靠在图板的上、下、右边。要习惯三角板与丁字尺配合使用画线。

思政拓展
中国创造：笔头创新之路

二、几何作图

　掌握几何图形的正确画法，有利于提高制图的效率和准确性。现介绍一些常见的几何图形的作图方法。

1. 等分已知线段

[例4-1]　三等分已知线段 AB，如图4-18所示。

作图

1）过端点 A 作直线 AC。

2）用分规以任意长度在 AC 上作三等分线段得1、2、3点。

3）连接 $3B$。

4）过1、2等分点作 $3B$ 的平行线交 AB 于Ⅰ、Ⅱ即得三等分点。

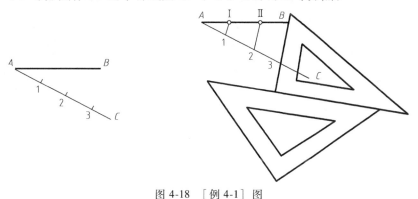

图4-18　[例4-1]图

2. 等分圆周作多边形

　表4-5列举了等分圆周和作正多边形的方法。

表4-5　等分圆周和作正多边形的方法

类别	作　图	方法和步骤
三等分圆周作正三角形		方法：用30°、60°角三角板等分 　将30°、60°的三角板的短直角边紧贴丁字尺，并使其斜边过圆的最高点 A 作直线 AB；翻转三角板，以同样的方法作直线 AC，连接 BC，即得正三角形

（续）

类别	作　图	方法和步骤
六等分圆周作正六边形	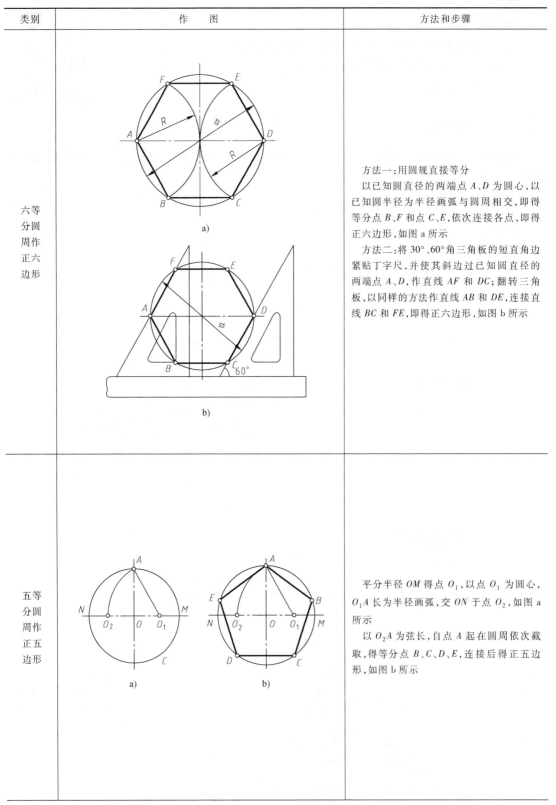	方法一：用圆规直接等分 　　以已知圆直径的两端点 A、D 为圆心，以已知圆半径为半径画弧与圆周相交，即得等分点 B、F 和点 C、E，依次连接各点，即得正六边形，如图 a 所示 　　方法二：将 30°、60° 角三角板的短直角边紧贴丁字尺，并使其斜边过已知圆直径的两端点 A、D，作直线 AF 和 DC；翻转三角板，以同样的方法作直线 AB 和 DE，连接直线 BC 和 FE，即得正六边形，如图 b 所示
五等分圆周作正五边形		平分半径 OM 得点 O_1，以点 O_1 为圆心，O_1A 长为半径画弧，交 ON 于点 O_2，如图 a 所示 　　以 O_2A 为弦长，自点 A 起在圆周依次截取，得等分点 B、C、D、E，连接后得正五边形，如图 b 所示

（续）

类别	作　图	方法和步骤
任意等分圆周作正 n 边形（如正七边形）		先将已知圆的直径 AK 七等分；以点 K 为圆心、直径 AK 长为半径画弧，交直径 PQ 的延长线于点 M、N，如图 a 所示 自点 M、N 分别向直径 AK 上各偶数点（或奇数点）连直线并延长，交圆周于点 E、F、G 和 B、C、D；依次连接各点，即得正七边形，如图 b 所示 表 4-5 微课视频

思考

画圆内接正五边形，顶点的位置能改变吗？还可以用什么方法绘制？试一试。

3. 斜度和锥度

（1）斜度　斜度是指一直线或平面对另一直线或平面的倾斜程度，其大小用两直线或两平面夹角的正切值来度量。在图纸上常用比值来表示，习惯将前项化为 1，如 $1:n$。

[例 4-2]　求一直线 AC 使其对另一已知直线 AB 的倾斜度为 $1:5$，如图 4-19 所示。

作图

1）将线段 AB 五等分。

2）过点 B 作 AB 的垂直线 BC，使 BC 等于 AB 的五等分中的一份的长度。

3）连接 AC，即为所求的倾斜线，如图 4-19 所示。标注斜度时，须在 $1:n$ 前加注斜度符号 "∠"，且符号的方向应与斜度的方向一致。

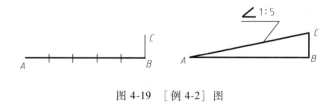

图 4-19　[例 4-2] 图

（2）锥度　锥度是指正圆锥体底圆的直径与其高度之比或圆台体两底圆直径之差与其高度之比。

$$锥度 = D/L = (D-d)/L = 2\tan\alpha$$

式中　D——圆锥底圆或圆台大圆直径；

　　　　L——圆锥（台）的高；

　　　　d——圆台小圆直径；

　　　　α——半锥角。

在图样上标注锥度时，常用 $1:n$ 的形式，并在前加锥度符号"▷"，且符号"▷"的方向应与锥度方向一致，如图 4-20 所示。

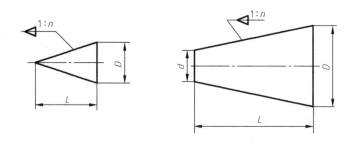

图 4-20　锥度的表示法

[**例 4-3**]　如图 4-21a 所示，圆台部分底圆直径 $D = 15\text{mm}$，长度 $L = 18\text{mm}$，锥度为 $1:3$，求作此圆台。

作图

1）自点 O 沿轴线向右量取 $OC = 3$ 个单位长度（自定一个单位长度）得点 C，如图 4-21b 所示。

2）过点 O 在线段 AB 上向下、向上分别截取 $OD = OE = 0.5$ 个单位长度，即 $DE:OC = 1:3$，连接 CD、CE 得 $1:3$ 的锥度，如图 4-21c 所示。

3）过点 A 作 CD 的平行线，过点 B 作 CE 的平行线，从点 O 向右量取 18mm，画出圆台的小端，即得 $1:3$ 的圆台，如图 4-21d 所示。

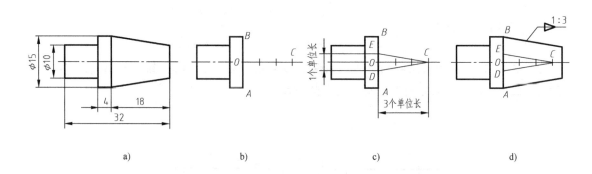

a)　　　　　　　　b)　　　　　　　　c)　　　　　　　　d)

图 4-21　[例 4-3] 图

4. 圆弧连接

工程图样中的大多数图形都是由直线和圆弧、圆弧和圆弧光滑连接而成的。用已知半径的圆弧光滑地连接两条已知线段（直线或圆弧）的作图方法称为圆弧连接。圆弧连接的作图关键是：准确地求出连接弧的圆心和连接点（切点）。

[例 4-4]　给定的不完整矩形如图 4-22a 所示，求作 $R10$ 的连接圆弧使矩形的左下角为圆角。

分析　当一个半径为 R 的连接圆弧与已知直线相切时，连接弧圆心的轨迹是与已知直线距离为 R 且平行的一条直线，从求出的圆心向已知直线作垂线，垂足 K 就是切点，如图 4-23 所示。

作图

1）以连接弧半径 10 为距离，分别作被连接直线的平行线，交点 O 为连接弧的圆心；由于原图形为不完整矩形，所以所作平行线与两边分别垂直，交点即为垂足，垂足 K_1、K_2 为两个连接点，如图 4-22b 所示。

2）以点 O 为圆心，10 为半径，自点 K_1 至点 K_2 作弧，即得两直线的连接弧，如图 4-22c 所示。

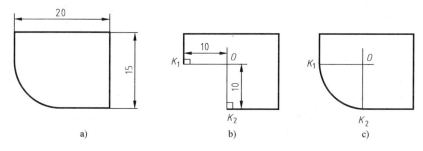

图 4-22　[例 4-4] 图

[例 4-5]　已知如图 4-24a 所示两圆，求作在上方外切于两圆的 $R15$ 连接圆弧和在下方内切于两圆的 $R30$ 连接弧。

分析　当两圆弧外切时，连接圆弧的圆心轨迹是已知圆弧的同心圆，其半径为两半径之和，切点在两圆的连心线与已知圆弧的交点处，如图 4-25a 所示。当两圆弧内切时，连接圆弧的圆心轨迹是已知圆弧的同心圆，其半径为两半径之差，切点在两圆的连心线延长后与已知圆弧的交点处，如图 4-25b 所示。

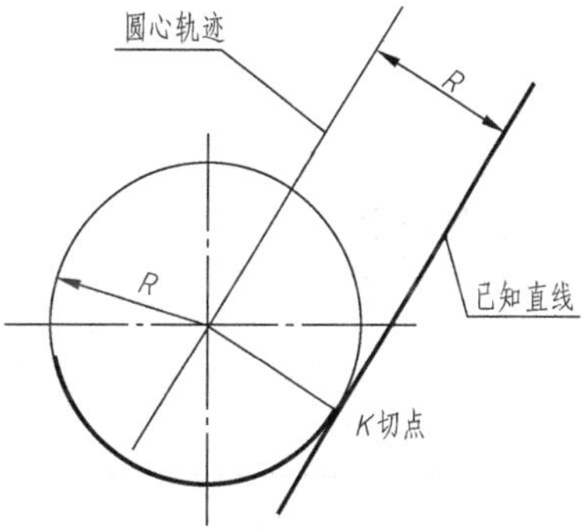

图 4-23　直线连接圆弧的求法

作图

1）分别以 O_1、O_2 为圆心，$R_1 = 10 + 15 = 25$ 和 $R_2 = 5 + 15 = 20$ 为半径作两圆弧，其交点 O 即为 $R15$ 连接圆弧的圆心；连接 OO_1 交已知 $\phi20$ 的圆于点 K_1，连接 OO_2 交已知 $\phi10$ 的圆于点 K_2，K_1、K_2 为两个连接点；以点 O 为圆心，15 为半径，自点 K_1 到点 K_2 作圆弧，即得所求的连接弧，如图 4-24b 所示。

2）分别以点 O_1、O_2 为圆心，$R_3 = 30 - 10 = 20$ 和 $R_4 = 30 - 5 = 25$ 为半径作两圆弧，其交

点 N 即为 $R30$ 连接圆弧的圆心；连接 NO_1 并延长交已知 $\phi20$ 的圆于点 T_1，连接 NO_2 并延长交已知 $\phi10$ 的圆于点 T_2，T_1、T_2 为两个连接点；以点 N 为圆心，30 为半径，自点 T_1 到点 T_2 作圆弧，即得所求的连接弧，如图 4-24c 所示。

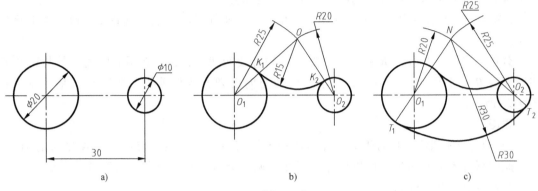

图 4-24　[例 4-5] 图

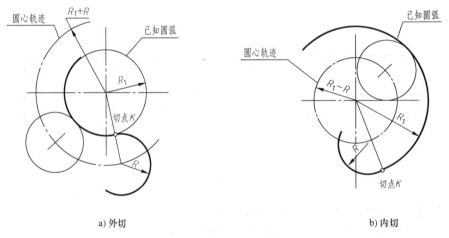

a) 外切　　　　　　　　　　　　　　b) 内切

图 4-25　圆弧连接弧的求法

特别提示

圆弧连接作图的关键是求出连接弧的圆心和切点。

常见圆弧连接的作图方法见表 4-6。

表 4-6　常见圆弧连接的作图方法

连接 要求	作图方法和步骤		
	求圆心 O（所求圆弧半径为 R）	求切点 K_1、K_2	画连接圆弧
连接 相交两 直线			

（续）

连接要求	作图方法和步骤		
	求圆心 O（所求圆弧半径为 R）	求切点 K_1、K_2	画连接圆弧
连接一直线和一圆弧			
外切两圆弧			
内切两圆弧			
内外切两圆弧			

第三节　平面图形的分析和画法

　　平面图形是由一些直线和曲线封闭连接而成，这些线段之间的相对位置或连接关系需要根据给定的尺寸来确定。有些线段的尺寸完全给定，可以直接画出，而有些线段需要根据线段间的连接关系画出。因此，绘图前应对所画平面图形进行尺寸分析和线段分析，从而确定正确的作图方法和步骤。下面以图 4-26 所示的手柄为例进行尺寸和线段分析。

一、平面图形的尺寸分析

　　对平面图形进行尺寸分析，可以检查尺寸的完整性，确定各线段及圆弧的作图顺序。尺寸按其在平面图形中的作用可分为定形尺寸和定位尺寸两类。

1. 定形尺寸

确定平面图形上各形状大小、线段长度的尺寸称为定形尺寸，一般有圆的直径、圆弧的半径、直线的长度、夹角的角度等，如图 4-26 中的 15、$R12$、$R15$、$\phi20$ 等均为定形尺寸。

2. 定位尺寸

确定平面图形中各线段间相对位置的尺寸称为定位尺寸。如圆心和直线的相对位置等，如图 4-26 中确定 $\phi5$ 小圆位置的尺寸 8、确定 $R10$ 圆弧位置的 75 均为定位尺寸。标注定位尺寸时必须与尺寸基准相联系。

3. 尺寸基准

尺寸基准是确定平面图形尺寸位置的几何元素（点或直线）。对平面图形而言，有上下（竖直）和左右（水平）方向的基准，平面图

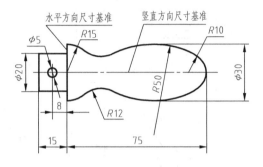

图 4-26　手柄图形分析

形中通常用作基准的有对称图形的对称中心线、较大圆的中心线、较长的直线等。如图 4-26 所示图形就是以水平对称中心线作为竖直方向的尺寸基准，距左端 15mm 处的竖线作为水平方向的尺寸基准。

应注意的是：平面图形中有的尺寸对某一组成部分起定形作用，而对另一组成部分可能起定位作用。如图 4-26 中的尺寸 15，它对两条水平线段来说，起的是定形作用（确定 $\phi20$ 圆柱的长度），而对左右两条竖直线段来说，起的是定位作用（确定 $\phi20$ 圆形面的位置）。所以判定一个尺寸是哪类尺寸时，应针对具体被研究对象。

二、平面图形的线段分析

图 4-26 中有三个封闭线框，左边的矩形和小圆作图容易，而右边的圆弧连接构成的线框，要想准确、光滑并且有步骤地作图，需要对尺寸进行分析。根据图中所给尺寸的数量，线段（包括直线段和圆弧段）可分为三类。

1. 已知线段（圆弧）

定形尺寸和定位尺寸均齐全的线段（圆弧）为已知线段（圆弧）。已知线段可直接画出，图 4-26 中 $\phi5$ 的圆、$R15$ 和 $R10$ 的圆弧、长度 15 的直线段等。画已知线段时，无需依赖其他线段即可直接画出。

2. 中间线段（圆弧）

定形尺寸齐全而定位尺寸不齐全的线段（圆弧）为中间线段（圆弧）。中间线段缺少一个相对尺寸基准的位置尺寸，必须利用其一端与相邻线段之间的连接关系才能画出。如图 4-26 中 $R50$ 圆弧圆心的水平方向的位置是未直接给出的，由图可知其右侧与一个已知线段，即 $R10$ 的圆弧相连接，可利用其与 $R10$ 圆弧的内切关系画出。

3. 连接线段（圆弧）

只有定形尺寸而无定位尺寸的线段（圆弧）为连接线段（圆弧）。连接线段必须借助于其与相邻线段间的连接关系才能画出。如图 4-26 中 $R12$ 圆弧，圆心相对尺寸基准的两个方向的位置尺寸均未给出，必须利用其与 $R15$、$R50$ 两圆弧外切的关系才能画出。

三、平面图形的作图步骤

绘制平面图形时，应先对平面图形进行尺寸分析和线段分析，然后按如下正确的顺序作图。

1）画出尺寸基准线，并根据各个封闭图形的定位尺寸画出定位线。

2）画出已知线段。

3）画出中间线段。

4）画出连接线段。

手柄平面图形的作图步骤如图 4-27 所示。

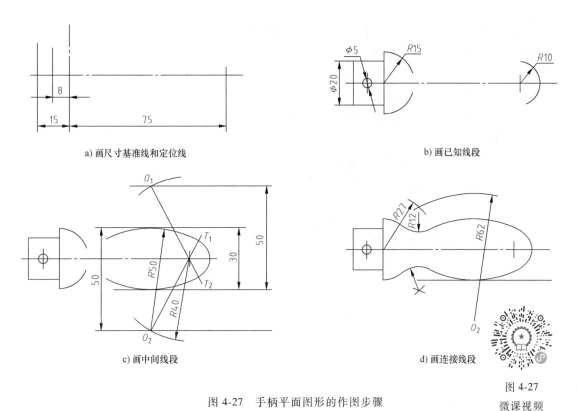

图 4-27 手柄平面图形的作图步骤

图 4-27
微课视频

特别提示

画平面图形时，应先对图形中的尺寸、线段的性质进行分析，从而确定正确的作图方法和步骤。

[例 4-6] 读图 4-28a 所示平面图形，并按正确的顺序画出。

分析

1）尺寸分析。观察图 4-28a 所示图形，可以把最左侧的竖直线定为水平方向的尺寸基准，最下方的水平线定为竖直方向的尺寸基准。尺寸 30、42 确定了 $\phi 10$ 圆的位置，尺寸 3 确定了 $R23$ 圆弧水平方向的位置，尺寸 7、55 确定了尺寸为 10 的线段的位置，这些尺寸是定位尺寸。此外，$\phi 10$ 确定圆的大小，$R8$、$R9$、$R10$、$R23$ 确定圆弧的大小，尺寸 7、10、55 确定直线段的长度，它们是定形尺寸。

2）线段分析。图 4-28a 中，ϕ10 圆、R9 圆弧同心且圆心位置已知是已知线段；尺寸 10、55 的水平线和尺寸 7 的竖直线的直线段位置和长度都可确定，也是已知线段。R23 圆弧的圆心水平方向定位尺寸是 3，另一个定位尺寸需借助与 R9 圆弧相切才能确定，它是中间线段；R8 圆弧的圆心水平方向在定位尺寸 42 确定的竖直线上，另一个定位尺寸需借助与 R9 圆弧相切才能定出，因此是中间线段。R10 圆弧圆心两个方向的定位尺寸都没有给出，需借助与 R23 圆弧和左侧水平线相切才能确定，是连接线段；ϕ10 圆下方的斜线两个方向的定位尺寸均未直接给出，左端点需借助与 R8 圆弧相连、右端点需借助与尺寸 10 的已知线段相连确定，为连接线段。

作图

1）画出尺寸基准线和圆心定位线，如图 4-28b 所示。

2）画出已知线段，如图 4-28c 所示。

3）画出中间线段，如图 4-28d 所示。

4）画出连接线段，如图 4-28e 所示。

5）整理、描深，完成全图，如图 4-28f 所示。

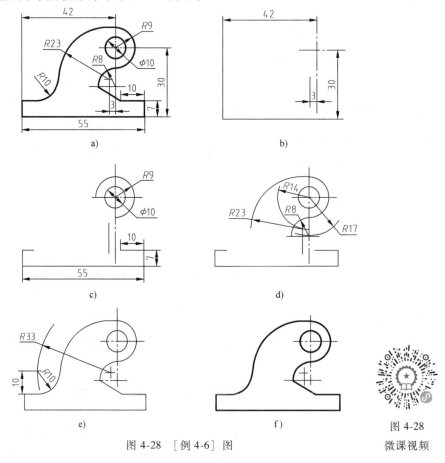

图 4-28　[例 4-6] 图

图 4-28
微课视频

四、平面图形的尺寸标注

标注平面图形尺寸的基本要求是正确、完整、清晰。

（1）正确　尺寸标注要符合国家标准的规定，尺寸数字不能写错和出现矛盾。

（2）完整　尺寸注写齐全，不重复也不遗漏。

（3）清晰　尺寸位置要安排有序，布局整齐，标注清晰。

标注平面图形尺寸的方法和步骤如下。

1）确定尺寸基准，在水平方向和竖直方向各选一条直线作为尺寸基准。

2）确定图形中各线段的性质，确定出已知线段、中间线段和连接线段。

3）标注尺寸，标注已知线段、中间线段的定形和定位尺寸，标注连接线段的定形尺寸。

[例 4-7]　标注如图 4-29a 所示平面图形的尺寸。

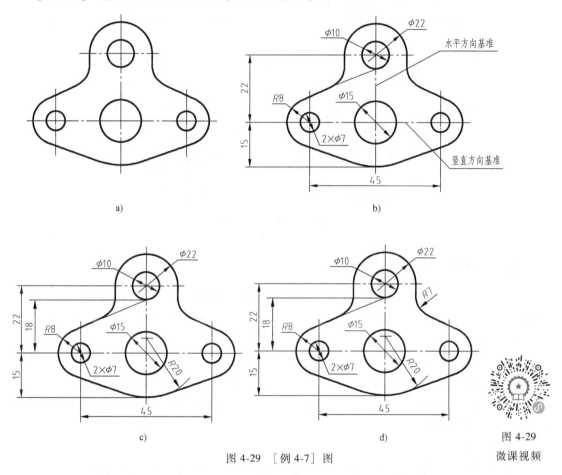

图 4-29　[例 4-7]图

图 4-29

微课视频

分析并确定基准　如图 4-29a 所示平面图形中，内部的四个圆、顶部的圆弧、左右对称的近似半圆弧为已知线段，与左右两个圆弧相切的直线段、底部的圆弧为中间线段，与直线段和顶部圆弧相切的圆弧为连接线段。该平面图形左右对称，水平方向的尺寸基准选择对称中心线，竖直方向的基准选择下部三个圆的公共中心线，如图 4-29b 所示。

标注尺寸

1）标注已知线段的定形、定位尺寸，如图 4-29b 所示。

2）标注中间线段的定形、定位尺寸，如图 4-29c 所示。标注时，将与 R8 圆弧上部相切的斜线延长，与整个图形的竖直对称中心线相交，可确定其定位尺寸 18。

3）标注连接线段的定形尺寸，如图 4-29d 所示 $R7$。标注时，可以在圆弧范围内画两条不同的弦，则它们的垂直平分线的交点就是圆弧的圆心，进而可测得半径。

几种常见工程图形的尺寸标注示例如图 4-30 所示。

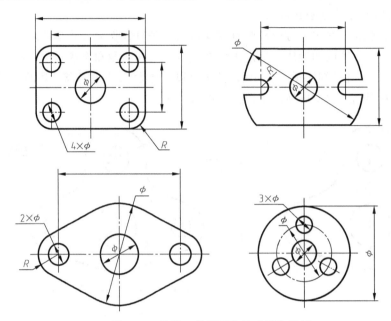

图 4-30　常见工程图形的尺寸标注示例

五、尺规绘图的操作步骤

尺规绘图是指用铅笔、丁字尺、三角板和圆规等绘图仪器和工具来绘制图样。为了提高绘制质量和速度，除了要掌握绘图工具和仪器的使用方法外，还要掌握绘图的方法和步骤。

1. 准备工作

1）将绘制不同图线的铅笔及圆规准备好，图板、丁字尺和三角板等擦拭干净。

2）根据所绘图形的大小和复杂程度，确定绘图比例，选取合适的图纸幅面。

3）将图纸用胶带固定在图板稍靠左的适当位置，图板底边与图纸下边的距离大于丁字尺的宽度，以便放置丁字尺。

2. 画底稿

1）用 H 或 2H 的铅笔画底稿，图线要画得细而浅，先画图框及标题栏。

2）根据布图方案，确定图形位置，画出各图形的主要基准线、定位线，如左、右（上、下）边线、对称中心线、回转体轴线等。

3）画图形的主要轮廓线，然后再画细节。

4）校核图形，擦去不必要的作图线，完成底稿。

3. 描深底稿

用 HB 或 B 的铅笔描深底稿，应做到：线型正确、粗细分明、连接光滑、图面整洁。

1）各种图线的描深顺序为："先曲后直"，保证连接光滑；"先细后粗"，保证图面清洁；"先水平（从上到下）后垂直（从左到右）"，保证图形准确。

2）绘制尺寸界线、尺寸线及箭头。

4. 注写文字

注写尺寸数字，书写其他文字、符号等，填写标题栏。

5. 整理图纸

校核全图，清洁、修饰图面，完成全图。

小　结

1）机械制图国家标准对图幅尺寸、图框格式、图样比例、字体、尺寸标注等有详细的规定。

2）几何作图是绘制图样的基础，包括正多边形、斜度、锥度、圆弧连接等的绘制。

3）绘制图样时，必须严格遵守《机械制图》和《技术制图》国家标准中的有关规定，正确使用绘图工具和仪器。画平面图形时，要注意分析线段，分清已知线段、中间线段和连接线段，按顺序画出，并正确标注平面图形的尺寸。

第五章

组合体视图

【知识目标】

- 熟悉组合体的组合形式。
- 熟练掌握读、画组合体视图的方法——形体分析法。
- 掌握组合体视图的绘制步骤。
- 熟悉组合体视图尺寸的类型及标注方法。

【能力目标】

- 根据组合体的组合形式，能利用形体分析法和线面分析法分析和绘制组合体视图。
- 能够完整、正确、清晰地标注组合体视图的尺寸。
- 能读懂常见组合体的视图。

从形体构成的角度来看，任何物体都可以看成是基本体堆叠或挖切而成，我们将两个或两个以上基本体以这种方式组合而成的立体称为组合体。从几何学的观点看，一切机械零件都可抽象成组合体，因此，画、读组合体视图是学习机械制图的基础。

第一节　组合体的组合形式及形体分析

一、组合体的组合形式

组合体按其构成方式，通常分为叠加、切割和综合三种形式。

（1）叠加　组合体由各基本体相互叠加而成，如图 5-1a 所示组合体即为 2 个四棱柱和 1 个三棱柱叠加在一起形成的。

（2）切割　组合体由基本体经过切割、挖孔而形成，如图 5-1b 所示组合体即为四棱柱体切去 2 个三棱柱和 1 个圆柱而形成的。

（3）综合　组合体构成方式既包含叠加又包含切割，如图 5-1c 所示。

二、组合体表面间的连接关系

无论组合体以何种方式组合而成，其形体相邻表面间都存在一定的关系，一般可分为表面平齐、表面不平齐、相交和相切四种连接关系。

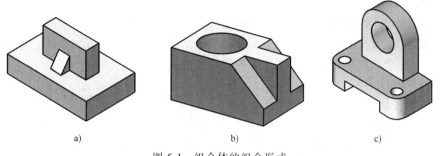

图 5-1　组合体的组合形式

1. 表面平齐与表面不平齐

（1）两形体表面平齐　相邻两表面互相平齐连成一个面，即共面，在视图中两形体连接处不应有分界线，如图 5-2 所示。

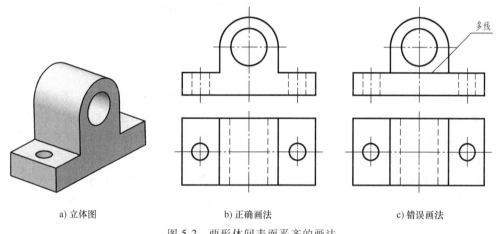

a) 立体图　　　　b) 正确画法　　　　c) 错误画法

图 5-2　两形体间表面平齐的画法

（2）两形体表面不平齐　相邻两表面不共面，在视图中两个形体之间应有分界线，如图 5-3 所示。

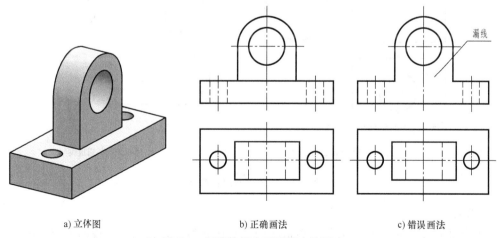

a) 立体图　　　　b) 正确画法　　　　c) 错误画法

图 5-3　两形体间表面不平齐的画法

2. 相交

相交是指两形体的邻接表面相交并产生交线，作图时应画出交线的投影。

（1）截交　截交处应画出截交线。如图 5-4 所示组合体，左下方底板前、后面都与圆柱表面相交，在相交处产生截交线，在视图中该截交线应画出。

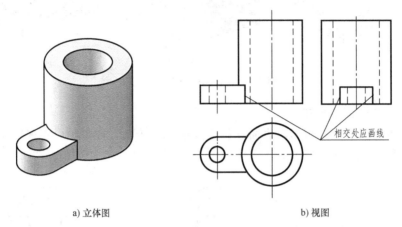

a) 立体图　　　　　　　　　　　b) 视图

图 5-4　两形体间表面相交的画法

（2）相贯　相贯处应画出相贯线。相贯线的准确画法已在前面介绍过，在此不再赘述。国家标准规定，相贯线在不影响真实感的情况下，允许采用简化画法，可用圆弧或直线代替非圆曲线。如图 5-5a 所示，用圆弧代替相贯线的画法适合于两圆柱轴线垂直相交，且同时平行于同一投影面的情况。其作图方法为：首先以大圆柱的半径 R 为半径，以两圆柱转向轮廓线的交点为圆心，在小圆柱轴线上找出相贯线的圆心 O，再以点 O 为圆心，R 为半径画弧得到相贯线。应注意当小圆柱与大圆柱相贯时，相贯线向着大圆柱轴线弯曲。如图 5-5b 所示，主视图上小圆孔与圆柱体的相贯线很不明显，可以简化为用转向轮廓线代替。

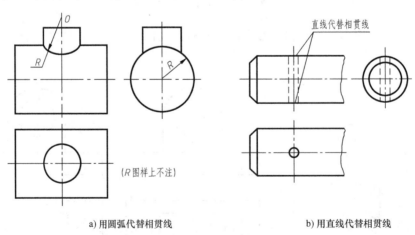

a) 用圆弧代替相贯线　　　　　　　　　b) 用直线代替相贯线

图 5-5　相贯线的简化画法

3. 相切

相切是指两形体的邻接表面是光滑过渡的，相切处不存在轮廓线，视图中应不画线，如图 5-6a、b 所示，底板前、后斜平面与圆筒外表面相切，底板的棱线末端应画至切点为止。

切点位置由投影关系确定，相切处无交线。

有种特殊情况必须注意，如图 5-6c 所示，两个圆柱面相切，当两圆柱面的公共切平面平行或倾斜于投影面时，不画两个圆柱面的分界线；而当公共切平面垂直于投影面时，应画出两个圆柱面的分界线。

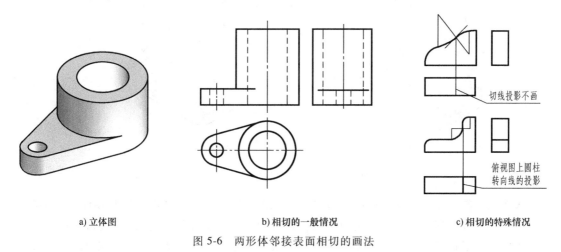

a) 立体图　　　　　　　　　　　b) 相切的一般情况　　　　　　　　　c) 相切的特殊情况

图 5-6　两形体邻接表面相切的画法

第二节　组合体视图的画法

一、形体分析法

假想将组合体分解为若干个基本体，并分析这些基本体的形状、组合形式和相对位置，进而产生对整个物体形状的完整概念，这种方法称为形体分析法，在画图、读图、标注尺寸的过程中常常要运用形体分析法。在对组合体进行形体分析时，应根据实际形状将其分解为比较简单的形体。

运用形体分析法画组合体视图时，首先要将组合体分解为若干基本体，了解各基本体的形状，分析它们的组合形式和相对位置，判断形体间相邻表面的关系，逐个画出各基本体的三视图。必要时还要对组合体中的面与相邻表面的关系进行线面分析。

二、叠加型组合体的视图画法

[例 5-1]　画如图 5-7a 所示的组合体（支架）的三视图。

形体分析　从图 5-7b 可以看出，该组合体由近似四棱柱的底板、圆筒、近似等腰梯形柱的支承板、直角梯形柱和四棱柱叠合的肋板组成。支承板与圆筒外表面相切，叠放在底板上，圆筒、支承板、底板的后表面平齐。肋板叠放在底板上，其上部与圆筒相结合，后面紧靠于支承板，两侧面与圆筒外表面相交。整个组合体左右对称。

> **注意**
> 画图时不要把组合体看成是由各零散的基本体"拼接"而成。实际上，每个零件都是一个不可分割的整体，在组合体的各基本体之间并不存在接缝。

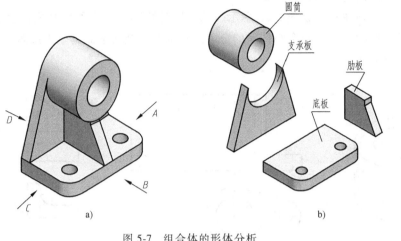

图 5-7
微课视频

图 5-7　组合体的形体分析

选择主视图　三视图中主视图是最主要的视图，这是由于主视图是反映物体主要形状特征的视图。选择主视图就是确定主视图的投射方向和相对于投影面的放置问题。一般选表现组合体形状特征最明显、反映形体间相互位置最多的投射方向作为主视图的投射方向；相对于投影面的位置应反映位置特征，并使尽可能多的表面相对于投影面处于平行或垂直位置，也可选择自然位置。此外，主视图的确定，应保证其他视图尽量少出现虚线。主视图确定了，其他视图也就随之而定。

现将支架按自然位置放置后，对如图 5-7a 所示的 A、B、C、D 四个投射方向所得的视图进行比较，选出最能反映支架各部分形状特征和相对位置的方向作为主视图的投射方向。如图 5-8 所示，若以 D 向作为主视图的投射方向，则主视图虚线较多，显然不如 B 向清楚；以 A 向和 C 向投射，虽然主视图出现的虚线相同，但如以 C 向投影作主视图，左视图会出现较多的虚线，不如 A 向好；再对 A 向和 B 向视图作比较，明显看出 B 向更能反映支架各部分的形状特征，因此，应以 B 向作为主视图的投射方向。主视图确定后，左视图、俯视图的方向也就确定了。

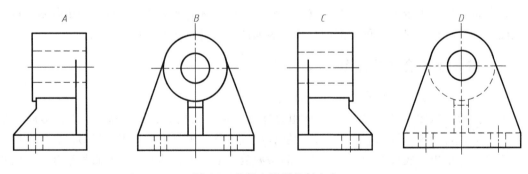

图 5-8　分析主视图投射方向

作图　画组合体视图时，应首先根据组合体的大小，选择合适的比例、图幅，考虑标注尺寸所需位置，匀称地布置视图。必须注意：在逐个画基本体时，可同时画出三个视图，这样既能保证各基本体之间的相对位置和投影关系，又能提高绘图速度，并能减少投影图中的疏误。底稿完成后，要仔细检查，修正错误，擦去多余的图线，再按规定线型描深、加粗。画图的具体步骤如图 5-9 所示。

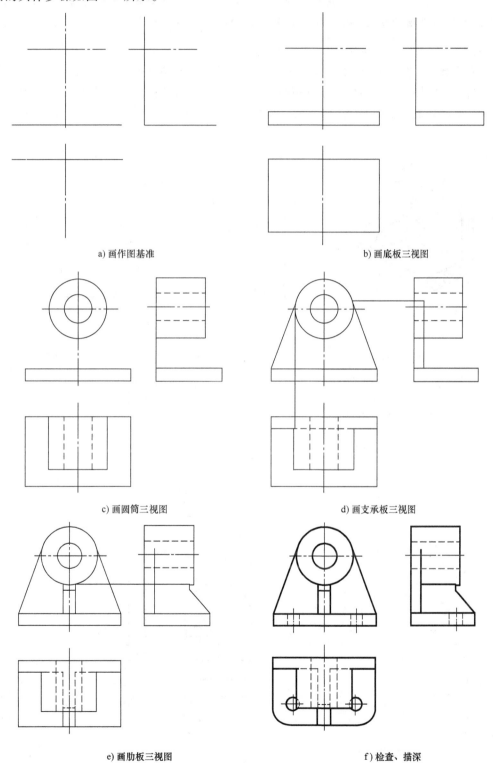

图 5-9　组合体画图步骤

特别提示

在绘制组合体的视图时常用形体分析法来分析，先在想象中将组合体分解成若干个基本体，然后按照相对位置关系逐个画出基本体的视图，综合起来得到组合体的视图。

[**例 5-2**] 画出如图 5-10a 所示组合体的三视图。

形体分析 从图 5-10a 可以看出，该组合体由底板、正立板和侧立板组成。四棱柱底板与由半圆柱、四棱柱组合而成的正立板叠加且后面平齐；它们又与五棱柱侧立板叠加并在右面平齐；而正立板中挖去一个与半圆柱同轴线的圆柱通孔。

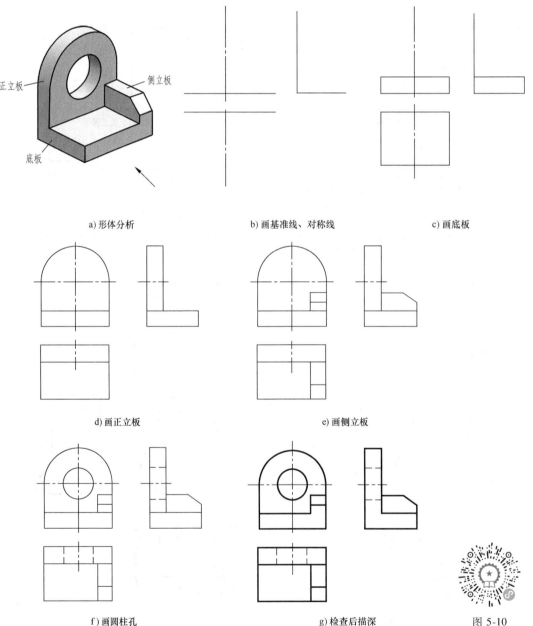

a) 形体分析　　　　　　　　b) 画基准线、对称线　　　　　　c) 画底板

d) 画正立板　　　　　　　　　　　e) 画侧立板

f) 画圆柱孔　　　　　　　　g) 检查后描深　　　　　　图 5-10

图 5-10 [例 5-2] 图　　　　　　　　　　　　微课视频

选择主视图　从图 5-10a 可以看出，以箭头所指方向投射，所得主视图反映组合体形状特征最明显，且在其他视图中出现的虚线最少，同时也符合自然放置位置，正立板、底板、侧立板分别与 V、H、W 三个投影面平行，故选箭头所指方向为主视图的投射方向。

作图　具体绘图步骤如图 5-10b~g 所示。

特别提示

画叠加型组合体视图应注意以下事项。

1）运用形体分析法作图时，应逐个画出各部分的三视图，而不是先画完组合体的一个视图后，再画另外的两个视图。这样可以减少投影作图错误，提高绘图速度。

2）画每一部分形体时，应先画反映该部分形状特征（实形）的视图。

3）完成各基本体的视图后，应检查各形体表面间连接处的投影是否正确。

［例 5-3］　画如图 5-11 所示的组合体的三视图。

形体分析　由图可知，该组合体可分解为三个组成部分，如图 5-11 所示。

第 I 部分是以四棱柱为基础的底板，底板四角为圆角，并有四个等直径的圆孔。

第 II 部分也是以四棱柱为基础的，内部是与外壳相似的空腔，空腔的下方与第 I 部分底板相通，而上方是封闭的，它与底板的后表面平齐。

第 III 部分是半圆顶凸台，凸台上的圆孔与第 II 部分的内腔相通，放置在第 II 部分的前面。组合体左右对称。

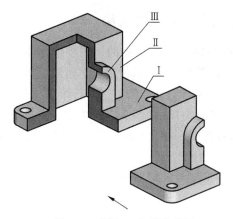

图 5-11　［例 5-3］形体分析

图 5-11
微课视频

选择主视图　从图 5-11 可看出按箭头所指方向投射，所得主视图反映组合体形状特征最明显，并且在其他视图中出现的虚线最少，而且三部分的主要平面与三个投影面平行，故选箭头所指方向为主视图投射方向。

作图　画出组合体三视图的步骤如图 5-12 所示。

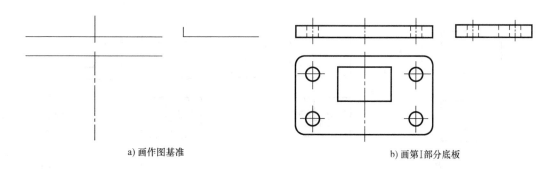

a) 画作图基准　　　　　　　　　　　　b) 画第 I 部分底板

图 5-12　［例 5-3］图

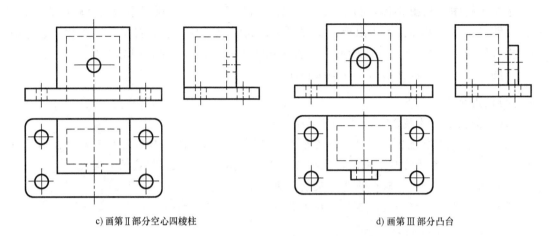

c) 画第Ⅱ部分空心四棱柱　　　　　d) 画第Ⅲ部分凸台

图 5-12　［例 5-3］图（续）

三、切割型组合体的视图画法

［**例 5-4**］　画出如图 5-13a 所示的切割型组合体的三视图。

形体分析　从如图 5-13a 所示的组合体可知，该组合体可看作由一个长方体切去一个棱柱（第Ⅰ部分）后，又在上部切割出一个梯形槽（第Ⅱ部分）而形成。

选择主视图　选图 5-13a 中箭头方向为主视图投射方向。

作图　1）布置视图。考虑标注尺寸的位置，将各视图均匀地布置在图幅内，并画出基准线，如图 5-13b 所示。

2）画底稿。按形体分析结果逐个画出各部分的投影，如图 5-13c～e 所示，先画出切割

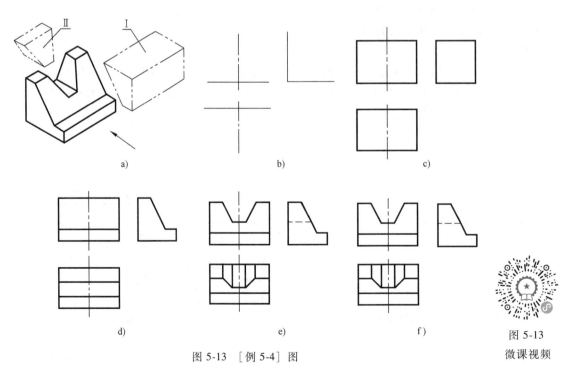

d)　　　　　　　　　e)　　　　　　　　　f)

图 5-13　［例 5-4］图

图 5-13

微课视频

前的长方体的三面投影，再画切去的第Ⅰ、Ⅱ两部分。画图时一般从立体具有积聚性或反映实形的投影开始，应将各视图联系起来同时画，以保证投影的正确性和绘图的速度。

3）检查、描深。检查底稿有无漏画的图线，改正图中的错误，擦掉图中无用的线，可根据类似性检查侧垂面的投影是否正确。描深图线，如图 5-13f 所示。

画切割型组合体三视图时应注意以下事项。

1）作每个切口的投影时，应先从反映形体特征轮廓或具有积聚性投影的视图开始，再按投影关系画其他视图。例如图 5-13d 所示就是先画切口的左视图，再画出主视图和俯视图中的图线；如图 5-13e 所示的切割梯形槽的绘制，就是先画主视图，再画俯视图和左视图中的图线。

2）若切割面为投影面垂直面，应注意切口在其他两视图中的投影为类似形。

第三节　组合体视图的尺寸标注

视图只能表达组合体的形状，而组合体的真实大小要由视图上标注的尺寸数值来确定。工程上都是根据图样上所标注的尺寸来进行加工制造的，因此正确地标注尺寸非常重要，必须做到认真、细致。组合体尺寸标注的基本要求如下。

1）正确——尺寸注法要符合国家标准的有关规定。

2）完整——尺寸必须完全确定组合体形状的大小，注写齐全，既不遗漏，也不重复。

3）清晰——各尺寸必须配置在适当的位置，标注尺寸布局整齐、清楚，便于读图。

一、基本体的尺寸注法

要掌握组合体的尺寸标注，必须熟悉和掌握基本体的尺寸标注。基本体都有长、宽、高三个方向的尺寸，将这三个方向的尺寸标注齐全，基本体的大小就能确定了，如图 5-14 所示为基本体的尺寸标注示例。

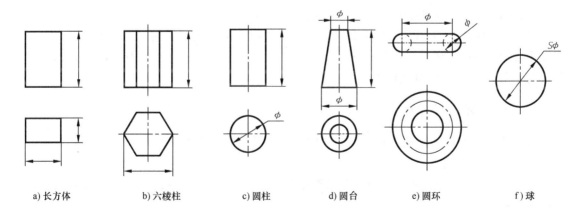

a) 长方体　　b) 六棱柱　　c) 圆柱　　d) 圆台　　e) 圆环　　f) 球

图 5-14　基本体的尺寸标注示例

值得注意的是，如图 5-14 所示的圆柱、圆台和圆环当标注了直径尺寸之后，不画俯视图也能确定它的形状和大小。还须注意：圆柱、圆锥底圆直径尺寸加注尺寸符号 φ，且一般注在反映圆的非圆视图中，以便读图和画图；球体尺寸在 ϕ 或 R 前加注 S；正六棱柱的俯视图的正六边形的对边尺寸和对角尺寸只需标注一个，如都注上，须将其中的一个作为参考尺寸用括号括起来。特例：在正六边形螺母的视图中，同时注出对角距尺寸及对边距扳手开口尺寸。

二、切割体的尺寸注法

标注被截切的基本体（这里简称为切割体）的尺寸时，除了标注出基本体的形状尺寸外，还应标注出确定截平面位置的尺寸，如图 5-15 所示。必须注意：由于基本体与截平面的相对位置确定后，截交线的形状和大小就能确定，因此不应在交线上标注尺寸，图 5-15 中打"×"的为多余尺寸。

对于不完整的圆柱、圆球，一般大于半圆柱、半圆球的应标注直径尺寸，尺寸数字前加 ϕ；等于或小于半圆柱、半圆球的应标注半径尺寸，尺寸数字前加 R，半径尺寸必须注在反映圆弧实际形状的视图上，如图 5-15e 所示。

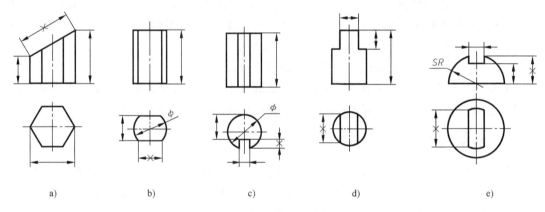

a)　　　　　　b)　　　　　　c)　　　　　　d)　　　　　　e)

图 5-15　切割体的尺寸标注

[例 5-5]　被截切圆柱的尺寸标注正误分析。

分析　如图 5-16 所示为圆柱左右对称地被水平面和侧平面所截切，所产生的截交线上不标注尺寸。正确的注法是标注截平面的位置尺寸，如图 5-16a 所示的 10、8。如图 5-16b 所示的左视图中的尺寸 20 是错误的。

三、组合体的尺寸注法

这里以如图 5-17 所示组合体为例，说明组合体尺寸标注的基本方法。

1. 尺寸标注正确

保证尺寸数值正确无误，所注的尺寸数字、符号、箭头、尺寸线和尺寸界线等应符合国家标准的有关规定。

2. 尺寸标注齐全

要使尺寸标注齐全，既不遗漏，也不重复，应先按形体分析的方法注出各基本体的大小尺寸（定形尺寸），再确定它们之间的相对位置尺寸（定位尺寸），最后根据组合体的结构特点注出总体尺寸。

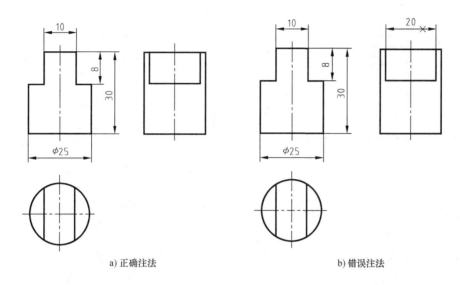

a) 正确注法　　　　　　　　　　　　　　b) 错误注法

图 5-16　［例 5-5］图

（1）定形尺寸　确定组合体中各基本体的形状、大小的尺寸称为定形尺寸，如图 5-17a 所示的各尺寸。应注意相同的圆孔要标注数量，但相同的圆角不需要标注数量，两者都不必重复标注，如底板上圆孔（4×ϕ5）和圆角（R5）。

（2）定位尺寸　确定组合体中各基本体之间相对位置的尺寸称为定位尺寸，如图 5-17b 所示的各尺寸。在标注定位尺寸时，首先要在长、宽、高三个方向上选定尺寸基准，每个方向至少有一个尺寸基准，以便确定各基本体在各方向上的相对位置。

一般选择组合体的底面、对称平面、重要端面以及回转体的轴线等作为尺寸基准。如图 5-17b 中以通过圆柱体轴线的侧平面作为长度方向的基准，按左右对称标注出底板上的小圆柱孔轴线在长度方向上的定位尺寸 40；以过圆柱体轴线的正平面作为宽度方向的基准，按前后对称标注出底板上的小圆柱孔在宽度方向的定位尺寸 20；以底板的底面为高度方向的尺寸基准，标注出圆筒前面小圆柱孔的轴线在高度方向上的定位尺寸 22。

这里需要指出，在实际的生产过程中，由于加工、安装等方面的要求，定位尺寸并非一个方向只能有一个，多余的基准称为辅助基准，本书将在零件图部分讲述。

（3）总体尺寸　确定组合体在长、宽、高三个方向的总长、总宽、总高的尺寸，如图 5-17c 所示，组合体总长 50、总宽 30、总高 27。这里须注意组合体的定形、定位尺寸已标注完整，再标注上总体尺寸后有时会出现尺寸重复，要对尺寸进行调整。如图 5-17c 主视图中高度方向的尺寸，如果标注总高尺寸 27，就应去掉定形尺寸 20。调整后，标注出组合体的全部尺寸，如图 5-17d 所示。

需要注意的是：当组合体底板的端部是与底板上的圆柱孔同轴线的圆柱面时，习惯上常常标注出圆柱孔轴线的定位尺寸和圆柱外端面的半径 R，而不再标注总长的尺寸，如图 5-18 所示，其总长尺寸是由 30 和两个 R12 间接确定的。

3. 尺寸标注清晰

为了便于读图，标注尺寸应排列适当、整齐、清晰。为此标注尺寸注意以下几点。

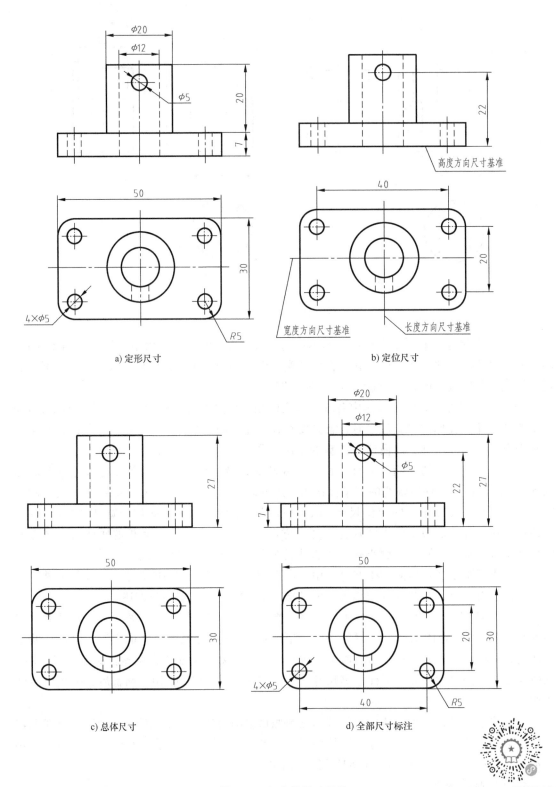

图 5-17　组合体尺寸标注

图 5-17　微课视频

1）定形尺寸尽量标注在形状特征明
显的视图上。如图 5-19a 所示，将五棱柱
五边形的尺寸标注在反映形状特征的主视
图上；如图 5-19b 所示将半径尺寸标注在
反映圆弧的俯视图上。

2）同一形体的定形尺寸及相关联的
定位尺寸应尽量集中标注。如图 5-20a 所
示的圆柱体开槽产生的截交线、如
图 5-20b 所示的两圆柱相交表面产生的相
贯线的相关尺寸均集中标注在主视图上比
较好。

3）尺寸布局要整齐，同方向的平行
尺寸线，应是小尺寸的在内，大尺寸的在
外，避免尺寸线与尺寸界线相交，同一方
向的尺寸线，最好画在一条线上，既整齐
又便于读图，如图 5-21 所示。

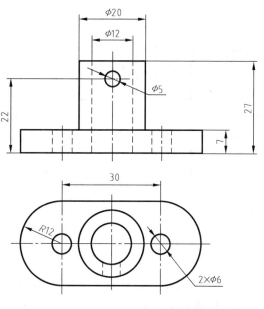

图 5-18　不必标出总体尺寸示例

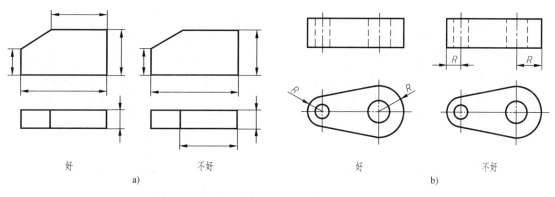

图 5-19　定形尺寸标注在形状特征明显的视图上

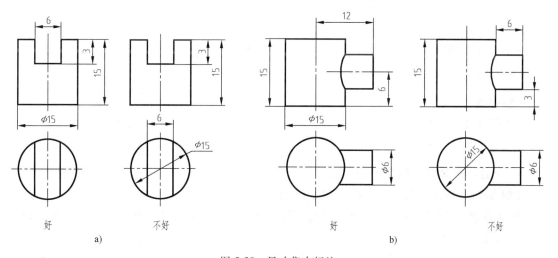

图 5-20　尺寸集中标注

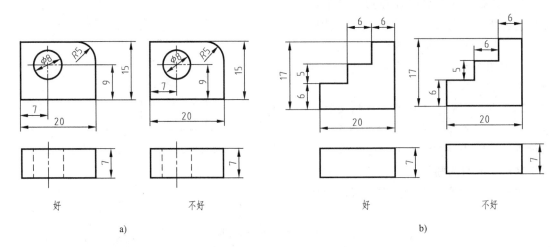

图 5-21　尺寸标注排列整齐

4）直径尺寸应尽量标注在投影非圆的视图上，圆弧的半径应标注在投影为圆弧的视图上，尺寸尽量不标注在细虚线上，如图 5-22 所示。

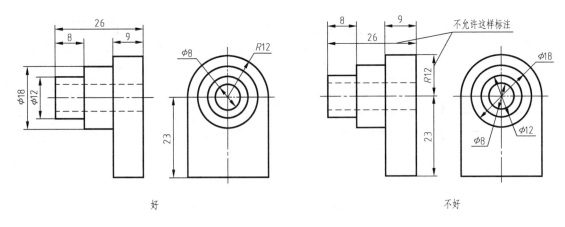

图 5-22　直径与半径尺寸标注

5）尺寸尽量标注在视图外部，相邻视图的相关尺寸配置在两视图之间，以保持图形清晰和便于读图，如图 5-23 所示。

特别提示

定形尺寸、定位尺寸、总体尺寸的分类不是绝对的，有时一个尺寸既是定形尺寸，同时也是定位尺寸或总体尺寸。

4. 标注组合体尺寸的步骤和方法

［例 5-6］　标注如图 5-24a 所示的轴承座的尺寸。

形体分析　根据三视图的线框，可将该轴承座分解为底板、支承板、肋板、圆筒、顶部凸台五部分（类似［例 5-1］）。

选定尺寸基准　标注定位尺寸时，必须在组合体长、宽、高三个方向选定尺寸基准。常

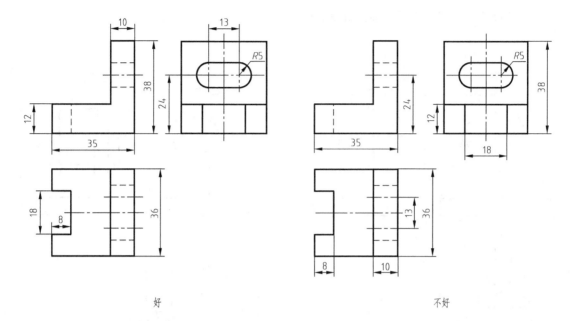

图 5-23　尺寸标注要清晰

采用组合体的底面、端面、对称面和主要回转体的轴线。对该轴承座来说，可选下底面为高度方向的尺寸基准；由于轴承座左右对称，选对称面为长度方向的尺寸基准；由于底板和支承板后面平齐，因此可选底板的后端面作为宽度方向的基准，图 5-24a 所示。

标注定位尺寸和定形尺寸　按组合体的长、宽、高三个方向从基准出发依次标注各基本体的定位尺寸。底板左右两个圆柱孔的轴线在宽度方向上的定位尺寸为 47，在长度方向上的定位尺寸为 64，在高度方向的为 0。圆筒轴线在长度方向上的定位尺寸为 0，高度方向上的为 70，后端面在宽度方向上的定位尺寸为 10。凸台孔轴线在宽度方向上的定位尺寸为 27（以圆筒的后端面为辅助基准），在长度方向上的为 0，在高度方向上的为 35（以圆筒轴线为辅助基准）。底板和支承板后端面平齐，它们在宽度方向上的定位尺寸为 0。肋板因其上、下、后均有相连接形体，又关于长度尺寸基准对称，因此无需标注定位尺寸。定位尺寸标注结果如图 5-24a 所示。

在标注完定位尺寸之后，依次注全各基本体的定形尺寸。如底板应注出五个定形尺寸，分别是 65、100、15、R18、2×ϕ18；支承板的定形尺寸有 12、100 和 ϕ54（100 和 ϕ54 为共用尺寸）；肋板应标注出 24、30、12 三个定形尺寸；圆筒的定形尺寸有 ϕ54、ϕ30、54（和 ϕ15）；凸台应标注出 ϕ15、ϕ30 两个定形尺寸，如图 5-24b 所示。

进行尺寸调整，并标注总体尺寸　因为定位尺寸、定形尺寸和总体尺寸有兼作情况，因而应避免尺寸的重复标注，就必须进行尺寸的调整，并标注出总体尺寸。如底板的长度尺寸 100 兼作整个组合体的总长度尺寸，同时也是支承板下部的长度尺寸，只能标注一次不能重复。支承板斜面上部与圆筒外圆柱面相切，尺寸自然而定，不需要再标注尺寸。凸台在高度方向的定位尺寸为 70 和 35，此时应当标注总高度尺寸 105 和圆筒轴线高度尺寸 70，而不标注尺寸 35。调整后的总体尺寸为总长尺寸 100，总高尺寸 105，总宽尺寸由 65 和 10 组成，如图 5-24c 所示。

全部尺寸标注完后应再仔细检查以免遗漏。

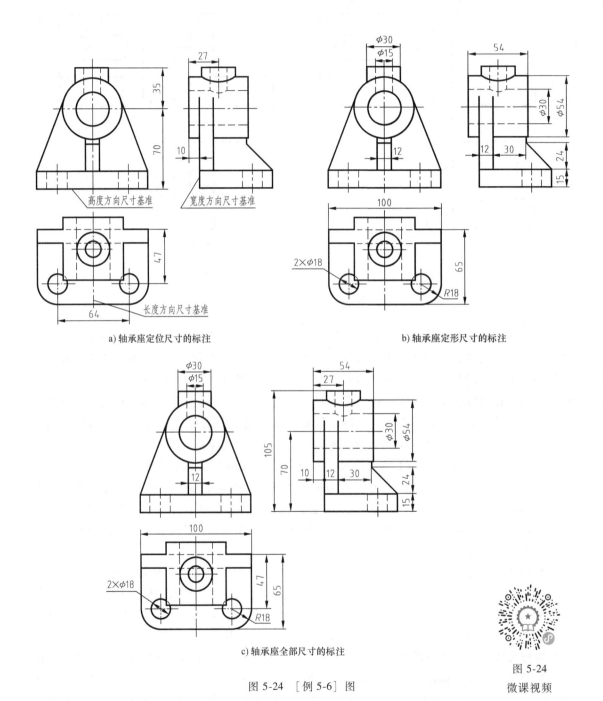

a) 轴承座定位尺寸的标注

b) 轴承座定形尺寸的标注

c) 轴承座全部尺寸的标注

图 5-24   [例 5-6] 图

图 5-24
微课视频

[例 5-7]   标注如图 5-25a 所示组合体的尺寸。

形体分析   由图知该组合体由底板、圆筒、肋板、耳板、凸台组成，立体图如图 5-25b 所示。

选择尺寸基准   选圆筒的轴线作为长度方向的尺寸基准；选底板和圆筒的前后对称中心

面作为宽度方向的尺寸基准；选底板的底面为高度方向的尺寸基准，如图 5-25c 所示。

标注定位尺寸和定形尺寸 底板圆孔在长度方向的定位尺寸为 40，耳板圆孔在长度方向的定位尺寸为 26，肋板在长度方向的定位尺寸为 28，凸台在高度和宽度方向的定位尺寸分别为 25 和 24，如图 5-25c 所示。在标注完定位尺寸之后，依次标注各基本体的定形尺寸，如图 5-25d 所示。

进行尺寸调整，标注总体尺寸 圆筒的高度就是组合体的总高尺寸，总长和总宽尺寸由相应的回转面的外表面形状确定而不需直接标出，如图 5-25d 所示。

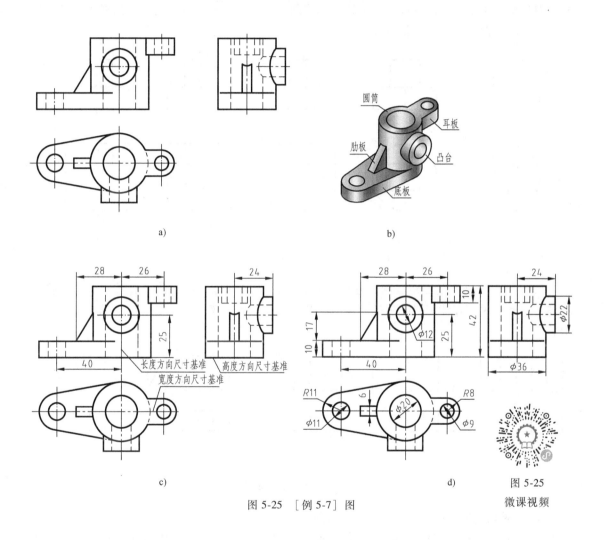

图 5-25 ［例 5-7］图

图 5-25

微课视频

第四节 组合体视图的识读

画图和读图是学习本课程的两个重要环节，它们是相辅相成的。读图和画图是逆过程，画图（视图）是将三维空间的组合体用正投影法表示在二维平面上，读图则是根据已画出的视图想象出组合体的形状。为了正确而迅速地读懂组合体的视图，必须掌握读图的要领和读图的基本方法。

一、读组合体视图的基本要领

1. 将各个视图联系起来读

在工程图样中，组合体的形状是通过几个视图来表达的，每个视图只能反映组合体一个方向的形状，因而，仅由一个或两个视图往往不一定能唯一地确定某一组合体的形状。

图 5-26 中的五组视图，它们的主视图均相同，因此仅看一个视图就不能确定组合体的空间形状和各部分间的相对位置，必须同俯视图联系起来看，才能明确组合体各部分的形状和相对位置。由组合体的主视图可了解各部分间的上下、左右相对位置，从俯视图上可了解各部分之间的前后、左右的相对位置。

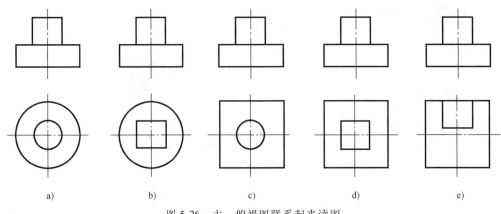

图 5-26　主、俯视图联系起来读图

又如图 5-27 所示的五组视图，它们的主、俯视图均相同，但也表示了五种不同形状的物体。由此可见，在读图时必须把所给出的几个视图联系起来，才能准确地想象出组合体的形状。

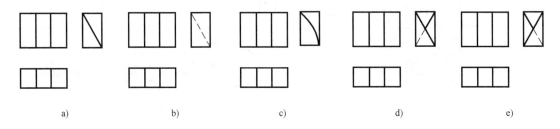

图 5-27　三个视图联系起来读图

2. 从形状与位置特征视图入手进行分析

读图时，必须抓住反映形状特征和位置特征的视图。如图 5-26 所示的各视图，都是俯视图最能反映物体形状特征，只要将其与主视图联系起来看，就可想象出组合体的形状。又如图 5-28a 所示视图，只看主、俯视图时，Ⅰ 与 Ⅱ 两部分哪个凸起、哪个凹进是无法确定的，而左视图明显地反映了位置特征，只要把主、左两个视图联系起来看，就可判定是如图 5-28b 所示靠前的图形。

3. 明确视图中的线框和图线的含义

通常来说，视图中每个封闭线框都是组合体上一个表面（包括平面和曲面）或孔的投

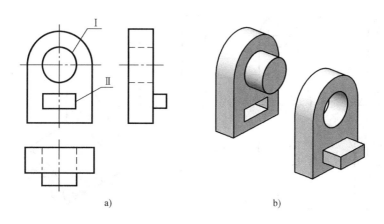

图 5-28　由反映位置特征的视图读图

影。视图中的每一条图线则可能是平面或曲面的积聚投影，也可能是线的投影。因此，必须将几个视图联系起来对照分析，才能明确视图中线框和图线所表示的意义。

如图 5-29 所示，主视图下部中间的封闭实线框 a'（b'）对应于俯视图中 a、b 两条直线，即表示前、后两个平行的正平面。而 c' 和 c 表示铅垂线 C，也是两平面交线。主视图上部粗实线所围成线框 d' 与俯视图中圆 d 所对应，表示圆柱面 D。同理，主视图虚线框 f' 和俯视图中圆 f 对应表示组合体上圆柱形通孔 F 的投影。主视图图线 h' 对应于俯视图中的大圆线框的最左点 h，因而 h' 是圆柱面的正面投影转向轮廓线 H 的投影。

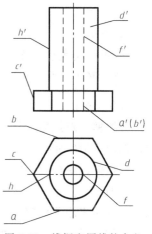

图 5-29　线框和图线的含义

二、读图的基本方法

读图的基本方法与画图一样，主要也是运用形体分析法。按照"分线框，对投影"的方法，先分析构成组合体的各个基本形体，找出每个形体的形状特征视图，对照其他视图想象出其形状。再分析各形体间的相对位置、组合形式和表面连接关系，综合想象出组合体的形状。对于形状比较复杂的组合体，在运用形体分析法的同时，还要用到线面分析法来辅助想象局部形状。

1. 应用形体分析法读图

［例 5-8］　由如图 5-30a 所示组合体的主、俯视图想象出整体形状，并补画左视图。

分线框，对投影　先看主视图，并对照俯视图，按照投影规律找出基本体投影的对应关系，可想象出该组合体分为两部分，第Ⅰ部分为厚壁半圆筒、第Ⅱ部分为立板。

识形体，定位置　根据每一部分的视图，先看整体，后看细节，逐个想象出基本体的形状和它们之间的相对位置。

综合想象及作图　综合起来想象出整体形状，如图 5-30c 所示。并绘制出左视图，作图步骤如图 5-30b 所示。

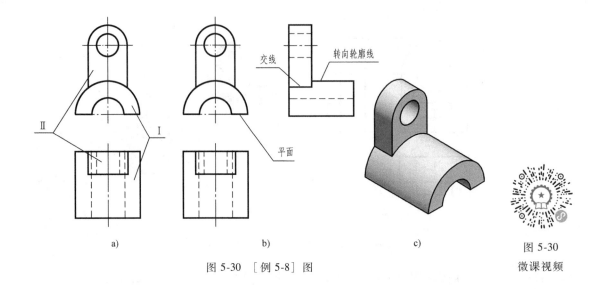

图 5-30　〔例 5-8〕图

图 5-30　微课视频

特别提示

读图一般先读主要部分，再读次要部分；先读容易确定的部分，再读难以确定的部分；先读整体，再读细节。

〔**例 5-9**〕　读如图 5-31a 所示的组合体三视图，确定该组合体的空间形状。

分线框，对投影　从主视图入手，按照三视图投影规律，把视图中的线框分为三个部分，如图 5-31b 所示。

识形体，定位置　根据每一部分的视图想象出空间形状，并确定它们之间的相对位置，如图 5-31c～e 所示。

综合起来想象出整体形状　从视图中可以看出，形体Ⅱ、Ⅲ在形体Ⅰ的上方，整个形体左右对称，三个形体后表面平齐，如图 5-31f 所示。在读图过程中把想象出的组合体和给定的三视图逐个形体、逐个视图地对照检查。

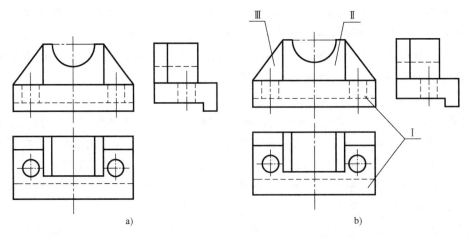

图 5-31　〔例 5-9〕图

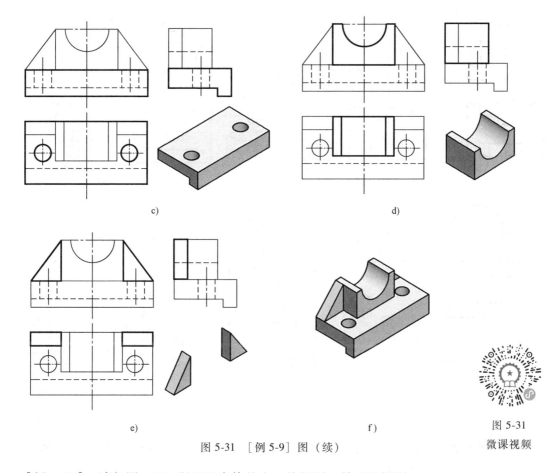

c)　　　　　　　　　　　　　d)

e)　　　　　　　　　　　　　f)

图 5-31
微课视频

图 5-31　［例 5-9］图（续）

［例 5-10］　读如图 5-32a 所示组合体的主、俯视图，补画左视图。

分线框，对投影　从主视图可以看出组合体分上、下两部分，从俯视图可以看出组合体的上部分前、后两部分。从俯视图的线框入手，将视图分为三个线框，根据投影关系在主视图上找出对应的投影，如图 5-32a 所示。进而可判断出该组合体由三部分组成，最大的矩形线框对应的部分 A 在下部，其上钻了一个通孔，B、C 两部分在其上部；A、B 两部分的后表面平齐，B 的上部为半圆柱体并有圆柱通孔；A、C 两部分前表面平齐，上部挖成半圆柱槽，半圆柱槽的半径与 B 部分圆柱孔的半径相同。

作图　画 A 部分，根据主、俯视图的形状，A 部分为四棱柱，中间的孔画虚线，如图 5-32b 所示。画 B 部分，整体画为矩形，中间的孔画虚线；如图 5-32c 所示。画 C 部分，整体画为矩形，上部的槽画出一条虚线，如图 5-32d 所示。

综合想象整体形状　把想象的组合体与三视图对照，确定物体的形状，最后检查、描深，完成全图，如图 5-32e 所示。

［例 5-11］　读如图 5-33a 所示支架的主、俯视图，补画左视图。

分线框，对投影　在主视图中有三个线框，与俯视图对投影，可以看出三个线框分别表示支架上三个不同位置的表面，a' 线框一个凹字形，对应的表面 A 处于支架的前面；c' 线框中有一个小圆，与俯视图中的两条虚线对应，可以想象出是半圆头立板上挖了一个圆孔，立板处于支架的靠后位置；从主视图中可以看出，b' 线框的上部有个半圆槽，在俯视图上可以

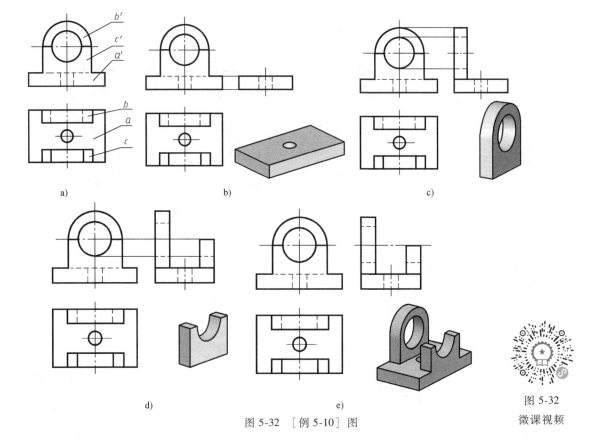

图 5-32　[例 5-10] 图

图 5-32
微课视频

找到与之对应的两条线，B 必处于 A 面和 C 面之间。因此，主视图中的三个线框是支架上前、中、后三个正平面的投影。

　　作图　画出左视图的外形轮廓，并与主、俯视图对应，分出支架三个部分的前、后和高、低，如图 5-33b 所示。画出 A 面和 B 面之间的凹形槽，在左视图中画虚线，如图 5-33c 所示。画出 B 面和 C 面之间的半圆槽，在左视图中画虚线，如图 5-33d 所示。画出 C 面和后面之间的圆孔，在左视图中画虚线，检查无误后完成作图，如图 5-33e 所示。

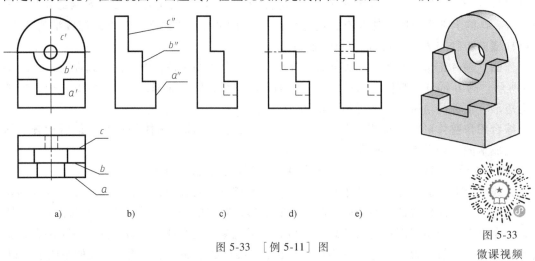

a)　　　　　　b)　　　　　　c)　　　　　　d)　　　　　　e)

图 5-33　[例 5-11] 图

图 5-33
微课视频

[例 5-12]　读如图 5-34a 所示三视图，补画主、左视图中缺漏的图线。

分析　从已有的三个视图可知，该组合体是由两个四棱柱叠加组成，两四棱柱的后面平齐且前面和左、右两侧面都不平齐，主、左视图缺两棱柱的分界线；俯视图中两同心半圆弧与主视图中的竖向虚线相对应，主视图中应补画出两半圆孔分界的线，左视图中应画出两半圆孔的不可见轮廓线及分界面积聚成的线（虚线）；组合体上方开有一个矩形通槽，左视图中应补画槽底面积聚成的线及通槽与大半圆孔的交线的投影，并应去掉一段大半圆孔的轮廓线。

作图　作图步骤如图 5-34b～d 所示。

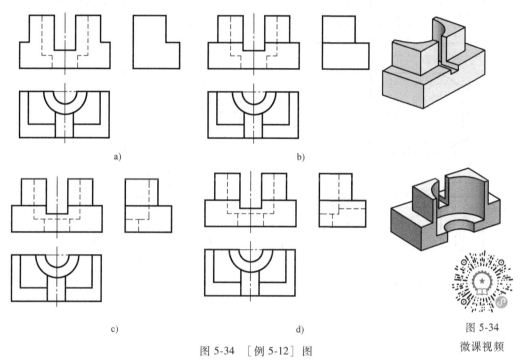

a)　　　　　　　　b)

c)　　　　　　　　d)

图 5-34
微课视频

图 5-34　[例 5-12] 图

2. 应用线面分析法读图

在读图时，对比较复杂的组合体不易读懂的部分，在采用形体分析法的基础上，还可使用线面分析法来帮助想象和读懂这些局部的形状。线面分析法是把组合体分为若干个面，逐个根据面的投影特点确定其空间形状和相对位置，从而想象出组合体的形状。

[例 5-13]　读如图 5-35a 所示组合体压块的主、俯、左三视图。

分线框，识面形　从如图 5-35a 所示压块的三视图可知，它是由一个四棱柱切割而成的，且前后对称。读主视图，左上方的缺角是正垂面截切产生的；读俯视图，左侧前后对称的缺角是分别由两个铅垂面对称截切产生的；读左视图，前后对称部的缺块是由正平面和水平面截切产生的。

从某一视图上划分线框，根据投影规律，从另两个视图上找出对应的线框或图线从而得出所表示的面的空间形状和相对位置。

由如图 5-35b 所示的俯视图的线框 p 及主视图的斜线 p' 可知表面 P 是一梯形正垂面，其左视图 p'' 与俯视图的线框为类似形。

　　由如图 5-35c 所示的主视图的线框 q' 及俯视图的斜线 q 可知表面 Q 是一多边形铅垂面，其左视图 q'' 为主视图线框 q' 的类似形。

　　由如图 5-35d 所示的主视图的线框 r' 及左视图的直线 r'' 可知表面 R 是一矩形正平面，其俯视图 r 为一条直线段，但因不可见画为虚线。

　　由如图 5-35e 所示的俯视图的线框 s 和主、左视图中都是一特殊位置直线的 s'、s''，可知表面 S 为水平面。

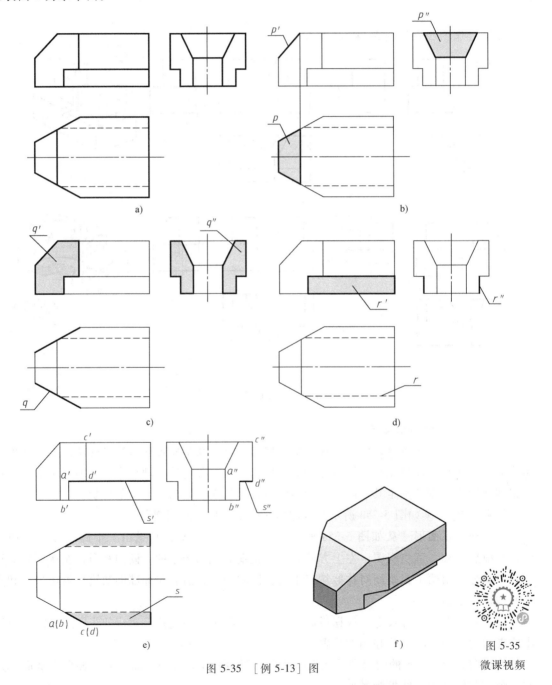

图 5-35　[例 5-13] 图

图 5-35

识交线，想象整体形状 如图 5-35e 所示，以 *AB*、*AD*、*CD* 三条直线为例，直线 *AB* 是铅垂面 *Q* 和正平面 *R* 的交线，必是铅垂线；直线 *AD* 是铅垂面 *Q* 和水平面 *S* 的交线，必是水平线；直线 *CD* 也是铅垂线。

将线面分析综合起来便可以想象出压块的整体形状，如图 5-35f 所示。

[例 5-14] 读如图 5-36a 所示组合体的三视图。

分线框，识面形 读主视图上的直线段 *p'* 和与之对应的俯视图的线框 *p*、左视图的线框 *p"*，易判断平面 *P* 为正垂面；读主视图的线框 *s'* 和与之对应的俯视图的直线段 *s*、左视图的线框 *s"*，可判断平面 *S* 为铅垂面，如图 5-36b 所示。

识交线，想象整体形状 设正垂面 *P* 与铅垂面 *S* 的交线为 *AB*，在三视图中可找到 *ab*、*a'b'* 和 *a"b"*，可见交线 *AB* 的三个投影均倾斜，故其为一般位置直线，如图 5-36b 所示。

在左视图中倒梯形槽的特征明显，可判断倒梯形槽的两侧面为侧垂面，底面为水平面，对应于主视图中有积聚性的虚线，侧垂面与水平面的交线为侧垂线，倒梯形槽底与正垂面 *P* 的交线在主视图中积聚为一点，如图 5-36c 所示。

经过上述分析之后，就可综合起来想象出该组合体的整体形状，如图 5-36d 所示。

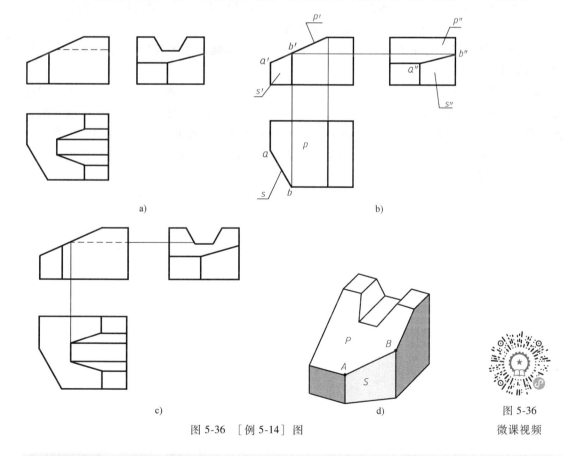

a) b)

c) d) 图 5-36

图 5-36 [例 5-14] 图 微课视频

特别提示

对于切割型组合体，主要采用线面分析法进行读图。读图时先分线框、识面形，再综合起来想象整体。一定要以基本体的原形为基础，以视图为依据。

综合以上例题可知，形体分析法较适用于叠加型组合体，线面分析法较适用于切割型组合体。

读图时，通常将形体分析法与线面分析相法相配合，当组合体形状较复杂时，可用形体分析法整体识别组合体各组成部分，而各形状和细节则需用线面分析法再仔细分析清楚。即"形体分析看大概""线面分析看细节"。

思考

三视图中有两个视图的外形轮廓为矩形，该立体可能是什么形体？若为三角形，该立体又可能是什么形体？

小　结

1）形体分析法是画图、读图、尺寸标注的基本方法。

2）画图时要正确、合理地选择主视图，一般选择最能体现组合体形状特征的方向作为主视图的投射方向。在形体分析的基础上，画出各形体的视图，要注意各形体之间的组合方式、相对位置和邻接表面关系，避免出现多线和漏线。

3）组合体的尺寸标注要正确、完整、清晰。选好基准，标注各形体的定形和定位尺寸，调整后标注总体尺寸。

4）利用形体分析法读组合体视图时，先根据线框把组合体分解为简单形体，逐个想象出它们的形状，再按相对位置进行组合，从而想象出组合体的整体形状。对于切割型组合体，则要借助线面分析法分析表面的形状特征及投影特性，以便准确想象出组合体的形状。

5）读图过程中注意：要根据视图将不完整形体先按完整形体想象；抓住特征视图，将几个视图联系起来读图；熟悉视图中线框和图线的含义。

第六章

机件的表达方法

▶ 【知识目标】

- 熟悉视图、剖视图、断面图的概念、类型及用途。
- 掌握视图、剖视图、断面图的绘制和阅读方法。
- 熟悉规定画法和简化画法的表达形式。

▶ 【能力目标】

思政拓展
信物百年：重建黄鹤楼
手绘设计图

- 能根据机件的结构特点，合理运用视图、剖视图、断面图清楚表达机件形状，并正确标注。
- 能根据机件结构特点，正确选用规定画法和简化画法。
- 对工程中常见构件，能够综合各种表达方法，清晰完整地绘制出工程图样。

机件是构成机器的部件和零件的总称。由于机件形状和结构的多样性和复杂性，如果仍仅用前面讲述的三视图，就很难把它们的内外形状准确、清晰、完整地表达清楚，因此，国家标准《技术制图》和《机械制图》规定了机件的各种表达方法，本章着重介绍机件的常用表达方法。

第一节　视　　图

视图是用来表达机件外部结构的图形。为了不用虚线和尽量反映实形，国家标准《技术制图　图样画法　视图》（GB/T 17451—1998）规定了不同的视图。

一、基本视图

当机件的上下、左右、前后形状各不相同时，在三视图中会出现较多的虚线，再加上内部结构的虚线，使图形很不清晰，不易读懂。为此，国家标准规定采用正六面体作为基本投影面，即在原有的正面、水平面、右侧面以外，增加了前面、顶面和左侧面，共六个投影面。这六个投影面称为基本投影面。将机件置于正六面体内，分别向六个投影面投射所得视图，称为基本视图。除了主视图、俯视图、左视图外，新增的三个视图分别为：右视图（由右向左投射）、后视图（由后向前投射）、仰视图（由下向上投射）。六个基本视图必须按国家标准规定的方法展开，仍然是保持正面不动，其余各投影面按图 6-1a 所示箭头方向，旋转到与正面在同一平面内。六个基本视图的配置如图 6-1b 所示，按这种方式配置基本视图时，一律不标注视图名称。

在绘制机件的图样时，应根据机件的复杂程度和结构特点，按需要选择基本视图，选择的原则如下。

1）选择表示机件信息最多的那个方向作为主视图投射方向。

2）在保证清楚表达机件形状的前提下，使视图的数量最少，避免不必要的重复表达。

3）尽量避免使用虚线表达机件的轮廓。

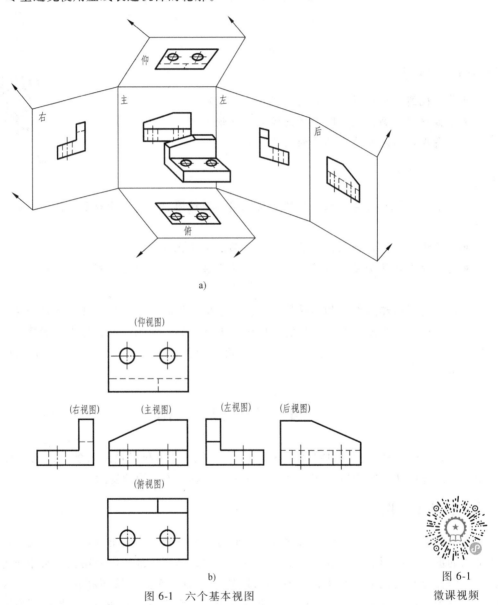

图 6-1　六个基本视图

图 6-1

微课视频

[例 6-1]　用基本视图表达如图 6-2a 所示的阀体。

分析　阀体前后对称，不需用后视图表达后半部分的结构形状；底板的结构简单，用俯视图可表达清楚上部的结构及底板的结构；左、右两端面的结构不同，需要分别表达。因此采用主视图、俯视图、左视图和右视图四个基本视图表达该阀体。

作图　如图 6-2b 所示，在主视图中用虚线画出了阀体的内腔结构以及各个孔的不可见轮廓线的投影，由于将这四个视图对照起来阅读，已能清晰完整地确定阀体各部分的结构和形状，因此，在其他三个视图中的不可见部分的投影可省略，不再画出虚线。

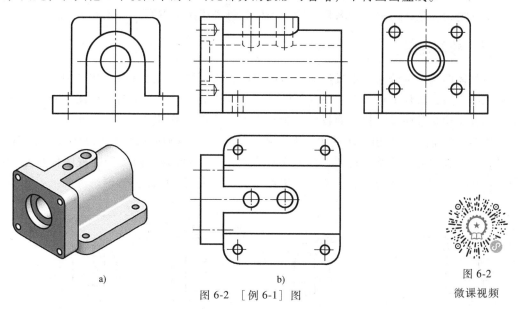

图 6-2　［例 6-1］图

图 6-2　微课视频

特别提示

➢ 六个基本视图仍要满足"长对正、高平齐、宽相等"的投影规律，即主、后、俯、仰视图"长对正"；主、后、左、右视图"高平齐"；俯、仰、左、右视图"宽相等"。

➢ 实际中，应根据机件的复杂程度，选择其中的几个视图完整、清晰地表达机件的结构形状即可。

二、向视图

向视图是可以自由配置的视图，向视图必须标注投射方向。在向视图上方标注"×"（"×"为大写拉丁字母），在相应视图的附近用箭头指明投射方向，并标注相同的字母，如图 6-3 所示。

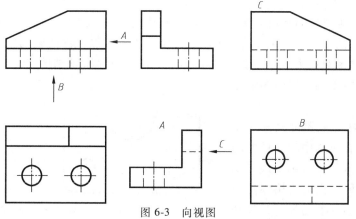

图 6-3　向视图

绘制向视图时应注意如下事项。

1）采用向视图的目的是合理利用图幅，向视图是移位配置的基本视图。

2）表示向视图投射方向的箭头应尽可能指向主视图或左、右视图，以便所获得的向视图与基本视图一致，向视图的名称和箭头旁的字母必须水平书写，如图 6-3 所示。

三、局部视图

将物体的某一部分向基本投影面投射所得的视图，称为局部视图。在采用了适当数量的基本视图之后，机件上还留有一些局部的结构未表达清楚时，为了简化作图、避免重复，可将该部分结构单独向基本投影面投射，画成不完整的基本视图。

如图 6-4a 所示，画出支座的主、俯视图后，左、右两侧的凸台形状尚未表达清楚，此时没有必要画出完整的基本视图（左视图和右视图），可以采用两个局部视图代替左、右两个基本视图，这样表达视图简洁明了，避免了重复，读图、画图都方便。

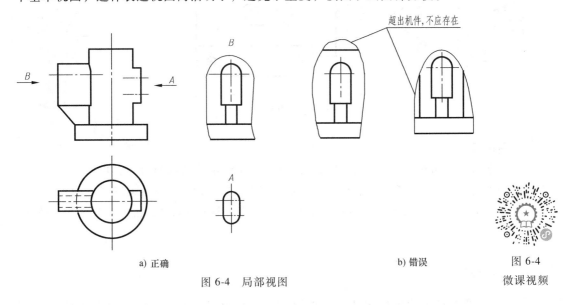

a) 正确　　　　　　　　　　　　　　　　b) 错误　　　　　图 6-4

图 6-4　局部视图　　　　　　　　　　　　　　　微课视频

绘制局部视图时应注意如下事项。

1）当局部视图按基本视图配置形式配置，中间没有其他图形隔开时，可省略标注，如图 6-4a 中的 B 可省略标注。

2）局部视图也可按向视图的配置形式配置在适当位置，如图 6-4a 中的 A 向局部视图。

3）局部视图的断裂边界用波浪线表示，波浪线不应超过机件的轮廓线，应画在机件的实体上，不可画在机件的中空处，如图 6-4b 所示。当所表示的局部结构完整，且轮廓线又封闭时，波浪线可省略不画，如图 6-4a 中的 A 向局部视图。

4）对称机件的视图可只画一半或四分之一，并在对称中心线的两端画出两条与其垂直的平行细实线，如图 6-5 所示。这种简化画法用细点画线代替波浪线作为断裂边界，是局部

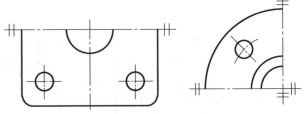

图 6-5　画一半或四分之一的局部视图

视图的一种特殊画法。

四、斜视图

如图 6-6a 所示机件，右边倾斜部分的上下表面均为正垂面，它对 H、W 两个投影面是倾斜的，其投影都不反映实形。为了表达出倾斜部分的实形，可设置一个与倾斜部分平行的投影面，再将该部分结构向新投影面投影得到其实形，如图 6-6b 所示。这种将机件向不平行于任何基本投影面的平面投影所得的视图，称为斜视图。

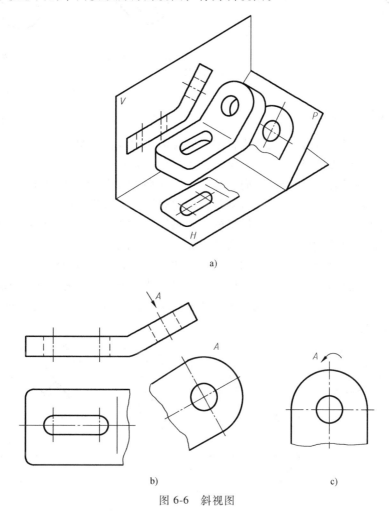

图 6-6　斜视图

画斜视图时，一般按投影关系配置，即按箭头所指的方向配置，必要时也可配置在其他适当的位置，在不致引起误解时，允许将斜视图旋转配置，如图 6-6c 所示。旋转配置时应在视图名称处标注旋转符号"↻"，表示该图名称的大写字母靠近旋转符号的箭头端，也允许将旋转角度标注在字母之后，角度值是实际旋转角的大小，箭头的方向为旋转方向。旋转符号的尺寸和比例如图 6-7 所示。

根据国家标准规定，画斜视图时，在相应的视图附近用箭头指

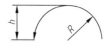

h = 字体高度
R = h
符号笔画宽度 = $h/10$ 或 $h/14$

图 6-7　旋转符号

明投射方向并标注大写拉丁字母"×"，在斜视图的上方用同样的字母标出视图名称。不论图形和箭头如何倾斜，图样中的字母总是水平书写。

斜视图应表达实形，与其他部分用波浪线断开。波浪线的画法如图 6-8 所示。

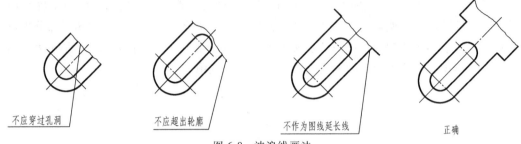

不应穿过孔洞   不应超出轮廓   不作为图线延长线   正确

图 6-8 波浪线画法

五、视图表达应用

在实际画图时，每个机件的表达应根据需要灵活选用各种视图。

[例 6-2] 用恰当的视图表达如图 6-9a 所示的压紧杆。

分析 压紧杆由四部分构成：圆筒、耳板、连接薄板和凸台。其中耳板轴线是正平线，连接薄板用于连接耳板与圆筒，圆筒右侧凸台的前表面与圆筒前端面共面。

作图 由于压紧杆左端的耳板是倾斜的，如果用基本视图表达，则俯视图和左视图都不反映实形，且画图比较困难，表达不够清晰，如图 6-9b 所示。

为了清楚地对压紧杆进行表达，用主视图表达压紧杆的主要结构特征，用俯视方向的局部视图表达圆筒、连接薄板、凸台的宽度信息，以及凸台小孔与圆筒的贯通情况；用右视方向的局部视图表达凸台形状；用斜视图表达耳板的实形，表达方案如图 6-9c 所示。

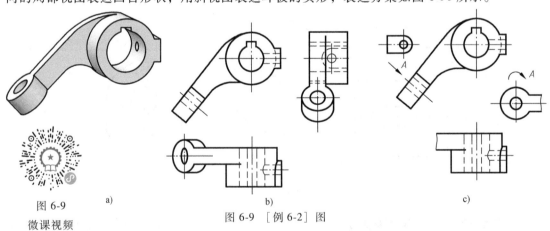

图 6-9
微课视频

a)

b)

c)

图 6-9 [例 6-2] 图

第二节 剖 视 图

一、剖视图的基本概念

当机件的内部形状比较复杂时，在视图中就会出现许多虚线，视图中的各种图线纵横交错在一起，造成层次不清，影响视图的清晰度，而且不便于绘图、标注尺寸和读图。为了解决机件内部形状的表达问题，减少虚线，国家标准规定采用假想切开机件的方法将内部结构由不可见变为可见，从而将虚线变为实线。

假想用剖切面从适当的位置剖开机件，将处在观察者和剖切面之间的部分移去，而将其余部分向投影面投影所得到的图形，称为剖视图，如图 6-10 所示。

> **注意**
> 剖视图是一种假想的表达手法，机件并不被真正切开，因此除剖视图外，机件的其他视图仍然要完整画出。

1. 剖切面位置

一般采用平行于投影面的平面剖切，剖切位置选择要得当。首先应通过内部结构的轴线或对称平面以剖出它的实形；其次应在可能的情况下使剖切面通过尽量多的内部结构，如图 6-10 所示，剖切面是一个正平面且通过三个孔的轴线。

2. 剖面符号

画剖视图时，剖切面与机件的切断面又称为剖面区域，为了区分空、实部分，国家标准规定在剖面区域上要画出剖面符号。不同的材料用不同的剖面符号表示，剖面符号的规定见表 6-1。

当不需要在剖面区域中表示材料的

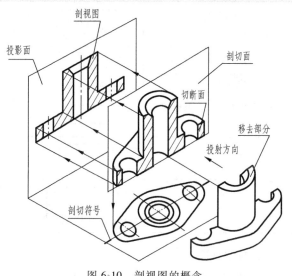

图 6-10　剖视图的概念

类别时，剖面符号可采用通用剖面线。通用剖面线为间隔相等的平行细实线，绘制时最好与图形主要轮廓线或剖面区域的对称线成 45°，如图 6-11 所示。

图 6-11　剖面线的方向

金属是机件最常用的材料，其剖面符号为与水平方向成 45°且间隔均匀的细实线。同一机件各剖面区域的剖面线方向一致，间隔相等。

当图形中的主要轮廓线与水平方向成 45°时，该图形的剖面线应画成与水平方向成 30°或 60°的平行线，其倾斜方向应与其他视图对应的剖面线方向一致，但其余视图的剖面线应画成与水平方向成 45°，这样可避免因剖面线与主要轮廓线平行而造成读图上的误解，如图 6-12 所示。

表 6-1　材料的剖面符号

材料名称		剖面符号	材料名称	剖面符号
金属材料(已有规定剖面符号者除外)			木质胶合板(不分层数)	
线圈绕组元件			基础周围的泥土	
转子、电枢、变压器和电抗器等的叠钢片			混凝土	
非金属材料(已有规定剖面符号者除外)			钢筋混凝土	
型砂、填砂、粉末冶金、砂轮、陶瓷刀片、硬质合金刀片等			砖	
玻璃及供观察用的其他透明材料			格网(筛网、过滤网等)	
木材	纵剖面		液体	
	横剖面			

3. 剖切符号

剖切符号是指示剖切面起、讫和转折位置（用粗短线表示，GB/T 17450）及投射方向（用箭头或粗短画表示）的符号。在剖切面起、讫和转折位置标注与剖视图名称相同的字母，如图 6-13 所示。剖切符号尽可能不要与图形的轮廓线相交。

二、画剖视图的方法

画剖视图的方法有两种：①先画出机件的基本视图，再改画为剖视图；②先画出剖切后的切断面形状，再补画剖切后的可见轮廓线。

[例 6-3]　画出如图 6-13a 所示压盖的剖视图。

分析　因压盖结构简单，仅通过主、俯视图即可表达清楚，如图 6-13a 所示。

选择适当的剖切位置。因三个内孔的轴线处在同一个平面内，则应让剖切面通过这个平面，且用剖切符号标出剖切位置，即在俯视图两端标注 A 并画出粗短线和箭头，如图 6-13b 所示。

作图

1）从剖切面的左端或右端开始，依次画出剖切面与机体内、外表面的交线，孔的前后

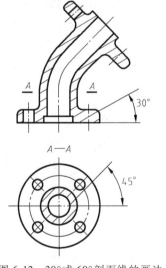

图 6-12　30°或 60°剖面线的画法

转向轮廓线由虚线画为实线。按规定金属机件在剖切区域应画出与水平方向成 45°的剖面线，如图 6-13b 主视图所示。

2）补画剖切后的可见轮廓线、底板左右两侧孔的上下轮廓线、中间孔的上下轮廓线和圆台圆柱的交线。检查无误后加深粗实线，如图 6-13c 所示。

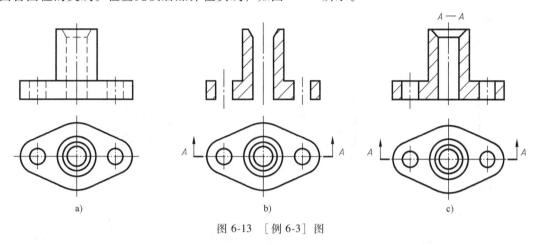

图 6-13　［例 6-3］图

［例 6-4］　画出如图 6-14a 所示机件的剖视图。

分析　确定剖切位置。该机件前后对称，并且左右两孔的轴线在同一个平面内，选择剖切面通过机件的前后对称面，如图 6-14b 所示，这样还可以省略标注。

作图

1）先画出剖切面与机件接触部分的投影，即剖面区域的轮廓线，再画出剖切后可见部分的投影，如图 6-14c 中的主视图所示。

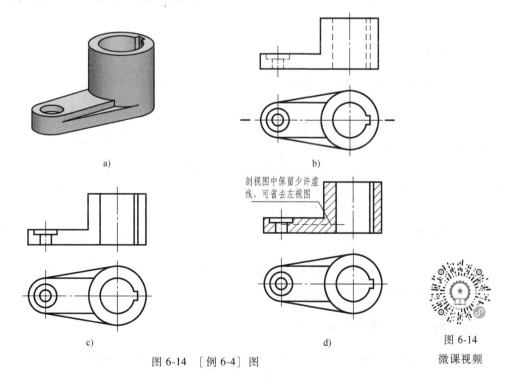

图 6-14　［例 6-4］图

微课视频

2）在实体部分画出剖面线，如图 6-14d 所示。

对于剖切后的不可见部分，如果在其他视图上已表达清楚，剖视图中不画虚线。对于需要表达的不可见部分，在不影响清晰的条件下，又可省略一个视图时，可适当地画出一些细虚线，如图 6-14d 主视图用细虚线表达出了底板高度。

注意：
画剖视图时，不要漏画剖切面后方的可见轮廓线的投影，如图 6-15 所示。

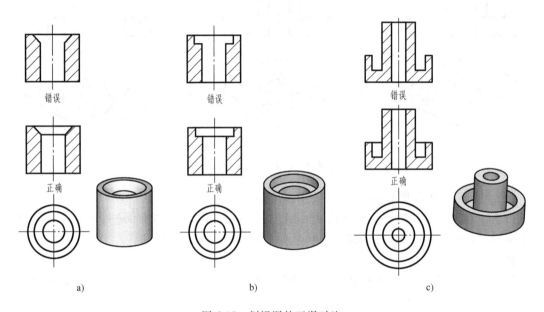

图 6-15　剖视图的正误对比

三、剖视图的标注

剖视图标注的三要素为：剖切线、剖切符号、剖视图的名称，国家标准对剖视图的标注规定如下。

1）一般应在剖视图的上方中间标注剖视图的名称"×—×"（×为大写拉丁字母），在相应的视图中用剖切线（细点画线）指示剖切位置，用剖切符号（粗短线，一般线宽为 1～1.5mm，长为 5～10mm）指示剖切面的起、讫和转折位置。剖切符号尽量不与图形的轮廓线相交或重合，在剖切符号外侧画出与剖切符号相垂直的细实线和箭头表示投射方向，如图 6-13c 所示。

2）当剖视图按投影关系配置，中间又没有其他图形隔开时，可省略箭头，如图 6-12 所示。

3）当单一剖切面通过机件的对称平面或者基本对称平面，且剖视图按投影关系配置，中间没有其他图形隔开时，可全部省略，如图 6-14 所示。

四、剖视图的种类及其应用

国家标准规定三种剖视图，分为全剖视图、半剖视图和局部剖视图。

1. 全剖视图

用剖切面完全地剖开机件所得的剖视图。如图 6-13c 中的主视图就是全剖视图。当机件的内部结构较复杂，外形较简单时，常采用全剖视图表达机件内部的结构形状。

[例 6-5]　将图 6-16a 中的主视图改画成全剖视图。

分析　机件的结构前后对称，孔槽的中心线处于同一平面内，用一个通过对称面的剖切面将机件剖开，即可得全剖视图。

作图　用前后对称中心面将机件剖开，机件的槽和孔均能剖到，将主视图的虚线画为实线，其他视图中的虚线可省略不画，如图 6-16b 所示。

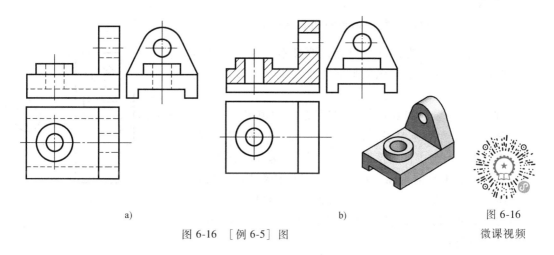

a)　　　　　　　　　　　　　　　b)　　　　　　　　　　图 6-16

图 6-16　[例 6-5] 图　　　　　　　　　　　　　　微课视频

2. 半剖视图

当机件具有对称平面时，画与对称平面垂直的投影面上的剖视图，可以以对称中心线即细点画线为界，一半画成剖视图表达内形，另一半画成视图表达外形，从而达到在一个图形上同时表达机件内外结构的目的，如图 6-17 的主视图和俯视图所示。

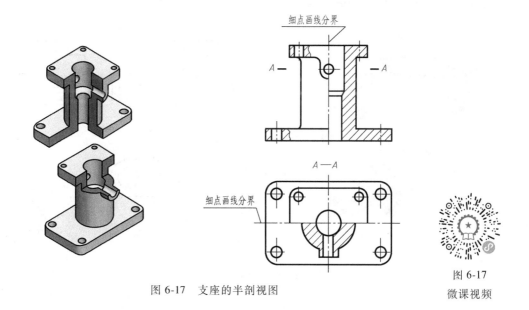

图 6-17　支座的半剖视图　　　　　　　　　　图 6-17　微课视频

画半剖视图时应注意如下事项。

1）半个视图和半个剖视图的分界线只能是细点画线，不能画成粗实线。半剖视图的标注方法与全剖视图相同，如图 6-17 所示。习惯上人们往往将左右对称图形的右半边画成剖视图，而前后对称的图形则将前半部分画成剖视图。

2）半剖视图中，机件的内部形状已在半个剖视图中表达清楚，因此在表达外形的半个视图中一般不再画出虚线。但对于孔或槽应画出中心线，并且对于那些在半剖视图中未表示清楚的结构，可以在半个视图中作局部剖视，如图 6-17 主视图中两处局部剖。

思考

若将图 6-17 中的主视图画为视图，应如何表达？

3）当机件的结构接近于对称，而且不对称的部分另有图形表达清楚时，也可画成半剖视图，如图 6-18 所示的带轮。

[例 6-6] 画如图 6-19a 所示机件的半剖视图。

分析 该机件为盖子，按如图 6-19a 所示位置放置，以箭头所指方向为主视图投射方向，用三个基本视图表达。

主视图采用半剖视图，机件上部凸台的结构不对称，但整体形状接近对称（左右基本对称），不对称部分在俯视图中可表示清楚，内部的孔槽结构在半个剖视图中表达，半个视图表达外形。

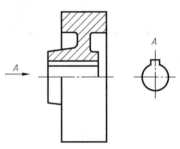

图 6-18 带轮的半剖视图

俯视图采用视图，将机件凸台及其上孔的形状和位置，左、右耳板及其上孔的形状和位置表达清楚。

左视图采用半剖视图，机件前后对称，半个剖视图表达内部孔槽及孔的相贯情况，半个视图表达外形，即可表达清楚左右两个耳板的外形，也可表达清楚内部孔槽的结构。

作图 作图结果如图 6-19b 所示。

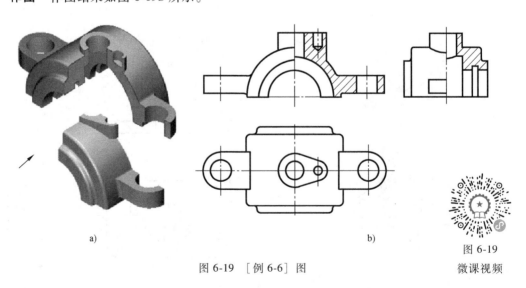

a)   b)

图 6-19 [例 6-6] 图

图 6-19 微课视频

3. 局部剖视图

用剖切面局部地剖开机件所得的剖视图，称为局部剖视图，如图 6-20 所示。

局部剖视图不受图形是否对称的限制，在哪个部位剖切、剖切面有多大，均可根据机件的实际结构选择，是一种比较灵活的表达方法，运用得当可使图形简洁清晰。

局部剖视图适用于下列情况。

1）当不对称机件的内、外形均需表达，或者只有局部结构内形需要表达，又不宜采用全部视时，如图 6-20 所示。

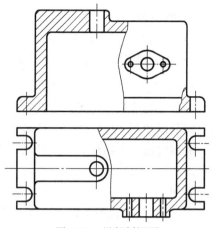

图 6-20　局部剖视图

2）当图形的对称中心线或对称平面与轮廓线的投影重合时，要同时表达内外结构形状，又不宜采用半剖视图，这时可采用局部剖视图，其原则是保留轮廓线，如图 6-21 所示。

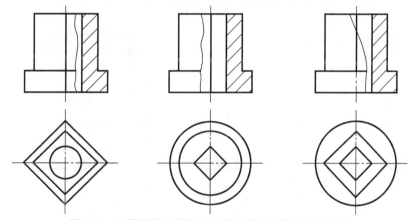

图 6-21　机件棱线投射与对称线重合的局部剖视图画法

3）当实心机件（如轴、杆等）上面的孔或槽等局部结构需剖开表达，如图 6-22 所示。画局部剖视图时注意：①当被剖结构为回转体时，允许将该结构的中心线作为局部剖视图与视图的分界线，如图 6-23 所示；②单一剖切平面的剖切位置明显时，局部剖视图的标注可省略，如图 6-20、图 6-21 所示。

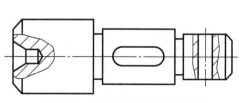

图 6-22　实心杆件局部剖视图

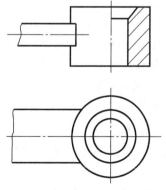

图 6-23　通过回转体轴线的局部剖视图

特别提示

➤ 在一个视图中，局部剖切的次数不宜过多，以免影响图形的清晰度。

➤ 局部剖视图中视图与剖视图的分界线是波浪线，波浪线的画法与图 6-8 相同。

[**例 6-7**] 已知机件的视图如图 6-24a 所示，将主视图和俯视图改画为局部剖视图。

分析 为了表达中间圆柱孔和右上角凸缘上圆柱孔的结构，利用前后对称面将主视图改画为局部剖视图，保留右上角凸缘的外形；为了表达右上角凸缘中圆柱孔的结构及沉孔的深度，利用过凸缘上圆柱孔轴线的水平面将俯视图改画为局部剖视图，保留左侧大圆柱及沉孔的投影。

作图

1）在主、俯视图上确定剖切位置，画出波浪线，并擦去波浪线内不必要的图线，如图 6-24b 所示。

2）将主、俯视图中其余的虚线改画为粗实线。局部剖视的剖面区域内画剖面线，如图 6-24c 所示。

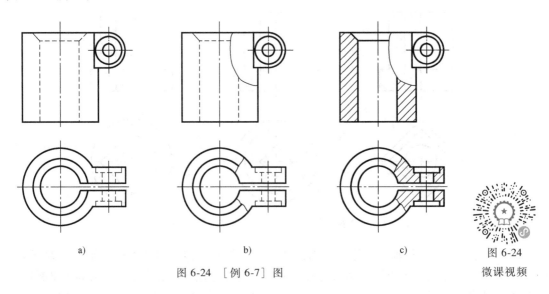

a)   b)   c)   图 6-24

图 6-24 [例 6-7] 图   微课视频

五、剖切面种类

由于机件内部结构形状多种多样，仅用一个与基本投影面平行的平面剖切是不够的，为此，国家标准《机械制图》规定了单一剖切面、几个相交的剖切面、几个相互平行的剖切面、复合剖切面等多种剖切方法。

1. 单一剖切面

用一个剖切面剖开机件的方法称为单一剖。

（1）单一剖切面剖切 用一个平行于基本投影面的剖切面剖开机件，这种剖切方式应用较多，前面讲述的全剖视图、半剖视图和局部剖视图都是用单一剖切面剖切得到的剖视图。

（2）单一斜剖切面剖切 用不平行于任何基本投影面，但却垂直于一个基本投影面的剖切面剖开机件的方法称为斜剖，如图 6-25 所示。斜剖适用于机件上的倾斜结构有内形需表达的情况。

采用斜剖时必须标注，如图 6-25b 中的 $B—B$。斜剖得到的剖视图最好配置在按箭头所指的方向并与原视图保持直接的投影关系的位置上。有时为了画图方便，在不致引起误解的情况下可以将倾斜图形旋转后画出，必须在图形上方加注旋转符号，旋转符号的箭头指向旋转方向，字母标注在箭头侧，如图 6-25b 中的 ⌒$B—B$。

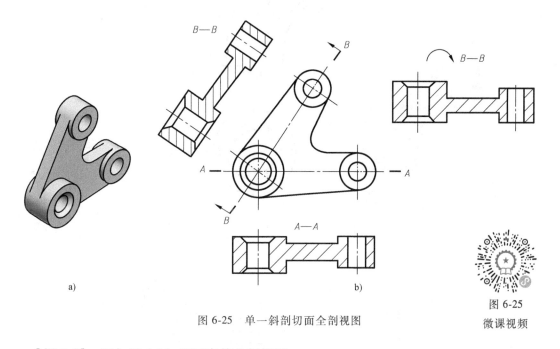

图 6-25　单一斜剖切面全剖视图

图 6-25
微课视频

[例 6-8]　画如图 6-26a 所示弯管的剖视图。

分析　该机件为一空心弯管，下部有圆形底板，上部有方形顶板，其上均有圆孔，此外还有凸台等结构。为了表达弯管的内部结构及其上凸台的结构，主视图采用局部剖；为了表达底板上圆孔的分布以及与弯管的连接，俯视图采用全剖；方形顶板不平行于任何投影面，用一个与顶板上表面平行且通过凸台上小孔中心线的剖切面剖切，即能反映出顶板的形状，也能反映出凸台和小孔的结构。

作图　作图结果如图 6-26b 所示。

2. 几个相交的剖切面

用相交的剖切面（交线垂直于某一投影面）剖开机件，这样获得剖视图的方法俗称为旋转剖，如图 6-27 所示。

采用这种方法画剖视图时，先假想按剖切位置剖开机件，然后将被剖开的结构及有关部分旋转到与选定的投影面平行后再进行投射。如图 6-27 中细双点画线所表示出的部分，但在实际绘图时不画出来。处在剖切面后方的其他结构一般仍按原位置投影，如图 6-27 中小油孔。

当剖切后产生不完整要素时，应将此部分按不剖绘制，如图 6-28 所示的臂。

用相交的剖切面剖得的剖视图必须标注，在剖切平面的起讫和转折处应标注相同的字母，如图 6-27、图 6-28 所示。旋转剖在起讫处应画箭头表示投射方向。

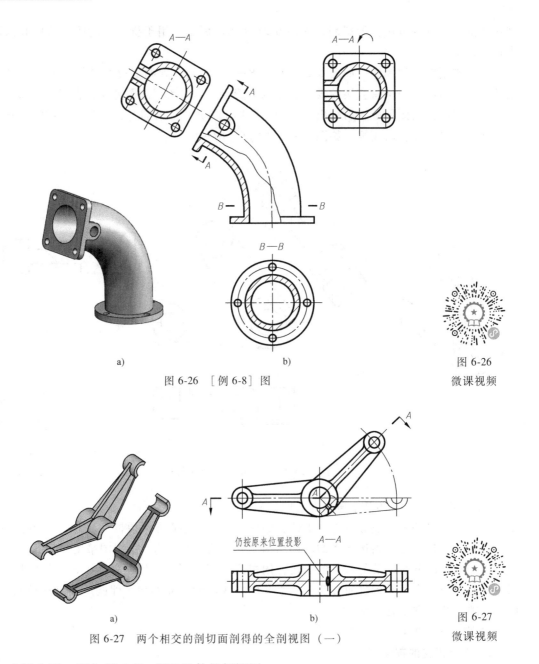

图 6-26 ［例 6-8］图

图 6-26
微课视频

图 6-27 两个相交的剖切面剖得的全剖视图（一）

图 6-27
微课视频

［例 6-9］ 画如图 6-29a 所示机件的剖视图。

分析 该机件为圆盘形，若采用单一剖切面剖切，能把上、下小孔和中间槽的结构表达清楚，但机件圆周的阶梯孔表达不出来。为了在剖视图中表达出所有孔槽的结构，可采用两个相交的剖切面剖切机件。

作图

1) 确定剖切位置，使一个剖切面通过小圆孔的轴线，另一剖切面通过阶梯孔的轴线，将剖开阶梯孔的平面旋转至平行于正面进行投射，如图 6-29b 所示。

2) 画出全剖视图，并进行标注，如图 6-29c 所示。

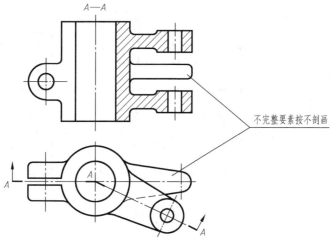

图 6-28 两个相交的剖切面剖得的全剖视图（二）

不完整要素按不剖画

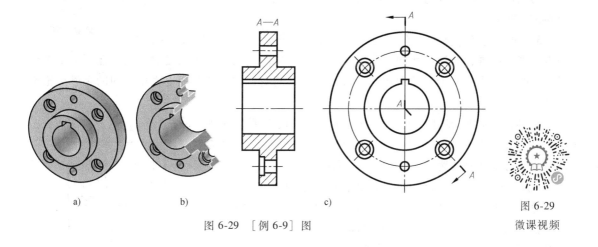

a) b) c)

图 6-29 ［例 6-9］图

图 6-29
微课视频

特别提示

画两个相交剖切面剖切的视图时，应先旋转，后作图。

3. 几个平行的剖切面

用两个或多个相互平行，且平行于基本投影面的剖切面剖切机件的方法俗称为阶梯剖。

［**例 6-10**］ 画出如图 6-30a 所示机件的全剖视图。

分析 该机件内部孔的轴线位于几个相互平行的平面上，用一个正平剖切面无法将其都剖到，因此可采用两个相互平行的正平剖切面剖切，如图 6-30a 所示。

作图

1）确定剖切位置，使一个剖切面过左侧阶梯孔的轴线，另一个剖切面过右侧其中一个通孔的轴线，如图 6-30a 所示。

2）画出的全剖视图如图 6-30b 所示。

画阶梯剖时应注意如下事项。

1）剖切是假想的，在剖视图中不应画出剖切面转折处的界线，如图 6-30c 所示全剖视

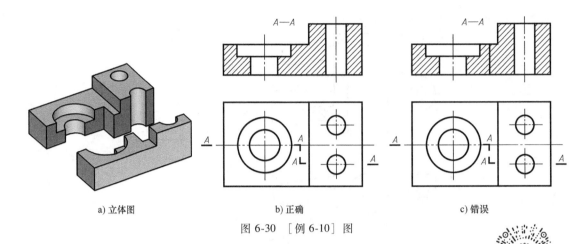

a) 立体图　　　　　　b) 正确　　　　　　c) 错误

图 6-30　［例 6-10］图

图是错误画法。

2）各剖切面相互连接而不重叠，转折符号应画成直角且对齐，如图 6-30b 所示。

3）阶梯剖必须标注，在剖切面的起始、转折和终止的地方，用剖切符号表示剖切位置，并注写相同的字母；在剖切符号两端用箭头表示投射方向，在剖视图按投影关系配置，中间又无其他图形隔开时，可省略箭头；在剖视图的上方用相同的字母标出名称"×—×"。

4）阶梯剖中不应出现不完整的要素。仅当两个要素在图形上具有公共对称中心线或轴线时，可以各画一半，此时应以对称中心线或轴线为界，如图 6-31 所示。

［例 6-11］　画如图 6-32a 所示机件的全剖视图。

分析　由于机件的阶梯孔与 U 形槽的中心线不在同一平行于投影面的平面，要想表达出内部结构就要用两个相互平行的剖切面剖切，这样既能剖到 U 形槽，又能剖到阶梯孔，同时与阶梯孔相贯的小孔的结构也能表达出来。

作图

1）选择剖切位置，过 U 形槽的前后对称面作一个剖切面，过左前方阶梯孔和轴线、侧垂的小圆孔的轴线作另一个剖切面，如图 6-32a 所示。

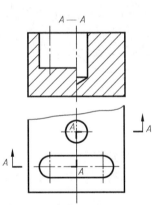

图 6-31　各画一半的阶梯剖视图

2）画图并标注，如图 6-32b 所示。

阶梯剖适用于表达外形较简单，内形较复杂且难以用单一剖切面剖切表达的机件。

4. 复合剖切面

当机件的内部结构比较复杂，用上述的一种剖切方法不能完全清楚地表达其内部结构时，可采用几种剖切面的组合，这种剖切方法俗称为复合剖，如图 6-33 所示。

［例 6-12］　采用适当的剖切方法，画如图 6-34a 所示模板的全剖视图。

分析　模板内部孔较多，且孔的中心线不在同一平面内，单独使用旋转剖、阶梯剖不能完全表达内形，只有用复合剖才能把四种内部孔表示清楚。

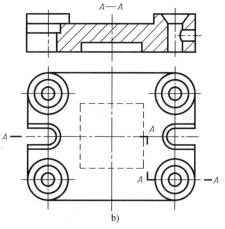

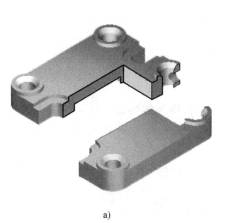

a)

b)

图 6-32　［例 6-11］图

图 6-32

微课视频

作图

1) 确定剖切位置，如图 6-34a 所示，用三个剖切面剖开机件。

2) 画出全剖的主视图，俯视图用视图表达各孔的位置、形状及剖切面的位置，如图 6-34b 所示。

应该明确的是，剖视图的种类是由机件的表达需要决定的。根据机件是否仅需要表达内部结构、内部形状，还是内外形都需要表达，来选择剖视图的种类，而剖切面的种类则是根据机件内部结构的具体情况来选择

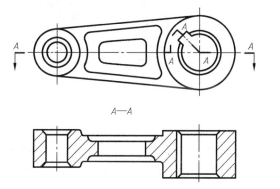

图 6-33　复合剖切的全剖视图

的。因此，不论采用何种剖切方法，都可以根据表达的需要画成全剖、半剖或局部剖视图。

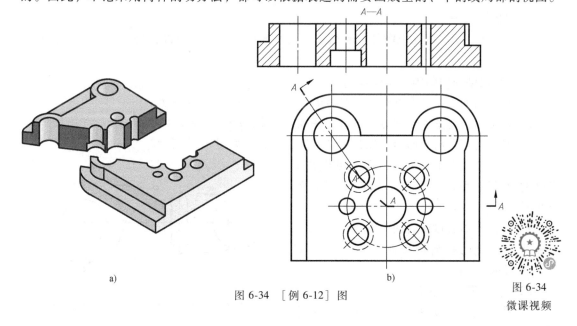

a)

b)

图 6-34　［例 6-12］图

图 6-34

微课视频

第三节　断　面　图

一、基本概念

假想用剖切面将机件的某处切断，仅画出该剖切平面与物体接触部分的图形，称为断面图（简称断面），如图 6-35 所示。断面图是用来表达机件某一局部断面形状的图形。

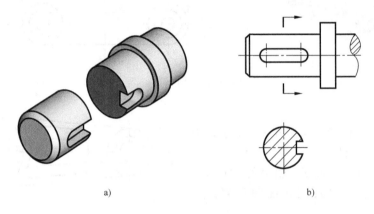

a)　　　　　　　　　　　　　　b)

图 6-35　断面图的概念

断面图与剖视图的区别在于断面图只画切断面的形状，而剖视图则是将剖切面与剖切面后方的可见轮廓一齐向投影面投射而形成的。

二、断面图的种类

根据 GB/T 4458.6—2002，断面图分为移出断面图和重合断面图两种。

1. 移出断面图

如图 6-35 所示，画在视图外的断面图称为移出断面图。移出断面图的轮廓线用粗实线绘制。

（1）移出断面图的画法及配置原则

1）移出断面图通常配置在剖切符号的延长线上，如图 6-35 所示。

2）移出断面的图形对称时，也可画在视图的中断处，如图 6-36 所示。

3）必要时，移出断面图可配置在其他适当位置，如图 6-37 所示。

4）由两个或多个相交的剖切面切断机件得出的移出断面图，中间一般应断开，如图 6-38 所示。

5）当剖切面通过回转而形成的孔或凹坑的轴线时，则这些结构按剖视图绘制，如图 6-39 所示。

（2）移出断面的标注

1）移出断面一般用剖切符号表示切断位

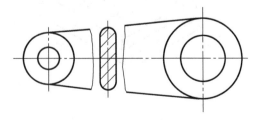

图 6-36　移出断面图形对称的画法

置，用箭头表示投射方向，并注上字母。在断面图的上方用同样的字母标出相应的名称
"×—×"。经过旋转得到的断面图应加注旋转符号"⌒"，如图 6-37 所示。

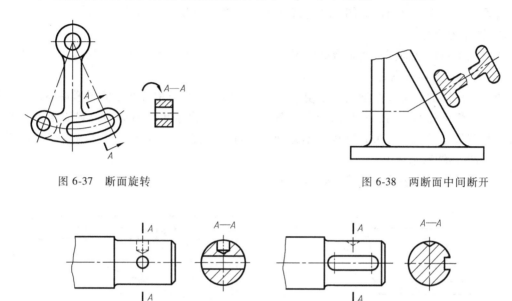

图 6-37　断面旋转　　　　　　　　　　　　　图 6-38　两断面中间断开

图 6-39　移出断面中孔和凹坑的画法

2）配置在剖切符号延长线上的不对称移出断面不必标注字母，如图 6-35b 所示。

3）不配置在剖切符号延长线上的对称移出断面，以及按投影关系配置的移出断面，一般不必标注箭头，如图 6-39 所示。

特别提示

当剖切面通过非圆孔时，会导致出现完全分离的剖面区域，这些结构应按剖视图要求画出，如图 6-37 所示。

[例 6-13]　画出如图 6-40 所示轴的断面图并标注。

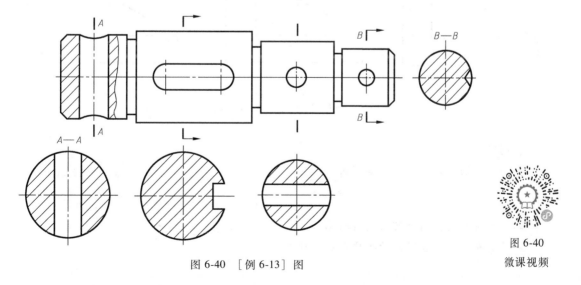

图 6-40　[例 6-13]图

图 6-40

微课视频

　　分析　轴上有四处孔和槽，由左至右分别是上下通孔、前面的键槽、前后通孔和前面的小坑，这些部位在画图时都应表达清楚。因此用移出断面图来表达各处的形状。

　　作图　画出四个移出断面图，并进行标注，如图 6-40 所示。

　　2. 重合断面图

　　画在视图内的断面图称为重合断面图。重合断面图可理解为将断面形状绕剖切面的迹线旋转 90°后，再放回视图之内。

　　重合断面图的轮廓线用细实线绘制。当视图中的轮廓线与重合断面的图形重叠时，视图中的轮廓线仍应连续画出，不可间断，如图 6-41 所示。由于重合断面的位置固定，因此配置在剖切符号上的不对称重合断面图不必标注字母，如图 6-41 所示。对称的重合断面不必标注，如图 6-42 所示。

　　断面图一般用来表达孔、槽、轮辐、肋板等结构。

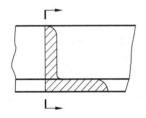

图 6-41　重合断面图

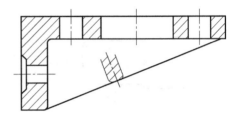

图 6-42　肋板的重合断面图

　　[**例 6-14**]　比较图 6-43 所示机件上肋板的移出断面图和重合断面图。

　　分析

　　1）如图 6-43b 所示为移出断面图，画在视图外，轮廓线用粗实线绘制，断裂处有波浪线。

　　2）如图 6-43c 所示为重合断面图，画在视图内，轮廓线用细实线绘制，断裂处无波浪线。

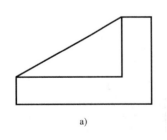
　　　　　　a)

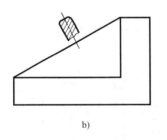
　　　　　　b)

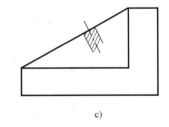
　　　　　　c)

图 6-43　[例 6-14]图

特别提示

重合断面图的比例应与基本视图一致。

思考

➤ 断面图与剖视图有何区别与联系。

➤ 移出断面和重合断面的主要区别是什么？

第四节　局部放大图和图样简化画法

一、局部放大图

当机件上的某一细小结构表达不清楚或难于标注尺寸时，可以将机件的部分结构用大于原图形所采用的比例画出，得到的图形称为局部放大图。

局部放大图可画成视图、剖视图、断面图，它与被放大部分的原表达方式无关。局部放大图应配置在被放大部分的附近，如图 6-44 所示。

绘制局部放大图时，应用细实线圈出被放大部分，当同一机件上有几个被放大部分时，必须用罗马数字依次标出被放大的部位，并在局部放大图的上方标注出相应的罗马数字和所采用的比例，用细横线上下分开标出，如图 6-44 所示。当机件上只有一处放大时，局部放大图只需注明放大图的比例。同一机件上不同部位局部放大图相同或对称时，只需画出一个，如图 6-45 所示。

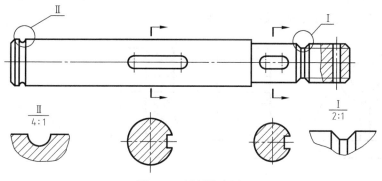

图 6-44　局部放大图

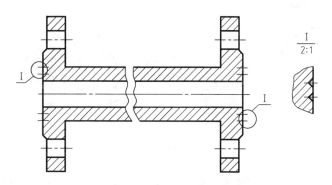

图 6-45　局部放大图相同的画法

特别提示

局部放大图的比例是图形中机件要素的线性尺寸与实际机件相应要素的线性尺寸之比，而不是与原图形所采用的比例之比。

二、简化画法

简化画法可以减少绘图工作量，提高绘图速度和图样的清晰度，便于读图。国家标准（GB/T 16675.1—2012）明确规定了图样的简化原则及简化画法。

简化原则：保证不致引起误解和不会产生理解的多样性；便于识读和绘制。

基本要求有如下几点。

1）应避免不必要的视图和剖视图，如图6-46所示，通过标注尺寸15、$\phi42$、$\phi68$ 和 $3×\phi8EQS$，只用一个视图就能充分表达机件结构和形状。

2）在不致引起误解时，应避免使用虚线表示不可见结构。

3）尽可能使用有关标准中规定的符号表达设计要求。

4）尽可能减少相同内容的重复绘制。

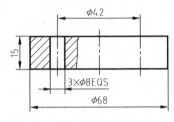

图 6-46　避免不必要的视图举例

1. 视图、剖视图、断面图中的简化画法

1）对于机件的肋板、轮辐及薄壁等，如按纵向剖切，这些结构都不画剖面符号，而用粗实线将它与其邻接部分分开，如图6-47所示。

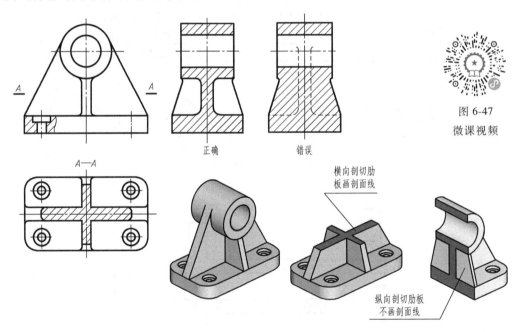

图 6-47　剖视图中肋板的画法

当机件回转体上均匀分布的肋板、轮辐、孔等结构不处于剖切面上时，可将这些结构旋转到剖切面位置画出，且不必标注，如图6-48所示。

2）圆柱形法兰和类似结构的机件上均匀分布的孔可按如图6-49所示画法表示（在机件外向该法兰端面方向投影）。

3）在不引起误解时，过渡线、相贯线允许简化，如用圆或直线代替非圆曲线，如图6-49所示两个孔相贯产生的相贯线的画法。

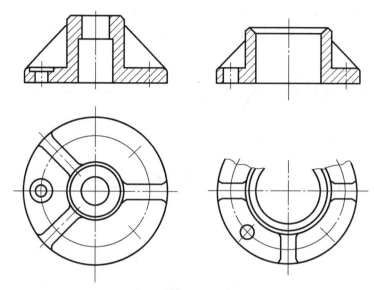

图 6-48　剖视图中均布轮辐的画法

4）当图形不能充分表达平面时，可用两条相交的细实线所画的平面符号表示，如图 6-50 所示。

5）机件上对称结构的局部视图可按如图 6-51 所示画法表示。

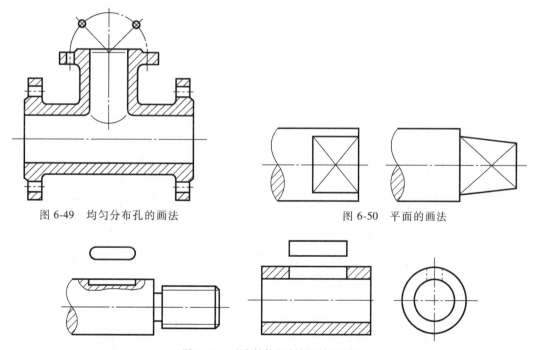

图 6-49　均匀分布孔的画法　　　　图 6-50　平面的画法

图 6-51　对称结构局部视图的画法

2. 对相同结构和小结构的简化

1）当机件具有若干相同结构（如齿、槽）并按一定规律分布时，只需画出几个完整的结构，其余用细实线连接，但必须在图中注出该结构的总数，如图 6-52a 所示。

2）直径相同且按一定规律分布的孔（螺纹孔、沉孔等），可仅画出一个或几个，其余的只需用细点画线表示其中心位置，且应注明孔的总数，如图 6-52b 所示。

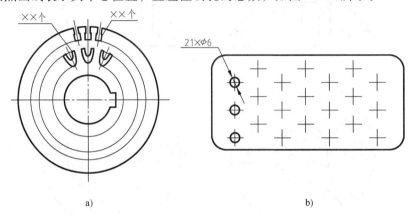

a)　　　　　　　　　　　　　　　　b)

图 6-52　相同要素的简化画法

3）机件上的较小结构，如在一个视图中已表示清楚，则在其他视图可省略或简化。如图 6-53 中的小圆锥孔，它在主视图上的投影只画了两个圆，在俯视图上小圆锥孔与内外圆柱面的相贯线允许简化，用直线代替非圆曲线。

4）机件上斜度不大的结构，如在一个视图中已表达清楚时，在其他视图中可按小端画出，如图 6-54 所示。

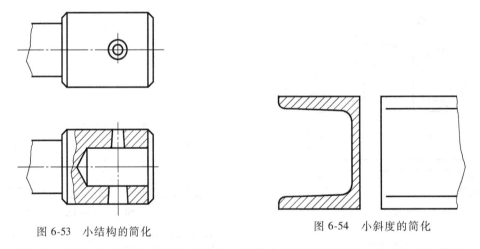

图 6-53　小结构的简化　　　　　　　图 6-54　小斜度的简化

5）网状物、编织物或机件上的滚花部分，用粗实线局部地画出，如图 6-55 所示。

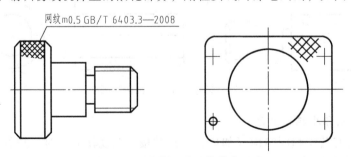

网纹m0.5 GB/T 6403.3—2008

图 6-55　网状物、滚花的简化画法

6）在不致引起误解时，机件上的小圆角、锐边倒圆角或 45°小倒角允许省略不画，但必须注明尺寸或在技术要求中加以说明，如图 6-56 所示。

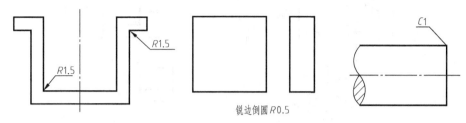

图 6-56　小圆角、小倒角的简化

3. 较长机件的简化画法

较长的机件（轴、杆件、型材等）沿长度方向的形状一致或按一定规律变化时，可断开后缩短绘制，如图 6-57 所示。

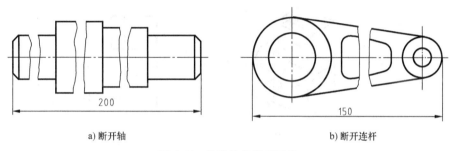

a) 断开轴　　　　　　　　　　　b) 断开连杆

图 6-57　长机件的断开画法

特别提示

采用断开画法进行标注时，尺寸应是实际长度。

三、第三角画法

世界各国的技术图样有两种画法：第一角画法和第三角画法。我国国家标准（GB/T 17451—1998）规定：技术图样应采用正投影法绘制，并优先采用第一角画法。世界上多数国家都是采用第一角画法，但是，美国、日本、加拿大等国采用第三角画法。为便于国际的技术交流与合作，应学习第三角画法的有关知识。

1. 物体在投影体系中的位置

如图 6-58 所示为三个相互垂直相交的投影面将空间分为八个部分，每部分为一个角，依次为Ⅰ～Ⅷ分角。

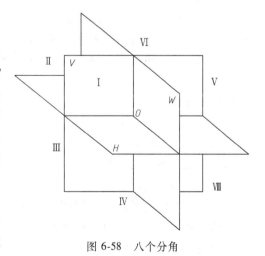

图 6-58　八个分角

第一角投影是将物体放在第Ⅰ分角内，按人—物—图的关系进行投影，如图 6-59 所示。而第三角投影是将物体放在第Ⅲ分角内，按人—图—物的关系进行投影，如图 6-60 所示。

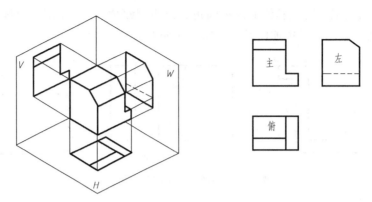

图 6-59　第一角投影的画法及展开

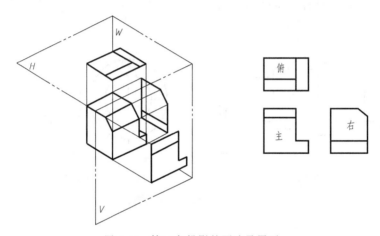

图 6-60　第三角投影的画法及展开

2. 视图的配置

第一角视图与第三角视图都是将物体放在投影面体系中，向六个基本投影面进行投射，得到六个基本视图，视图的名称相同。由于六个基本投影面展开方式不同，基本视图的配置关系也不同，第一角投影与第三角投影的各个视图与主视图的配置关系对比如下：

第一角投影	第三角投影
俯视图在主视图的下方	俯视图在主视图的上方
左视图在主视图的右方	左视图在主视图的左方
右视图在主视图的左方	右视图在主视图的右方
仰视图在主视图的上方	仰视图在主视图的下方
后视图在主视图的右方	后视图在主视图的右方

第三角投影的俯视图、仰视图、左视图、右视图靠近主视图的一侧，均表示物体的前面，远离主视图的一侧，均表示物体的后面，如图 6-61 所示。

3. 视图的标识符号

为了识别第三角画法与第一角画法，规定了相应的识别符号，如图 6-62 所示。该符号一般标在所画图纸标题栏中。

采用第三角画法时，必须在图中画出第三角标识符号；采用第一角画法时，在图样中一

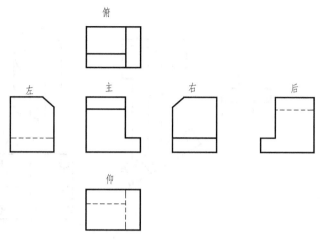

图 6-61　第三角投影的基本视图配置

a) 第三角画法符号　　　　　　　b) 第一角画法符号

图 6-62　第三角和第一角画法标识符号

般不必画出第一角标识符号，但在必要时也需画出。

第五节　表达方法应用举例

机件的结构形状多种多样，表达方法也各不相同，在实际的应用中，应当根据机件的不同结构特点，在完整、清晰地表达机件各部分结构形状的前提下，力求制图简便。在确定一个机件的表达方案时，要恰当地选用各种表达方法，对于同一个机件来说可能有几种表达方法，应比较之后，选择最佳方案。在表达机件时应注意如下几点。

1）选好主视图。主视图是整个表达方案的核心，它影响表达方案的优劣。

2）选择必要的其他视图。为了把机件的内外结构形状、相对位置表达清楚，应考虑选择俯视图、左视图等基本视图，并补充局部视图、斜视图、局部剖视图、断面图及简化画法等。

3）视图表达方案一定要和表达方法同时考虑，并优先在基本视图上做剖视。

4）所选择的每个视图都要有表达的重点，各视图之间又要有紧密的联系。

[例 6-15]　选择如图 6-63a 所示支架的表达方法。

分析　由图可知支架是由三部分组成的：上部圆筒、底座和连接上下两部分的十字肋板。

为了表达支架的内外结构形状，采用四个视图表达该机件。主视图采用两处局部剖，既表达了圆筒、十字肋板和倾斜底板的外部结构形状与相对位置，又表示了圆筒的内部结构和斜底板上的通孔的结构。

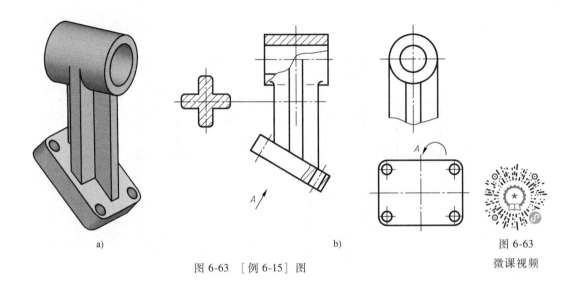

a)　　　　　　　　　　　b)　　　　　　　图 6-63
图 6-63　［例 6-15］图　　　　　　　　　微课视频

　　为表达清楚上部圆筒和十字肋板的相对位置关系，采用一个局部视图。为表达肋板的断面形状，采用一个移出断面图。为表示底板的实形和底板上小孔的分布情况，采用 A 向斜视图。确定的表达方法如图 6-63b 所示。

　　［例 6-16］　分析如图 6-64a 所示机件（阀体）的两种表达方案（图 6-64b、图 6-64c）。

　　分析　第一种表达方案如图 6-64b 所示，主视图采用全剖视，表达了内腔的结构形状；俯视图为 A—A 半剖视，既表达了顶部圆盘形状和小孔结构，又表达了中间圆柱体与底板的形状和小孔结构；肋板结构形状的表达采用了重合断面图；左视图也为半剖视，表达了凸缘的形状与阀体的内腔形状。

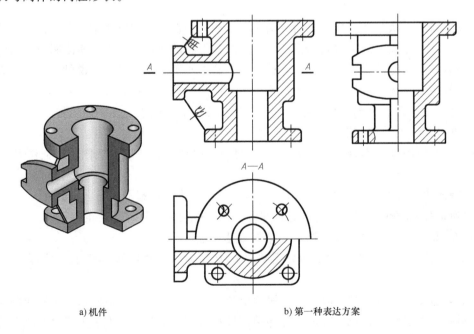

a)机件　　　　　　　　　b)第一种表达方案

图 6-64　［例 6-16］图

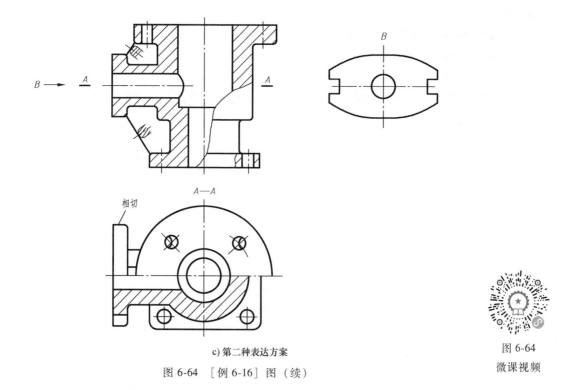

c) 第二种表达方案

图 6-64　[例 6-16] 图（续）

图 6-64
微课视频

第二种方案如图 6-64c 所示，是在第一种方案的基础上改进的，由于第一种表达方案的左视图与主视图所表达的内容有不少重复之处，因此此方案省略了左视图，而用 B 向局部视图表达凸缘的形状；主视图采用了局部剖视图，表达了内腔形状和底板上的小孔。

经比较第二种方案更为简明。

小　结

1）视图表达机件的外形，主要表达方法有四种。

基本视图：表达平行于基本投影面的外形，按规定配置，不加标注。

向视图：表达某一方向的视图，在视图上标注"×"或视图的名称。

局部视图：表达平行于基本投影面的局部外形。用带字母的箭头标明投影方向，局部视图上方标相同字母"×"，最好配置在箭头所指的位置。

斜视图：表达倾斜结构的外形，标注和配置同局部视图。

2）剖视图表达机件的内部形状，剖视图的种类有三种。

全剖视图：适用于内形复杂，又不对称或结构对称，但外形简单的机件。

半剖视图：适用于内、外形都需表达，结构对称或结构基本对称，不对称部分已表达清楚时，以细点画线分开，一半画剖视图，一半画视图。

局部剖视图：适用于内、外形都需表达，结构又不对称或结构虽对称但对称面处有轮廓线的机件，可用波浪线分界，部分画剖视图、部分画视图。

3）剖切方法有单一平面剖切、旋转剖、阶梯剖和复合剖。仅当剖切面与机件对称重合时可不标注外，其余皆需标注。

4）断面图表达机件断面形状，断面图的种类有两种。

移出断面图：画在视图外，轮廓线用粗实线绘制。

重合断面图：画在视图内，轮廓线用细实线绘制。

5）视图的其他表达方法，如局部放大图、简化画法等均为国家标准有所规定的，画图时必须按规定画出。

第七章

标准件、常用件的表达方法

▶【知识目标】

- 了解螺纹要素的种类，掌握螺纹的标记及规定画法。
- 熟悉常用螺纹紧固件的类型及规定画法。
- 熟悉常用螺纹连接的类型及连接图的画法。
- 熟悉销、键的标记和连接图的画法。
- 熟悉滚动轴承的结构、类型、标记及画法。
- 了解齿轮及齿轮传动的类型、结构特点及应用，掌握直齿圆柱齿轮及其啮合的画法。
- 了解弹簧的类型、结构、参数及画法。

▶【能力目标】

- 能熟练绘制螺纹紧固件和各种螺纹连接图，并正确标注。
- 能按规定绘制销、键的连接和滚动轴承的视图，并正确标注。
- 能熟练绘制直齿圆柱齿轮的工作图及啮合图。

在各种机器设备上经常用到标准件，如螺栓、螺钉、垫片、销、键、滚动轴承等，由于这些零件应用广泛，使用量大，因此国家标准对它们的结构、画法、尺寸、代号等都有明确的规定。机器设备上也有很多常用件，如齿轮、弹簧等，国家标准对其部分结构及尺寸参数进行了标准化。

第一节　螺纹及螺纹紧固件

一、螺纹的形成、要素和结构

1. 螺纹的形成

螺纹是在圆柱（锥）表面上，沿着螺旋线所形成的、具有相同剖面的连续凸起和沟槽。实际上可认为是由平面图形（三角形、梯形、锯齿形等）沿圆柱（或圆锥）表面做螺旋运动的轨迹，如图 7-1a 所示。在圆柱（锥）外表面上所形成的螺纹称外螺纹，如图 7-1b 所示；在圆柱（锥）内表面上所形成的螺纹称内螺纹，如图 7-1c 所示。加工螺纹的方法很多，如图 7-2 所示是车削内、外螺纹的情形。

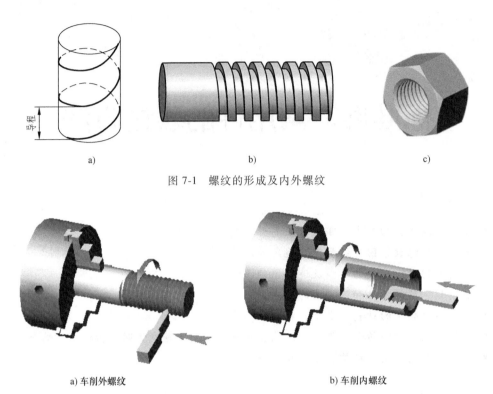

图 7-1 螺纹的形成及内外螺纹

a) 车削外螺纹   b) 车削内螺纹

图 7-2 车削内、外螺纹

2. 螺纹的基本要素

（1）螺纹牙型 在通过螺纹轴线的断面上，螺纹的轮廓形状，称为螺纹牙型。螺纹牙型有三角形、梯形、锯齿形和矩形等，如图 7-3 所示，不同的螺纹牙型有不同的用途。

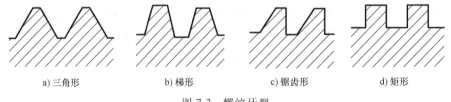

a) 三角形   b) 梯形   c) 锯齿形   d) 矩形

图 7-3 螺纹牙型

（2）螺纹直径

1）大径（公称直径）是螺纹的最大直径，即与外螺纹牙顶或内螺纹牙底相重合的假想圆柱面的直径，用 d（外螺纹）或 D（内螺纹）表示，如图 7-4 所示。

2）小径是螺纹的最小直径，即与外螺纹牙底或内螺纹牙顶相重合的假想圆柱面的直径，用 d_1（外螺纹）或 D_1（内螺纹）表示，如图 7-4 所示。

3）中径是假想在大径与小径圆柱面之间有一圆柱面，其母线上牙型的沟槽和凸起宽度相等，则此假想圆柱称为中径圆柱，其直径称为中径，用 d_2（外螺纹）或 D_2（内螺纹）表示，是控制螺纹精度的主要参数之一，如图 7-4 所示。

（3）螺纹线数（n） 螺纹有单线（常用）和多线之分，沿一条螺旋线形成的螺纹为单线螺纹；沿轴向等距分布的两条或两条以上的螺旋线所形成的螺纹为多线螺纹，如图 7-5 所示。

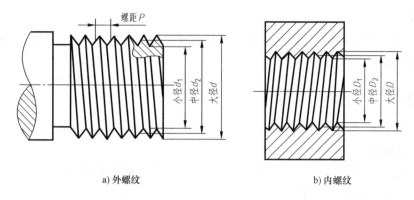

a) 外螺纹　　　　　　　　　　b) 内螺纹

图 7-4　螺纹的大径、小径和中径

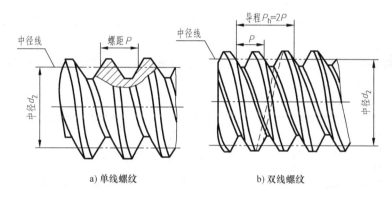

a) 单线螺纹　　　　　　　　　　b) 双线螺纹

图 7-5　螺纹的线数

（4）螺距（P）和导程（P_h）　螺纹相邻两牙在中径线上对应两点间的轴向距离，称为螺距，用 P 表示。同一条螺纹线上相邻两牙在中径线上对应两点间的轴向距离，称为导程，用 P_h 表示。由图 7-5 可知，螺距和导程的关系：

单线螺纹　$P_h = P$　　　多线螺纹　$P_h = nP$

（5）旋向　螺纹分右旋和左旋两种。顺时针旋转时旋入的螺纹，称为右旋螺纹，如图 7-6a 所示。逆时针旋转时旋入的螺纹，称为左旋螺纹，如图 7-6b 所示。工程上常用右旋螺纹。

为便于设计计算和加工制造，国家标准对螺纹要素作了规定。在螺纹要素中，牙型、直径和螺距是决定螺纹的最基本要素，通常称为螺纹三要素。凡螺纹三要素符合标准的螺纹称为标准螺纹。标准螺纹的公差带和螺纹标记均已标准化。螺纹的线数和旋向，如果没有特别注明，则为单线和右旋。

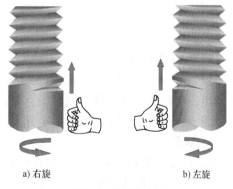

a) 右旋　　　　　　　　b) 左旋

图 7-6　螺纹的旋向

只有螺纹的牙型、直径、螺距、线数和旋向完全相同的内、外螺纹才能相互旋合。

特别提示

国家标准对螺纹结构规定了特殊画法,要想理解并正确掌握螺纹结构的画法,必须了解有关螺纹的基本要素。

二、螺纹的规定画法

《机械制图》国家标准 (GB/T 4459.1—1995) 对螺纹画法进行了详细的规定。

1. 外螺纹的画法

1) 外螺纹不论其牙型如何,在投影为非圆的视图上,螺纹的牙顶(大径)及螺纹终止线用粗实线绘制,如图 7-7a 所示。

2) 牙底(小径)用细实线绘制,小径线在倒角或倒圆部分也应画出。画图时小径尺寸近似地取 $d_1 \approx 0.85d$,如图 7-7a 所示。

3) 在投影为圆的视图中,表示牙底的细实线圆只画 3/4 圈,倒角圆省略不画,如图 7-7a 所示。

4) 画剖视图时,螺纹终止线只画表示牙型高度的一小段粗实线,剖面线应画到粗实线,如图 7-7b 所示。

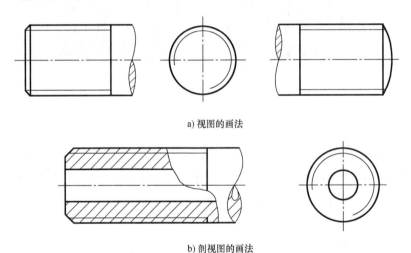

a) 视图的画法

b) 剖视图的画法

图 7-7　外螺纹的规定画法

2. 内螺纹的画法

1) 在投影为非圆的视图上画剖视图时,小径、螺纹终止线用粗实线画出,大径用细实线画出,剖面线画到小径(粗实线)处,如图 7-8a 所示。

2) 在投影为圆的视图上,表示大径的细实线圆只画 3/4 圈,倒角圆省略不画,如图 7-8a 所示。

3) 绘制不穿通的螺纹时应将螺纹孔和钻孔深度分别画出,一般钻孔应比螺纹孔深约 4 倍的螺距,钻孔底部的锥角应画成 120°,如图 7-8a 所示。

4) 表示不可见螺纹时,所有图线均画成虚线,如图 7-8b 所示。

3. 螺尾、倒角及退刀槽

螺尾、倒角及退刀槽是螺纹上常见的结构。在螺纹的制造过程中,刀具接近螺纹末尾时

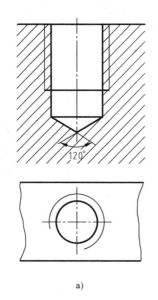

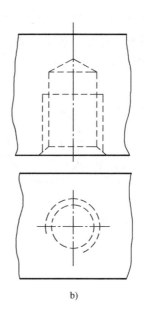

a)　　　　　　　　b)

图 7-8　内螺纹的画法

就会逐渐离开工件，因而在螺纹的尾部形成一段牙底不完整的螺纹，这段螺纹称为螺尾。螺纹的螺尾一般不画出，需要时则用与轴线成 30°的细实线画出，如图 7-9a、b 所示。有时为了避免产生螺尾，更为了便于退刀，可预先加工出退刀槽，然后再加工螺纹，如图 7-9c、d 所示。

为了便于装配和防止螺纹起始处损坏，常在螺纹端部加工出倒角，如图 7-9 所示。螺纹的倒角、退刀槽等结构已标准化，具体尺寸可查阅相关标准。

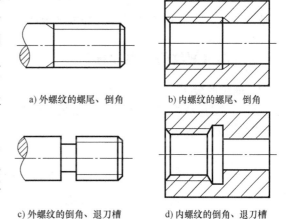

a) 外螺纹的螺尾、倒角　　b) 内螺纹的螺尾、倒角

c) 外螺纹的倒角、退刀槽　　d) 内螺纹的倒角、退刀槽

图 7-9　螺尾、倒角及退刀槽的画法

4. 螺纹孔相贯的画法

螺纹孔和圆柱孔相交时，仅画出牙顶圆柱面与孔的交线，如图 7-10a 所示。螺纹孔与螺纹孔相交时，仅画出牙顶圆柱面的交线，如图 7-10b 所示。

5. 内、外螺纹连接的画法

内、外螺纹旋合在一起称为螺纹连接。当以剖视图表示内、外螺纹连接时，其旋合部分按外螺纹的画法画，其余部分仍按各自的规定画法画出。此外需要注意如下两点。

1）内、外螺纹的大径线要对齐，小径线也要对齐；当剖切平面通过螺

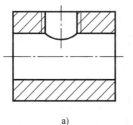

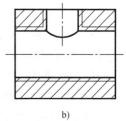

a)　　　　　　　　b)

图 7-10　螺纹孔相贯的画法

杆的轴线时，对于螺柱、螺栓、螺钉、螺母及垫圈等均按未剖切绘制，如图 7-11a 所示。

2）当两零件相连接时，在同一剖视图中，剖面线应倾斜方向相反，或者方向一致但间隔距离不同，如图 7-11b 所示。

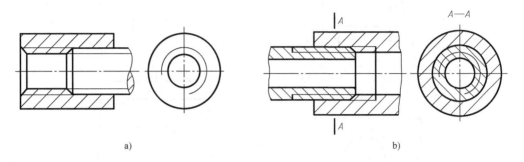

图 7-11　内、外螺纹连接的画法

特别提示

　螺纹结构是零件上常见的标准功能结构要素，国家标准《机械制图 螺纹及螺纹紧固件表示法》（GB/T 4459.1—1995）对螺纹结构规定了特殊画法，以简单易画的图线代替繁琐难画的结构的真实投影，使绘图更加简便、快捷。

三、常用螺纹的分类和标注

1. 螺纹的分类

螺纹按用途分为连接螺纹和传动螺纹两类，前者起连接作用，后者用于传递动力和运动。常用螺纹分类如下。

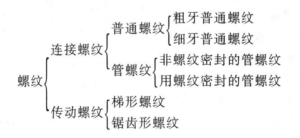

2. 螺纹的标注

螺纹按国家标准的规定画法画出后，还需要用标注代号或标记的方式来说明牙型、公称直径、螺距、线数和旋向等要素。各种常用螺纹的标注方式及示例见表 7-1。

（1）普通螺纹　普通螺纹的牙型角为 60°，有粗牙和细牙之分。在相同的大径下，有几种不同规格的螺距，螺距最大的一种为粗牙普通螺纹，其余为细牙普通螺纹。

螺纹代号：粗牙普通螺纹代号用牙型符号"M"及"公称直径"表示；细牙普通螺纹的代号用牙型符号"M"及"公称直径×螺距"表示。当螺纹为左旋时，用代号"LH"表示，右旋省略标注。

表 7-1 螺纹的牙型、代号和标注示例

螺纹种类		内外螺纹牙型放大图	特征代号	标注示例	说明
连接螺纹	粗牙普通螺纹	内螺纹 60° 外螺纹	M	M16-5g6g	粗牙普通螺纹不标注螺距
	细牙普通螺纹			M10×1-6h	牙型与粗牙相同,但同一大径的螺纹比粗牙的螺距小
	55°非密封管螺纹	内螺纹 55° 外螺纹	G	G1/2A	左旋螺纹标注"LH",右旋不标注
	55°密封管螺纹		Rp R₁ Rc R₂	Rc1/2	Rp 圆柱内螺纹,R₁ 圆锥外螺纹,与圆柱内螺纹旋合 Rc 圆锥内螺纹,R₂ 圆锥外螺纹,与圆锥内螺纹旋合
传动螺纹	梯形螺纹	内螺纹 30° 外螺纹	Tr	Tr18×4	旋合长度分为 N、L 两组,N 省略不注
	锯齿形螺纹	内螺纹 30° 外螺纹	B	B40×14(P7)	

普通螺纹的标记形式为:

| 特征代号 | 公称直径 | × | 螺距 | - | 中径公差带代号 | 顶径公差带代号 | - | 旋合长度代号 | - | 旋向 |

标注时注意:粗牙螺纹允许不标注螺距。旋合长度是指内外螺纹旋合在一起的有效长度,分为短、中、长三种,分别用代号 S、N、L 表示,相应的长度可根据螺纹公称直径及

螺距从标准中查出。当旋合长度为中等时，"N"可省略。当中径与顶径公差带代号相同时，只注一个代号，如 M10×1-7H；当螺纹为中等公差精度，且公称直径大于 1.6mm 时，公差带代号 6g、6H 不标注。

[**例 7-1**]　已知细牙普通螺纹，公称直径为 20mm，螺距为 2mm，左旋，中径公差带代号为 5g，顶径公差带代号为 6g，短旋合长度，试标记该螺纹。

解　其标注形式为：

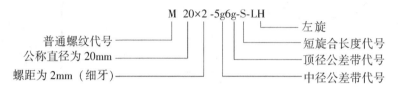

（2）梯形和锯齿形螺纹　梯形螺纹用来传递双向动力，其牙型角为 30°，不按粗细牙分类；锯齿形螺纹用来传递单向动力。梯形螺纹、锯齿形螺纹只标注中径公差带代号；旋合长度只分为 N、L 两组，当旋合长度为 N 时不标注。左旋螺纹增加旋向代号 "LH"，右旋不标注。

单线梯形螺纹的标记形式为：

| 特征代号 | 公称直径 | × | 螺距 | - | 中径公差带代号 | - | 旋合长度代号 | - | 旋向 |

单线锯齿形螺纹的标记形式为：

| 特征代号 | 公称直径 | × | 螺距 | 旋向 | - | 中径公差带代号 | - | 旋合长度代号 |

多线梯形螺纹则将"螺距"改为"导程 P 螺距"，多线锯齿形螺纹则将"螺距"改为"导程（P 螺距）"。

[**例 7-2**]　解释螺纹标记 Tr40×7-6H 的含义。

解　"Tr"表示梯形螺纹，"40"为公称直径，"7"为螺距，旋向没有标注，因此为右旋；"6H"为中径公差带代号，旋合长度省略没有标注，因此为中旋合长度。

（3）管螺纹　在供水、液压、燃气等的管道连接中常用管螺纹，管螺纹分为非密封的内、外管螺纹和密封的管螺纹。管螺纹应标注螺纹特征代号和尺寸代号；非密封的外管螺纹还应标注公差等级。

管螺纹的标记形式为：

| 特征代号 | - | 尺寸代号 | - | 公差等级代号 | - | 旋向 |

标注时注意：尺寸代号不是管子的外径，也不是螺纹的大径，而是指管螺纹用于管子孔径英寸的近似值；公差等级代号对外螺纹分 A、B 两级标注，内螺纹不标注；右旋螺纹的旋向不标注，左旋螺纹标注 "LH"。

在图样上，管螺纹标记一律标注在引出线上，引出线应由大径或对称中心处引出。

[**例 7-3**]　解释螺纹代号 G1/2A 的含义。

解　"G"表示 55°非密封管螺纹，"1/2"为尺寸代号，"A"为 A 级外螺纹，右旋。

（4）非标准螺纹　凡牙型不符合标准的螺纹，称为非标准螺纹。非标准螺纹应画出螺纹的牙型，并标出所需要的尺寸及有关要求，如图 7-12 所示。

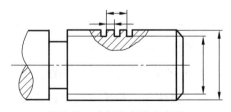

图 7-12　非标准螺纹的标注

四、螺纹紧固件及其连接

1. 螺纹紧固件

螺纹紧固件就是运用一对内、外螺纹的连接作用实现连接紧固功能的一些零部件。螺纹紧固件是标准件，一般由专业化的工厂进行大批量生产，需要时按规定标记直接进行采购，所以一般不必画出它们的零件图。设计者在设计机器时，只在装配图上画出这些标准件，并在明细栏中标出它们的规定标记即可。常用的螺纹紧固件有螺钉、螺栓、螺柱（亦称双头螺柱）、螺母和垫圈等，如图 7-13 所示。

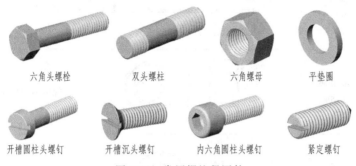

六角头螺栓	双头螺柱	六角螺母	平垫圈
开槽圆柱头螺钉	开槽沉头螺钉	内六角圆柱头螺钉	紧定螺钉

图 7-13　常用螺纹紧固件

紧固件的完整标记由名称、标准编号、螺纹规格、其他直径或特性、公称长度、螺纹长度、产品型式、性能等级、扳拧型式及表面处理等组成。

GB/T 1237—2000《紧固件标记方法》中，规定的螺纹紧固件标记的简化形式为：

名称　　标准编号　螺纹规格或公称尺寸

常用螺纹紧固件的图例及标记见表 7-2。

表 7-2　常用螺纹紧固件的图例及标记

名称和标准	图例及规格尺寸	标记示例
六角头螺栓 A 和 B 级 （GB/T 5782—2016）	M10　30	螺栓 GB/T 5782 M10×30
双头螺柱 （GB/T 897—1988、GB/T 898—1988、 GB/T 899—1988、GB/T 900—1988）	M10　30	螺柱 GB/T 897 M10×30
开槽盘头螺钉 （GB/T 67—2016）	M8　25	螺钉 GB/T 67 M8×25

（续）

名称和标准	图例及规格尺寸	标记示例
开槽沉头螺钉 （GB/T 68—2016）	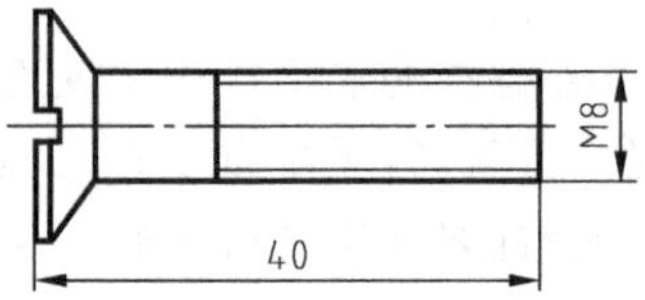 M8　40	螺钉 GB/T 68 M8×40
开槽锥端紧定螺钉 （GB/T 71—2018）	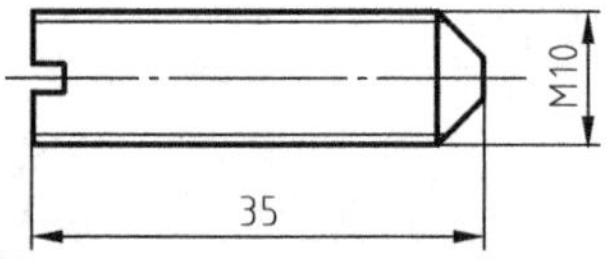 M10　35	螺钉 GB/T 71 M10×35
1 型六角螺母 A 和 B 级 （GB/T 6170—2015）	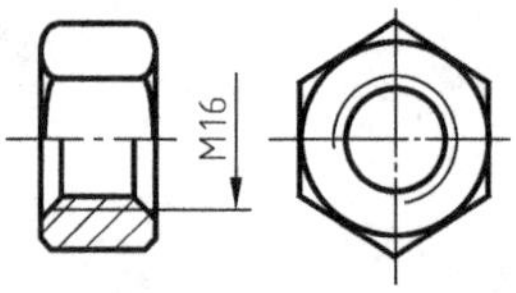 M16	螺母 GB/T 6170 M16
平垫圈 A 级 （GB/T 97.1—2002）	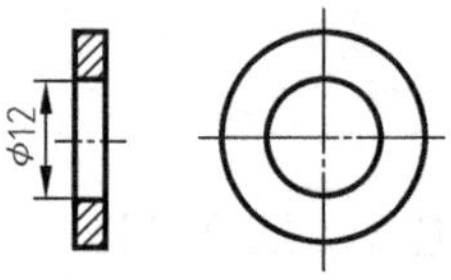 $\phi12$	垫圈 GB/T 97.1 12
弹簧垫圈 （GB/T 93—1987）	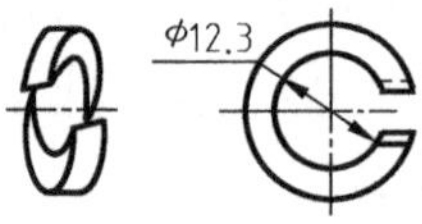 $\phi12.3$	垫圈 GB/T 93 12

2. 螺纹紧固件的画法

（1）查表画法　螺纹紧固件的各部分尺寸均按国家标准规定的数据画图，见附表 4～附表 10。

（2）比例画法　为提高绘图速度，工程实际中常采用比例画法，即将螺纹紧固件各部分的尺寸（公称长度 l 除外）都与公称直径 d（或 D）建立一定的比例关系，并按此比例画图。螺纹紧固件的比例画法如图 7-14 所示。

思考

在画好的螺纹图形上能正确标注螺纹标记吗？

3. 螺纹紧固件连接的画法

螺纹紧固件连接是一种可拆卸的连接，常用的连接形式有：螺栓连接、螺钉连接、螺柱连接等。画图时应遵守如下三条基本规定。

1）两零件的接触面只画一条线，不接触面必须画两条线。

2）在剖视图中，当剖切面通过螺纹紧固件的轴线时，这些零件都按不剖处理，即只画外形，不画剖面线。

3）相邻两被连接件的剖面线方向应相反，必要时可以相同，但必须相互错开或间隔不

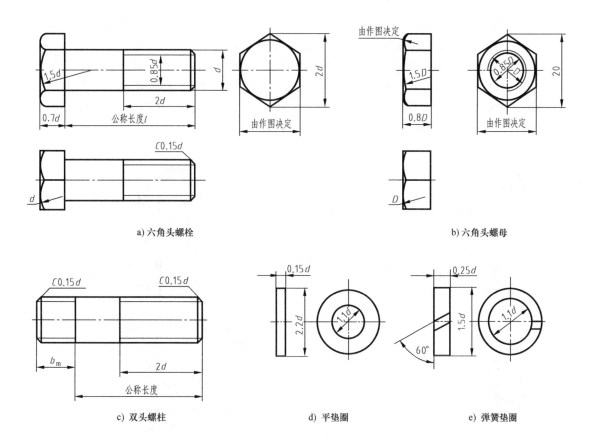

a) 六角头螺栓　　　　　　　　　　　　　　　b) 六角头螺母

c) 双头螺柱　　　　　　　d) 平垫圈　　　　　　　e) 弹簧垫圈

图 7-14　螺纹紧固件的比例画法

一致；在同一张图上，同一零件的剖面线在各个视图上的方向和间隔必须一致。

特别提示

在实际应用中采用螺栓连接、螺柱连接还是螺钉连接，应按需要确定，不论采用哪种连接，其画法都应遵守基本规定。

（1）**螺栓连接的画法**　螺栓连接通常由螺栓、垫圈和螺母三种零件构成，用来连接厚度不大，且允许钻成通孔的零件。在被连接的零件上先加工出通孔，通孔略大于螺栓直径，一般为 $1.1d$。将螺栓插入孔中垫上垫圈，旋紧螺母。画螺栓连接图的已知条件是螺栓的型式规格、螺母、垫圈的标记，被连接件的厚度等。

[例 7-4]　已知两零件厚度分别为 14mm 和 15mm，螺栓 GB/T 5782 M8×L，螺母 GB/T 6170 M8，垫圈 GB/T 97.1 8，画出螺栓连接图。

查表　根据标记查附表 8、附表 9 得螺母、垫圈的尺寸。螺母：$m=6.8$，$e=14.38$；垫圈：$d_2=16$，$h=1.6$。

计算　计算螺栓公称长度

$$L \geqslant \delta_1 + \delta_2 + h + m + a = (14+15+1.6+6.8+2.4)\text{mm} = 39.8\text{mm}$$

式中　δ_1、δ_2——被连接件厚度（设计给定）；

h——垫圈厚度（根据标记查表）；

　　　　m——螺母厚度（根据标记查表）；

　　　　a——螺栓伸出螺母的长度，一般可取 $a = 0.3d$。

　　将计算结果标准化，查附表4取标准公称长度 $L = 40$，$b = 22$，$k = 5.3$。

　　作图　画螺栓连接图。按计算结果绘制的螺栓连接图如图7-15a所示。也可采用比例画法作图，根据螺纹公称直径 d，按 $b = 2d$，$h = 0.15d$，$m = 0.8d$，$a = 0.3d$，$k = 0.7d$，$e = 2d$，$d_2 = 2.2d$ 作图，如图7-15b所示。

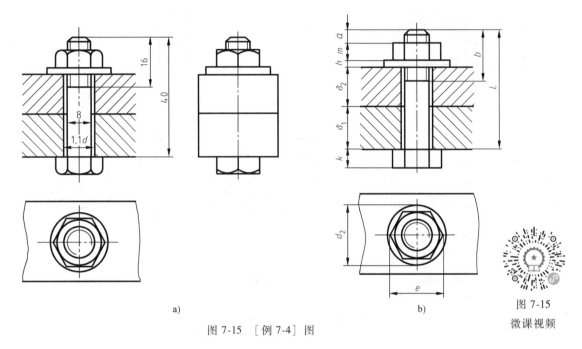

a)　　　　　　　　　　　　　　　　　　　　b)

图7-15

微课视频

图7-15　［例7-4］图

　　（2）双头螺柱连接的画法　当两个连接件中有一个较厚，加工通孔困难时，或者需要频繁拆卸，又不宜采用螺钉连接时，一般用双头螺柱连接。在较薄零件上加工通孔（孔径 = $1.1d$），在较厚的零件上加工出螺纹孔，然后将双头螺柱的一端（旋入端）旋紧在螺纹孔内，再在双头螺柱的另一端（紧固端）套上带通孔的被连接零件和垫圈，拧紧螺母。

　　螺纹孔深度与螺柱的旋入端螺纹长度（b_{m}）有关。用螺柱连接时，应根据被旋入零件的材料选择螺柱的标准号，即确定 b_{m}。钢：$b_{\mathrm{m}} = d$，铸铁或铜：$b_{\mathrm{m}} = (1.25 \sim 1.5)d$，铝：$b_{\mathrm{m}} = 2d$。

　　［例7-5］　已知螺柱 GB/T 898 M10×L，螺母 GB/T 6170 M10，垫圈 GB/T 93 10，上部较薄零件的厚度为12mm，画出螺柱连接图。

　　查表　根据标记查附表8、附表10得螺母、垫圈的尺寸。螺母：$m = 8.4$，$e = 17.77$；垫圈：$d_2 = 16$，$s = 2.6$。

　　计算　计算螺柱公称长度

$$L \geqslant \delta + s + m + a = (12 + 2.6 + 8.4 + 0.3 \times 10)\,\mathrm{mm} = 26\,\mathrm{mm}$$

式中　δ——通孔零件厚度（设计给定）；

　　　　s——垫圈厚度（根据标记查表）；

　　　　m——螺母厚度（根据标记查表）；

a——螺柱伸出螺母的长度，$a = 0.3d$。

将计算结果标准化，查附表 5 取标准公称长度 $L = 30$，$b_m = 12$。

作图　画双头螺柱连接图，如图 7-16 所示，此图按比例画法画出，取 $s = 0.2d$，$D = 1.5d$。

采用螺柱连接时，螺柱的拧入端必须全部地旋入螺纹孔内，为此，螺纹孔的深度应大于拧入端长度，螺纹孔深一般取 b_m 加 $0.5d$，即 $b_m + 0.5d$，孔的深度为 $b_m + d$，如图 7-17 所示。

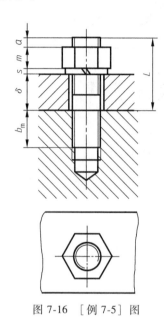

图 7-16　［例 7-5］图

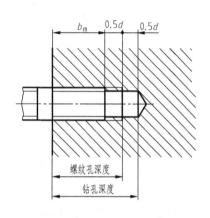

图 7-17　螺纹孔深度的画法

画螺柱连接图时，要注意以下几点。

1）连接图中，螺柱旋入端的螺纹终止线应与结合面平齐，表示旋入端全部拧入，且足够拧紧。

2）弹簧垫圈用于防松，外径比普通垫圈小，以保证紧压在螺母底面范围之内，画图时取外径为 $1.5d$。弹簧垫圈开槽的方向应是阻止螺母松动的方向，在图中应画成与水平线成 $60°$ 的上向左、下向右的两条平行粗实线。

（3）螺钉连接的画法　螺钉连接用于不经常拆卸，并且受力不大的零件。被连接零件中，较薄的加工出通孔，较厚的加工出不通的螺纹孔。螺纹孔深度和旋入深度的确定与螺柱连接一致。螺钉连接不用螺母，直接将螺钉穿过通孔拧入螺纹孔中。螺钉连接的简化画法如图 7-18 所示。

$$螺钉的公称长度　L \geqslant \delta + b_m - t$$

式中　δ——通孔零件厚度（设计给定）；

　　　b_m——螺纹旋入深度；

　　　t——沉头座深度。

根据计算出的螺钉长度在系列中取标准值。

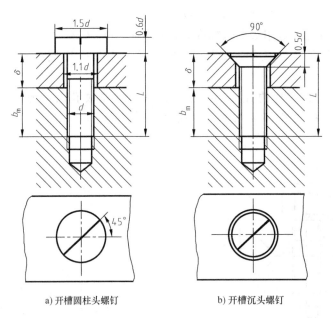

a) 开槽圆柱头螺钉　　　　　　　　b) 开槽沉头螺钉

图 7-18　螺钉连接的画法

第二节　销　连　接

一、销的功用、种类及标记

1. 销的功用、种类

销主要用于零件之间的定位，也可用于零件之间的连接，但只能传递不大的扭矩。销也是标准件，类型亦很多，常用的销有圆柱销（GB/T 119.1—2000、GB/T 119.2—2000）、圆锥销（GB/T 117—2000）和开口销（GB/T 91—2000），如图 7-19 所示。

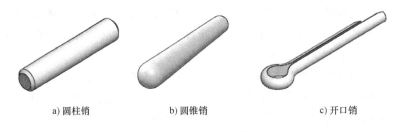

a) 圆柱销　　　　　　　　b) 圆锥销　　　　　　　　c) 开口销

图 7-19　常用的销

2. 销的标记

（1）普通圆柱销　圆柱销主要用于定位，也可用于连接。有 A、B、C、D 四种型式，用于不经常拆卸的地方。

[例 7-6]　公称直径 10mm，长 50 mm 的 B 型圆柱销如何标记？

标记　销 GB/T 119.1 B10×50

（2）圆锥销 圆锥销有 1∶50 的斜度，定位精度比圆柱销高，多用于经常拆卸的地方。圆锥销的公称直径指的是小端的直径。

[例 7-7] 公称直径 10mm，长 60mm 的 A 型圆锥销如何标记？

标记 销 GB/T 117 10×60

二、销连接的画法

圆柱销连接是利用微量过盈将其固定在销孔中，多次拆装后，连接的紧固性和精度会降低，所以圆柱销用于不常拆卸的场合。

[例 7-8] 用 GB/T 119.1 10×32 的圆柱销连接轴和轮子，并标注。

解 圆柱销连接的画法及标注如图 7-20a 所示。

[例 7-9] 用 GB/T 117 5×20 圆锥销连接两零件，并标注。

解 圆锥销连接的画法及标注如图 7-20b 所示。

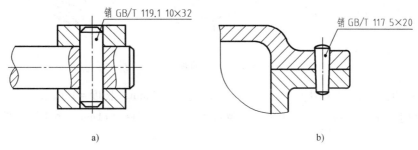

a)   b)

图 7-20　销连接的画法

销的装配要求较高，销孔一般要在被连接零件装配时才加工。这一要求需要在相应的零件图上注明。

第三节　键　连　接

一、键的功用、种类及标记

1. 键的功用

键连接是一种可拆连接。用键将轴与轴上的传动件（如齿轮、带轮等）连接在一起，以传递转矩。在轴和轴孔的连接处（孔所在部位称为轮毂）制出键槽，可将键嵌入，如图 7-21 所示。

2. 键的种类

键是标准件（GB/T 1096—2003），键有平键、半圆键、钩头楔键和花键等多种，如图 7-22 所示，常用的是普通平键。

3. 普通平键的标记

普通平键有圆头（A 型）、平头（B 型）、单圆头（C 型）三种类型。

标记形式：标准编号　名称　规格尺寸（宽度×高度×长度）

[例 7-10] 解释 GB/T 1096 键 16×10×100 的含义。

a) 平键连接轴与带轮   b) 半圆键连接轴与齿轮

图 7-21　键连接

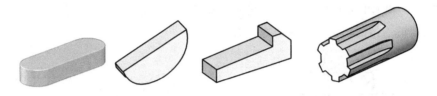

图 7-22　键的种类

解　圆头普通平键（A 型），宽度＝16mm，高度＝10mm，长度＝100mm。

[**例 7-11**]　平头普通平键（B 型），宽度＝18mm，高度＝11mm，长度＝100mm，对其进行标记。

标记　GB/T 1096 键 B18×11×100

注意：除 A 型省略型号外，B 型和 C 型要注出型号。

二、键连接的画法

1. 普通平键连接和画法

普通平键制造简单，拆装方便，能使套在轴上的零件与轴连接后的同轴度好，键连接中常使用。

[**例 7-12**]　用普通平键连接轴和轮子，轴的公称直径为 16，并表示出轴和轮毂上的键槽。

解　根据轴的直径，在附表 16 中查出键的长度取 18，宽度和高度均为 5。轴上键槽的深度为 3，轮毂上键槽的深度为 2.3。键连接的画法如图 7-23 所示。

普通平键的工作表面是两侧面，键的两侧面与键槽的两侧面相接触，键的底面与轴上键槽的底平面相接触，所以画一条粗实线，键的顶面与键槽顶面不接触，有一定的间隙量，故画两条线。

用键连接时，要先在轴上和轮毂上加工出键槽，轴和轮毂上的键槽画法及尺寸标注如图 7-24 所示。

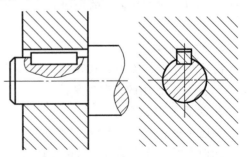

图 7-23　普通平键连接的画法

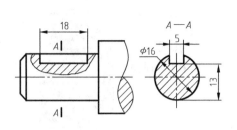

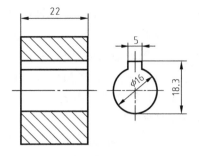

图 7-24
微课视频

a) 轴上键槽的画法　　　　　b) 轮毂上键槽的画法

图 7-24　键槽的画法和尺寸标注

2. 半圆键连接的画法

普通型半圆键常用在载荷不大的传动轴上，连接情况和画图方法与普通平键类似，如图 7-25 所示。

3. 楔键连接的画法

楔键有普通型和钩头型两种，普通型楔键有 A 型（圆头）、B 型（方头）、C 型（单圆头）三种，楔键顶面的斜度为 1∶100，装配时打入键槽，键的顶面和底面为工作面，键与轴

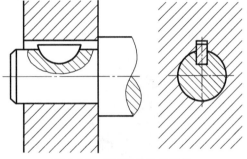

图 7-25　半圆键连接的画法

和轮毂都接触，故画图时上下两接触面均应画为一条线，如图 7-26 所示。

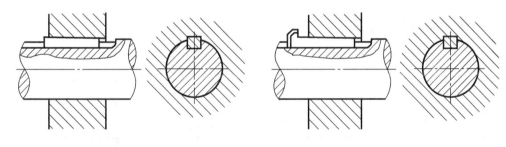

a) 普通型楔键　　　　　　　　　　　b) 钩头型楔键

图 7-26　楔键连接的画法

思考

能根据轴、孔的直径从相应的标准中查找、选用键的结构、形式和尺寸等，并进行正确标注吗？

第四节　滚 动 轴 承

一、滚动轴承的结构和种类

滚动轴承（GB/T 4459.7—2017）是一种支承转动轴的组件，它具有摩擦小、结构紧凑

的优点，已被广泛使用在机器中，滚动轴承是标准件。

1. 滚动轴承的结构

如图 7-27 所示，滚动轴承的结构一般由外圈（与机座孔配合）、内圈（与轴配合）、滚动体（装在内圈和外圈之间的滚道中）、保持架（用来把滚动体互相隔离开）组成。

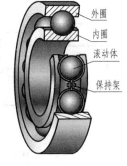

图 7-27　滚动轴承结构

2. 滚动轴承的类型

按可承受载荷的方向，滚动轴承分为三大类。

1）向心轴承——主要承受径向载荷，如图 7-28a 所示的深沟球轴承。

2）推力轴承——主要承受轴向载荷，如图 7-28b 所示的推力球轴承。

3）向心推力轴承——同时承受径向载荷和轴向载荷，如图 7-28c 所示的圆锥滚子轴承。

a) 深沟球轴承　　　　　　b) 推力球轴承　　　　　　c) 圆锥滚子轴承

图 7-28　滚动轴承的类型

二、滚动轴承的画法

滚动轴承是标准组件，其结构型式、尺寸和标记都已标准化，画装配图时只需根据给定的轴承代号，从轴承标准中查出外径 D、内径 d、宽度 B 三个主要尺寸，按规定画法或特征画法画出，见表 7-3。

表 7-3　常用滚动轴承的画法

轴承类型代号	通用画法	特征画法	规定画法
深沟球轴承 （GB/T 276—2013） 类型代号 6			

(续)

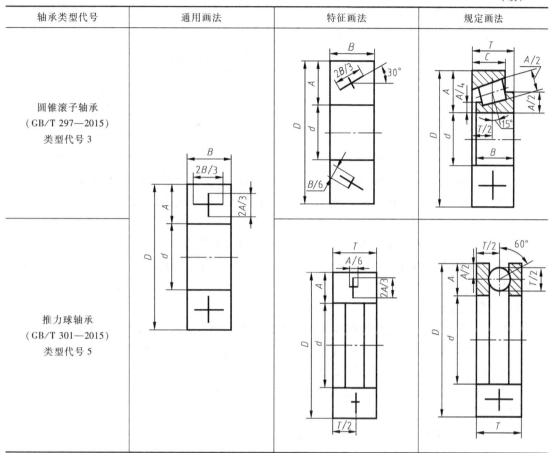

轴承类型代号	通用画法	特征画法	规定画法
圆锥滚子轴承 (GB/T 297—2015) 类型代号 3			
推力球轴承 (GB/T 301—2015) 类型代号 5			

在采用三种方法画滚动轴承时应遵循以下规则。

1）通用画法、特征画法和规定画法中各种符号、矩形线框和轮廓线均用粗实线绘制。

2）矩形线框或外框轮廓的大小应与滚动轴承外形尺寸一致，并与所属图形采用同一比例。

3）在剖视图中，采用通用画法和特征画法时，一律不画剖面符号；采用规定画法时，滚动体不画剖面线，内、外圈画成方向相同、间隔一致的剖面线。

装配图中滚动轴承通常按规定画法绘制，将其一半画出结构特征，另一半画出轮廓，并在轮廓线中央用粗实线画上十字形符号。滚动轴承的标记应在装配图的明细栏中标出。

三、滚动轴承代号和标记

滚动轴承的类型很多，为便于组织生产和管理，国家标准规定了其代号，代号由基本代号、前置代号和后置代号构成。

1. 基本代号

基本代号表示轴承的基本类型、结构和尺寸，是轴承代号的基础。基本代号由轴承类型代号、尺寸系列代号和内径代号构成。

（1）类型代号 由字母或数字表示，见表7-4。

表 7-4　滚动轴承类型代号（摘自 GB/T 272—2017）

代号	轴承类型	代号	轴承类型
0	双列角接触球轴承	6	深沟球轴承
1	调心球轴承	7	角接触轴承
2	调心滚子轴承和推力调心滚子轴承	8	推力圆柱滚子轴承
3	圆锥滚子轴承	N	圆柱滚子轴承,双列或多列用字母 NN 表示
4	双列深沟球轴承	U	外球面球轴承
5	推力球轴承	QJ	四点接触球轴承

（2）尺寸系列代号　由轴承的宽（高）度系列代号和直径系列代号组合而成，用两位阿拉伯数字表示。它的主要作用是区别内径相同而宽度和外径不同的轴承，具体代号查阅相关标准。

（3）内径代号　表示轴承的公称内径，用两位阿拉伯数字表示。当内径代号为 00、01、02、03 时，分别表示内径 10mm、12mm、15mm、17mm；当内径代号为 04～99 时，内径尺寸 = 内径代号×5mm。

2. 前置、后置代号

前置、后置代号是轴承在结构形状、尺寸、公差、技术要求等有改变时，在其基本代号左、右添加的补充代号。前置代号用字母表示，后置代号用字母（或加数字）表示。

[例 7-13]　解释下列轴承代号的含义。

（1）6204　　（2）32208　　（3）GS81107　　（4）6205NR

解

（1）6——类型代号，表示深沟球轴承；

　　2——尺寸系列代号（02），表示宽度系列代号 0 省略，直径系列代号为 2；

　　04——内径代号，表示内径尺寸 = 4×5mm = 20mm。

（2）3——类型代号，表示圆锥滚子轴承；

　　22——尺寸系列代号，表示宽度系列代号为 2，直径系列代号为 2；

　　08——内径代号，表示内径尺寸 = 8×5mm = 40mm。

（3）GS——前置代号，表示推力圆柱滚子轴承座；

　　8——类型代号，表示推力圆柱滚子轴承；

　　11——尺寸系列代号，表示宽度系列代号为 1，直径系列代号为 1；

　　07——内径代号，表示内径尺寸 = 7×5mm = 35mm。

（4）6——类型代号，表示深沟球轴承；

　　2——尺寸系列代号（02），表示宽度系列代号 0 省略，直径系列代号为 2；

　　05——内径代号，表示内径尺寸 = 5×5mm = 25mm；

　　NR——后置代号，表示轴承外圈上有止动槽，并带止动环。

轴承代号中字母、数字的含义可查阅 GB/T 272—2017。

[例 7-14]　根据轴承代号 6204，查表确定有关尺寸，用规定画法在图 7-29a 上画出轴承的图形。

解　查附表 13 可知轴承的内径为 20mm，外径为 47mm，宽度为 14mm，根据规定画法画出的图形如图 7-29b 所示。

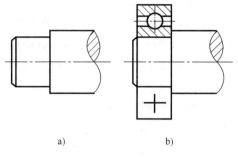

a)　　　　　　　　b)

图 7-29　［例 7-14］图

特别提示

一定要熟悉滚动轴承的规定画法，理解基本代号的含义。

第五节　齿　　轮

齿轮是应用非常广泛的传动件，用以传递动力和运动，并具有改变转速和转向的作用。常见的齿轮传动形式有三种。

1）圆柱齿轮传动——用于两平行轴之间的传动，如图 7-30a 所示。

2）锥齿轮传动——用于两相交轴之间的传动，如图 7-30b 所示。

3）蜗轮蜗杆传动——用于两交叉轴之间的传动，如图 7-30c 所示。

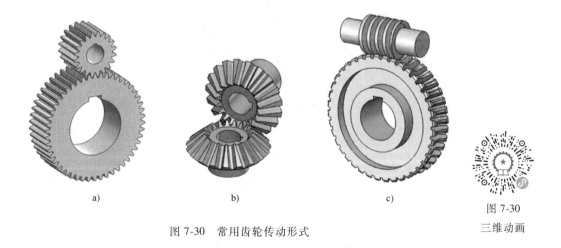

a)　　　　　　　　b)　　　　　　　　c)

图 7-30

三维动画

图 7-30　常用齿轮传动形式

一、圆柱齿轮

圆柱齿轮按其齿线方向可分为直齿圆柱齿轮、斜齿圆柱齿轮和人字齿轮。轮齿的齿廓曲线有渐开线、摆线、圆弧等，这里主要介绍齿形为渐开线的标准齿轮的有关知识与规定画法。

1. 圆柱齿轮各部分名称和尺寸关系

啮合直齿圆柱齿轮示意图如图 7-31 所示。

（1）齿数　轮齿的个数，称为齿数 z，它是齿轮计算的主要参数之一。

（2）齿顶圆　通过齿轮各齿顶端的圆，称为齿顶圆，直径用 d_a 表示。

（3）齿根圆　通过齿轮各齿槽根部的圆，称为齿根圆，直径用 d_f 表示。

（4）分度圆　齿轮设计和加工时计算尺寸的基准圆，称为分度圆，是齿轮上一个约定的假想圆，直径用 d 表示。在该圆上齿槽宽 e 与齿厚 s 相等，即 $e=s$。

（5）节圆　两齿轮啮合时，位于连心线 O_1O_2 上的两齿廓接触点 P，称为节点。分别以 O_1、O_2 为圆心，以 O_1P、O_2P 为半径所作的两相切的圆，称为节圆，直径用 d' 表示。正确安装的标准齿轮 $d'=d$。

（6）齿距、齿厚、齿槽宽　在分度圆上，相邻两齿廓对应点之间的弧长为齿距 p；在分度圆上，一个齿的两侧对应齿廓之间的弧长为齿厚 s；在分度圆上，两相邻轮齿的相应齿廓之间的弧长为齿槽宽 e。在标准齿轮中，分度圆上 $e=s$，$p=s+e$。

（7）齿高、齿顶高、齿根高　轮齿在齿顶圆与齿根圆之间的径向距离，称为齿高 h；齿顶圆与分度圆的径向距离，称为齿顶高 h_a；分度圆与齿根圆的径向距离，称为齿根高 h_f。

（8）模数　由于齿轮的分度圆周长 $=zp=\pi d$，则 $d=zp/\pi$，为计算方便，将 p/π 称为模数 m，则 $d=mz$。模数是设计、制造齿轮的重要参数。模数的数值已标准化，见表 7-5。

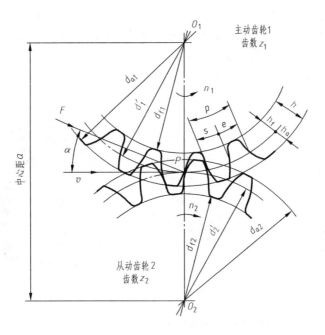

图 7-31　啮合直齿圆柱齿轮示意图

表 7-5　齿轮模数系列（摘自 GB/T 1357—2008）　　　　　　（单位：mm）

第一系列	1　1.25　1.5　2　2.5　3　4　5　6　8　10　12　16　20　25　32　40　50
第二系列	1.125　1.375　1.75　2.25　2.75　3.5　4.5　5.5　(6.5)　7　9　11　14　18　22　28　36　45

注：在选用模数时，应优先选用第一系列，括号内的模数尽量不用。

（9）压力角（啮合角）　两个相啮合的轮齿齿廓在接触点 P 处的受力方向与运动方向的夹角，称为压力角 α。我国采用的压力角一般为 20°，通常所称的压力角为分度圆压力角。

（10）中心距　齿轮副的两轴线之间的最短距离，称为中心距 a。

两标准直齿圆柱齿轮正确啮合传动的条件是模数和压力角相等。

2. 直齿圆柱齿轮各部分尺寸的计算公式

齿轮的基本参数 z、m、α 确定后，齿轮各部分尺寸可按表 7-6 中的公式计算。

表 7-6　直齿圆柱齿轮几何要素的尺寸计算

名　称	代　号	计算公式
齿顶高	h_a	$h_a = m$
齿根高	h_f	$h_f = 1.25m$
齿高	h	$h = 2.25m$
分度圆直径	d	$d = mz$
齿顶圆直径	d_a	$d_a = m(z+2)$
齿根圆直径	d_f	$d_f = m(z-2.5)$
中心距	a	$a = (d_1+d_2)/2 = m(z_1+z_2)/2$

特别提示

齿轮的轮齿结构种类多，且形状各异。直齿圆柱齿轮是应用最为广泛的一种，学习中应重点掌握其相关知识，按齿轮轮齿结构的规定画法作图即可。

3. 直齿圆柱齿轮的规定画法

（1）单个齿轮的画法　国家标准只对齿轮的轮齿部分规定了画法，其余结构按齿轮轮廓的真实投影绘制。GB/T 4459.2—2003 规定齿轮画法为：齿顶圆和齿顶线用粗实线绘制；分度圆和分度线用细点画线绘制；齿根圆和齿根线用细实线绘制，也可省略不画，如图 7-32a 所示。在剖视图中，齿根线用粗实线绘制；当剖切面通过齿轮轴线时，轮齿一律按不剖处理。对斜齿和人字形齿，可用三条细实线表示轮齿的方向，齿轮的其他结构按投影画出，如图 7-32b、c 所示。

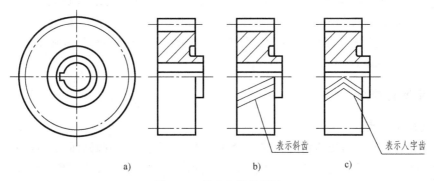

a)　　　　　　　　b)　　　　　　　　c)

表示斜齿　　　　　　表示人字齿

图 7-32　单个齿轮的画法

[**例 7-15**]　已知圆柱齿轮的齿数 $z = 20$，模数 $m = 2.5\text{mm}$，压力角 $\alpha = 20°$，轴孔直径为 25mm，齿轮宽度为 14mm，绘制齿轮工作图。

计算　计算齿轮各部分尺寸。

分度圆直径：$d = mz = 2.5 \times 20\text{mm} = 50\text{mm}$

齿顶高：$h_a = m = 2.5\text{mm}$

齿根高：$h_f = 1.25m = 1.25 \times 2.5\text{mm} = 3.125\text{mm}$

齿顶圆直径：$d_a = m(z+2) = 2.5 \times (20+2)\text{mm} = 55\text{mm}$

齿根圆直径：$d_f = m(z-2.5) = 2.5 \times (20-2.5)\text{mm} = 43.75\text{mm}$

作图　绘制齿轮工作图，如图 7-33 所示。

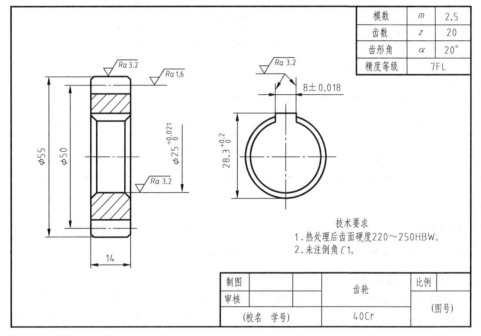

图 7-33　齿轮工作图　　　　微课视频

（2）两齿轮啮合的画法　当两标准齿轮相互啮合时，它们的分度圆处于相切位置，此时分度圆就是节圆。啮合区内的两条节线重合为一条线，用细点画线绘制；两条齿根线都用粗实线画出；两条齿顶线中的一条画粗实线，另一条画虚线或省略不画。在投影为圆的视图上，两分度圆画成相切，如图 7-34a 所示，也可将齿根圆及啮合区内的齿顶圆省略不画，如图 7-34b 所示。

二、锥齿轮简介

1. 锥齿轮的特点

锥齿轮常用于垂直相交两轴之间的齿轮副传动。轮齿分布在圆锥面上，齿厚、模数和直径都是由大端到小端逐渐变小的。为了便于设计和制造，规定以大端模数为标准来计算各部分尺寸。锥齿轮各部分几何要素的名称如图 7-35 所示。

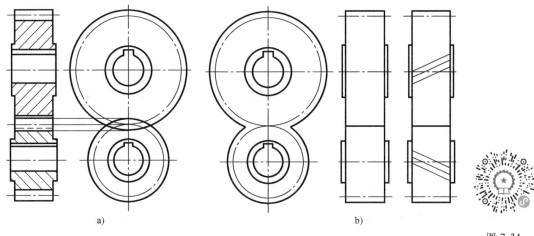

图 7-34　圆柱齿轮啮合画法

图 7-34
微课视频

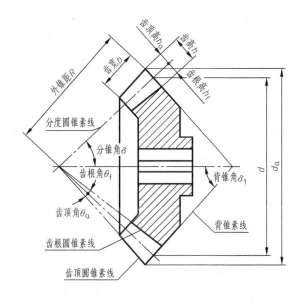

图 7-35　锥齿轮各部分几何要素名称

[例 7-16]　画直齿锥齿轮图。

作图　画图时通常将主视图画成全剖视图，轮齿部分按不剖画，粗实线表示齿顶线和齿根线，细点画线表示分度线；在端面视图中，用粗实线画出大端和小端的齿顶圆，细点画线画出大端分度圆，大、小端齿根圆及小端分度圆均不画。单个锥齿轮画图步骤如图 7-36 所示。

2. 锥齿轮啮合的画法

如图 7-37 所示，主视图常画成剖视图，啮合区的画法与圆柱齿轮的画法相似，左视图按两轮齿的外形轮廓画出。

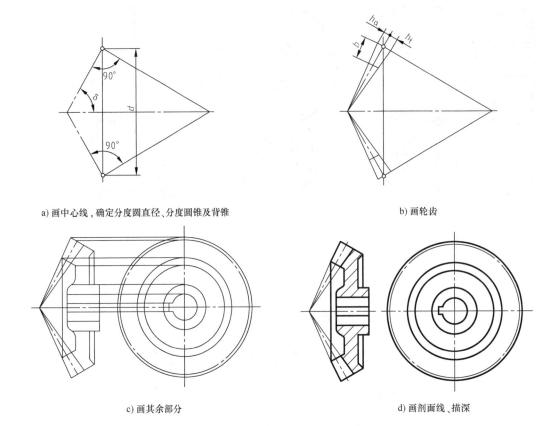

a) 画中心线,确定分度圆直径、分度圆锥及背锥

b) 画轮齿

c) 画其余部分

d) 画剖面线、描深

图 7-36 〔例 7-16〕图

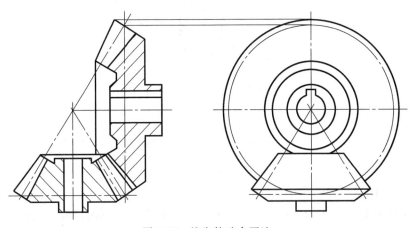

图 7-37 锥齿轮啮合画法

三、蜗杆蜗轮简介

1. 蜗杆、蜗轮的结构特点

蜗杆、蜗轮用于垂直相交两轴之间的传动,一般蜗杆是主动件,蜗轮是从动件。蜗杆的齿数称为头数,相当于螺杆上螺纹的线数,常用的有单头和双头。蜗轮可以看作是一个斜齿

轮，为了增加与蜗杆的接触面积，蜗轮的齿顶面和齿根面常加工成圆环面。在传动时，蜗杆旋转一圈，蜗轮只转过一个齿或两个齿，因此，蜗杆、蜗轮传动可以得到较大的传动比，传动也较平稳，但效率低。

蜗杆、蜗轮的齿形是螺旋形的，一对啮合的蜗杆、蜗轮，其模数必须相同，蜗杆的导程角与蜗轮的螺旋角大小相等，方向相同。

2. 蜗杆、蜗轮的画法

蜗杆一般选用一个视图来表达，其齿顶线、齿根线和分度线的画法与圆柱齿轮相同，如图 7-38 所示。齿形可用局部剖视图或局部放大图表示。

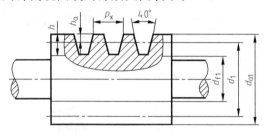

图 7-38　蜗杆的画法

蜗轮的画法与圆柱齿轮相似，如图 7-39 所示。

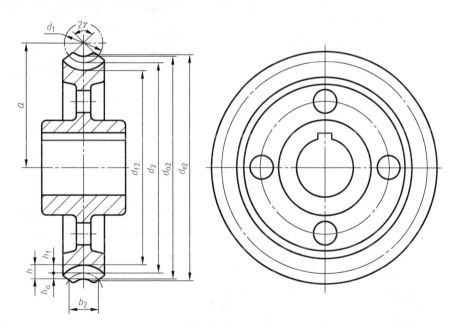

图 7-39　蜗轮的画法

[**例 7-17**]　画蜗杆、蜗轮啮合图。

作图　蜗杆、蜗轮啮合的画法如图 7-40 所示。在蜗杆投影为圆的视图上，啮合区只画蜗杆，蜗轮被遮挡的部分省略不画；在蜗轮投影为圆的视图中，蜗轮的分度圆与蜗杆的节线相切；蜗轮外圆与蜗杆顶线相交。

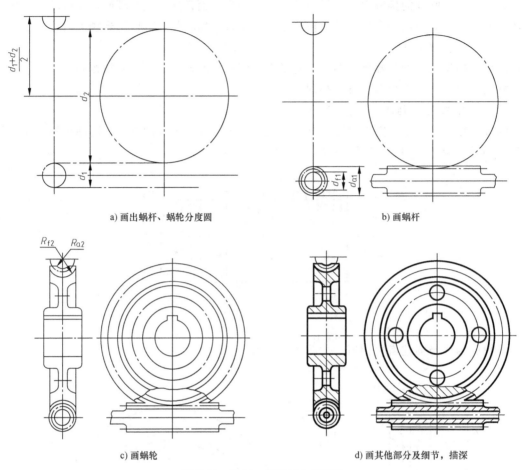

a) 画出蜗杆、蜗轮分度圆

b) 画蜗杆

c) 画蜗轮

d) 画其他部分及细节，描深

图 7-40　蜗杆、蜗轮啮合的画法

第六节　弹　簧

弹簧是机器、车辆、仪表、电气中的常用件，它可以起减振、夹紧、储能和测力等作用。弹簧的特点是除去外力后，可立即恢复原状。弹簧的类型很多，如图 7-41 所示。这里

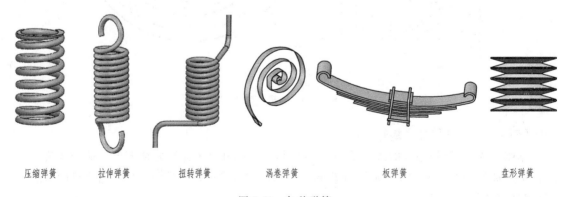

压缩弹簧　　拉伸弹簧　　扭转弹簧　　涡卷弹簧　　板弹簧　　盘形弹簧

图 7-41　各种弹簧

只介绍圆柱螺旋压缩弹簧的画法，其他种类弹簧的画法请查阅相关国家标准。

一、圆柱螺旋压缩弹簧各部分名称和尺寸关系

圆柱螺旋压缩弹簧画法如图 7-42 所示，各部分名称和尺寸关系如下。

d——簧丝直径；

D——弹簧外径，弹簧的最大直径；

D_1——弹簧内径，弹簧的最小直径，$D_1 = D - 2d$；

D_2——弹簧中径，弹簧的平均直径，$D_2 = (D + D_1)/2$；

t——节距，指除弹簧支承圈外，相邻两圈的轴向距离；

n_0——支承圈数，弹簧两端起支承作用，不起提供弹力作用的圈数，一般为 1.5、2、2.5 圈三种，常用 2.5 圈；

n——有效圈数，除支承圈外，保持节距相等的圈数；

n_1——总圈数，支承圈与有效圈之和，即 $n_1 = n_0 + n$；

H_0——自由高度，弹簧在没有负载时的高度，即 $H_0 = nt + (n_0 - 0.5)d$；

L——簧丝长度，弹簧钢丝展直后的长度，$L = n_1 \sqrt{(\pi D_2)^2 + t^2}$。

螺旋弹簧分为左旋和右旋两类。

二、圆柱螺旋压缩弹簧的画法

1. 几项基本规定

1）在平行于螺旋弹簧轴线的投影面的视图中，其各圈的轮廓线应画成直线，如图 7-42 所示。

2）螺旋压缩弹簧如果两端并紧磨平，不论支承圈多少和末端并紧情况如何，均按支承圈为 2.5 圈的形式画出。

3）有效圈在 4 圈以上的弹簧，中间各圈可省略不画，只画出其两端的 1~2 圈（不包括支承圈），中间用通过中径线的细点画线连接起来，如图 7-42 所示。

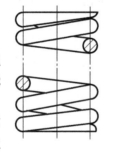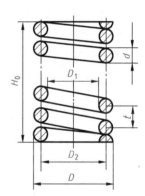

图 7-42　圆柱螺旋压缩弹簧

4）左旋弹簧允许画成右旋，但要加注"LH"。

2. 单个弹簧的画法

[例 7-18] 已知簧丝直径 $d = 6\text{mm}$，外径 $D = 50\text{mm}$，节距 $t = 12.3\text{mm}$，有效圈数 $n = 6$，支承圈 $n_0 = 2.5\text{mm}$，右旋，画出此弹簧。

计算　计算作图数据。

弹簧中径　　　　　　　$D_2 = D - d = (50 - 6)\text{mm} = 44\text{mm}$

自由高度　$H_0 = nt + (n_0 - 0.5)d = [6 \times 12.3 + (2.5 - 0.5) \times 6]\text{mm} = 85.8\text{mm}$

作图　作图步骤如图 7-43 所示。

思考

绘制圆柱螺旋压缩弹簧的视图时，应注意哪些要求？

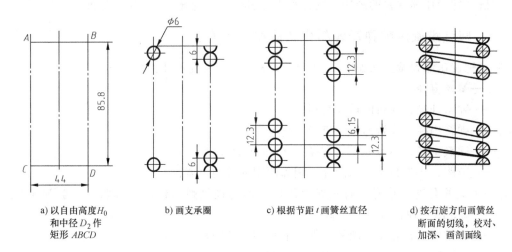

a) 以自由高度H_0 和中径D_2作矩形 $ABCD$ b) 画支承圈   c) 根据节距t画簧丝直径   d) 按右旋方向画簧丝断面的切线，校对、加深、画剖面线

图 7-43 ［例 7-18］图

3. 在装配图中螺旋弹簧的画法

1）在装配图中，螺旋弹簧被剖切后，不论中间各圈是否省略，被弹簧挡住的结构一般不画。可见轮廓线只画到弹簧钢丝的断面轮廓或中心线上，如图 7-44a 所示。

2）在装配图中，簧丝直径 $d \leqslant 2mm$ 的断面可用涂黑的圆表示，且中间的轮廓线不画，如图 7-44b 所示。

3）簧丝直径 $d < 1mm$ 时，可采用示意画法，如图 7-44c 所示。

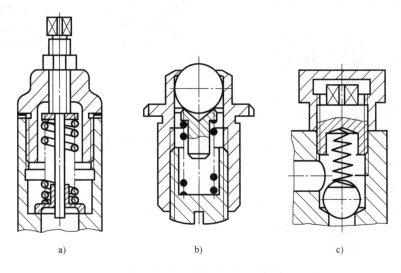

a)   b)   c)

图 7-44 装配图中螺旋弹簧的画法

特别提示

学习弹簧画法的主要目的是看懂装配图中弹簧的表示法。

小　结

1）螺纹的基本要素是公称直径、牙型、线数、螺距和旋向。

2）在螺纹的规定画法中，牙顶用粗实线表示（用手摸得着的直径）；牙底用细实线表示（用手摸不着的直径）；螺纹终止线用粗实线表示。剖视图中剖面线画到粗实线处。螺纹标注的目的主要是把螺纹的类型和参数体现出来，尺寸界线要从大径引出。

3）螺纹紧固件有螺栓、双头螺柱、螺钉、螺母、垫圈等，最常见的螺纹连接有三种，分别是螺栓连接、螺柱连接和螺钉连接。

4）齿轮的规定画法中，齿顶线和齿顶圆用粗实线；分度线和分度圆用细点画线；齿根线和齿根圆可省略不画；当剖切面通过齿轮的轴线时，齿根线用粗实线表示，轮齿按不剖处理。

5）键连接主要用于连接轴和轴上零件，常用的有普通平键、半圆键、钩头楔键等。销连接主要用于连接和定位，常用的销有圆柱销和圆锥销，键和销均为标准件。

6）滚动轴承是标准件，国家标准有统一的规定画法，在装配图中按规定画出即可。

7）螺旋压缩弹簧在图样中有标准画法、简化画法和示意画法，具体视情况而定。

第八章

零件图的绘制与识读

▶【知识目标】

- 了解零件图的作用和内容。
- 掌握零件图的画法和尺寸标注。
- 了解零件的工艺结构。
- 熟悉零件图上的技术要求，掌握表面粗糙度、尺寸公差和几何公差的概念、含义及在图样上的标注形式。
- 掌握识读零件图的方法。

▶【能力目标】

- 根据零件图的内容和要求熟练绘制零件图。
- 根据零件需求能正确标注零件图的技术要求。
- 能够读懂中等难度的零件图，想象出零件的结构形状。
- 熟练地测绘中等复杂的零件。

任何机器或部件，都是由若干个零件按一定的装配关系和技术要求装配而成的。组成机器的最小单元称为零件。表达零件的结构、大小与技术要求的图样称为零件图。在设计、制造、检验的任何一个环节都离不开零件图。本章主要介绍绘制和识读零件图的方法，以及零件图上合理标注尺寸的方法。

第一节　零件图的作用和内容

一、零件图的作用

零件图是制造和检验零件的依据，是生产中最重要的技术文件之一。零件图反映了设计者的意图，表达了机器或部件对零件的要求。

二、零件图的内容

1. 一组视图

用恰当的视图、剖视图、断面图和局部放大图等表达方法，完整清晰地表达出零件的结构和形状。

2. 全部尺寸

正确、完整、清晰、合理地标注出组成零件的各形体的大小及相对位置的尺寸，即提供制造和检验零件所需的全部尺寸。

3. 技术要求

用规定的代号、数字和文字简明地表示出在制造和检验时技术上应达到的要求。

4. 标题栏

在零件图右下角的标题栏中，应列出零件图的图样名称、质量、材料、比例、图样代号以及设计、制图、校核人员签名和绘图日期等。

[**例 8-1**]　读如图 8-1 所示零件图，说明零件图中各部分的内容。

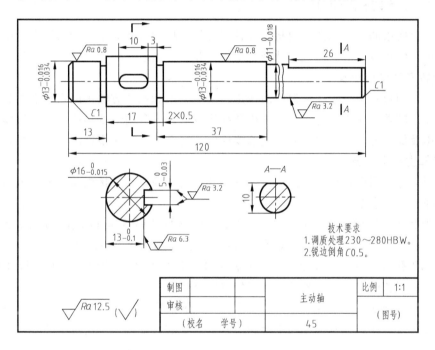

图 8-1　[例 8-1] 图

一组视图　用主视图表达该零件的轴向结构，每一段的形状一目了然；两个断面图表达轴上键槽和小平面的结构。即用视图和断面图表达了零件的结构和形状。

全部尺寸　图中标注了每一段轴的直径尺寸，$\phi16$、$\phi13$、$\phi11$ 等为径向尺寸，长度尺寸 13、17、37、26、120 等为轴向尺寸，以 $\phi16$ 轴段右端面为基准标注定位尺寸 37、3 等，标注出组成零件的各形体的大小及相对位置关系。

技术要求　用文字简明地表达了热处理要达到的要求，用表面粗糙度、尺寸公差表明了加工的要求，这些要求均表示出在制造和检验时技术上应达到的要求。

标题栏　在右下角的标题栏中列出了零件名称为主动轴、材料为 45 钢、比例 1∶1、图样代号以及制图、审核人员签名和绘图日期等。

思考

什么样的图样才是完整的零件图？能否从零件图中找出所表达的每一部分内容？

第二节　零件图的视图选择和尺寸标注

根据零件的形状和功用的不同，零件可分为轴套类、轮盘类、叉架类和箱体类等。要进行零件生产，必须有正确的图样——零件图。如何将零件表达清楚，需要画哪些视图、哪个方向作为主视方向、如何表示零件的尺寸等，都是绘制零件图的任务。画图时要会分析零件的结构，恰当地选择表达方法，做到视图少、表达清。对零件图标注尺寸，既要满足设计要求又要符合加工测量等工艺要求。

一、零件图的视图选择

零件图上所绘的一组视图，要将零件各部分的结构和形状完整、清晰地表达出来，并符合生产要求，便于看图。零件视图选择包括以下几个方面。

1. 分析零件结构形状

零件的结构形状是由它在机器中的作用、装配关系和制造方法等因素决定的。在选择零件视图之前，应首先对零件进行形体分析和结构分析，要分清主要形体和次要形体，并了解它们的功用及加工方法，以便准确地表达零件的结构形状，反映零件的设计和工艺要求。

2. 选择主视图的原则

主视图是零件图中最重要的图形，主视图选择的合理与否直接影响到整个表达方案的合理性，选择主视图应考虑下面几个原则。

（1）形状特征原则　能充分反映零件的结构形状特征和各部分的相对位置关系。

（2）工作位置原则　能充分反映零件在机器或部件中工作时的位置。

（3）加工位置原则　能充分反映零件在主要工序中加工时的位置。即分析零件的加工方法，使主视图的位置尽量与零件的加工位置保持一致。

以上三条原则在同一零件的主视图中不一定能够兼顾，有时满足了其中的一条可能就不能满足另外两条，在选择时要选其主要的而弃其次要的，要以表达清楚零件各部分形状结构为目标。

3. 选择其他视图

对于结构复杂的零件，主视图中没有表达清楚的部分，必须选择其他视图来表达，包括剖视图、断面图、局部放大图和简化画法等。选择其他视图时要注意以下几点。

1）所选择的表达方法要恰当，每个视图应都有明确的表达目的，例如侧重于对零件的内部形状与外部形状、主体形状与局部形状等的表达。

2）所选视图的数量要恰当。在完整、清晰地表达零件内、外结构形状的前提下，尽量减少视图个数，以便于画图和读图。

3）对于表达同一内容的视图，应拟出几种表达方法进行比较，以确定一种较好的表达方案。

[例 8-2]　分析如图 8-2 所示从动轴的表达方案。

分析　该零件为轴类零件，该表达方案是以加工

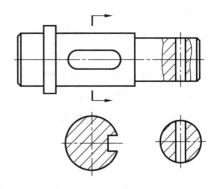

图 8-2　[例 8-2] 图

位置轴线水平放置作为主视图方向，主视图就能表达其主要形状；对于轴上的键槽、销孔等局部结构，采用移出断面图的方式来表达。

[**例8-3**]　分析如图8-3所示摇杆的表达方案。

分析　摇杆属于叉架类零件，该表达方案是以形状特征和工作位置选择主视图的。采用全剖视的俯视图表达了空心圆柱部分的结构及两个圆筒的连接关系；倾斜部分用全剖局部视图表达了倾斜圆筒的结构及其连接关系。

[**例8-4**]　分析如图8-4所示泵体零件的表达方案。

分析　如图8-4a所示的泵体零件图，主视图的选择依照工作位置原则，并采用了全剖视图，表达了泵体的内部结构；左视图表达了泵体外形及左端6个螺纹孔的分布情况，两个局部剖视图表达了螺纹孔和安装孔的穿通情况；A—A剖视图表达了支撑板与肋板的连接

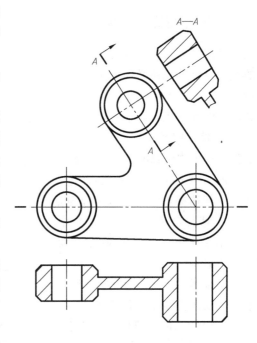

图8-3　[例8-3]图

关系，以及两个安装孔在底板上的分布情况，B向局部视图表达了泵体右侧圆柱端面3个螺纹孔的分布情况。这样泵体共采用4个视图把各部分的结构表达清楚。

同样的零件也可以用如图8-4b所示的表达方法进行表达。主视图的肋板采用了一个重合断面图来表示肋板的厚度，省去了A—A剖视图。但这种表达方案也有缺点，如底板上的沉孔的分布和肋板的连接关系不够直观，左视图中出现了虚线等。任何一种表达方案都可能不是完美的，都存在这样或那样的问题，表达方案的选择还要看设计者侧重的是哪个方面。

选择其他视图的原则是每增加一个视图，必须有一个表达目的。

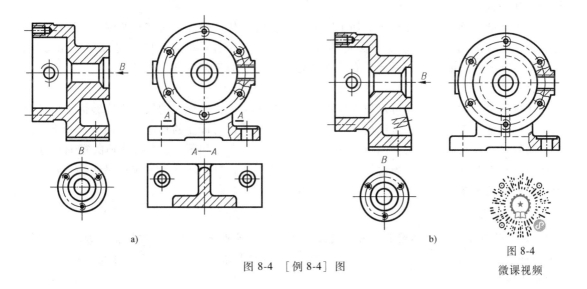

a)　　　　　　　　　　b)

图8-4　微课视频

图8-4　[例8-4]图

二、零件图的尺寸标注

零件图中标注的尺寸是加工和检验零件的重要依据。除了符合尺寸标注正确、完整和清晰的基本要求外，还必须满足尺寸标注合理的要求。尺寸标注的合理是指所注的尺寸既要满足设计要求，又要满足加工、测量和检验等制造工艺的要求。要做到标注尺寸合理，需要较多的机械设计和机械制造方面的知识，这里主要介绍一些合理标注尺寸的基本知识。

1. 零件图的尺寸基准

任何一个零件都有长、宽、高三个方向的尺寸，每个方向至少要有一个基准。通常选择零件上的重要端面、安装底面、对称面和回转体的轴线作为尺寸基准。同一个方向上有多个基准时，其中必有一个是主要基准，其余为辅助基准，如图 8-5 所示。

根据基准的作用不同，一般将基准分为设计基准和工艺基准。

（1）设计基准　根据设计要求，用来确定该零件在机器中的位置和几何关系的一些面、线称为设计基准。常见的设计基准有：①零件上

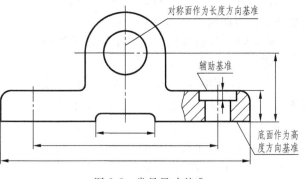

图 8-5　常见尺寸基准

主要回转结构的轴线；②零件结构的对称中心面；③零件的重要支承面、装配面及两零件重要结合面；④零件的主要加工面。

（2）工艺基准　根据零件加工制造、测量和检验等工艺要求所选定的一些面、线称为工艺基准。

[例 8-5]　分析如图 8-6 所示从动轴的基准。

分析　该从动轴长度方向的设计基准是 $\phi 32$ 圆柱的右端面，在安装时该面与轴承端面接触，使该轴在长度方向定位。

工艺基准是确定零件在车床上加工时的装夹位置，从动轴加工时装夹两端的 $\phi 20$ 和 $\phi 26$ 部分，长度方向测量尺寸的参考面是轴的右端面。从右端面量起，依次可以加工出 $\phi 26$、$\phi 24$ 和 $\phi 20$ 各段轴的长度，因此，右端面就是长度方向的工艺基准。

该从动轴径向尺寸的设计基准和工艺基准都是轴线。

正确地选择设计基准，可以使零件在机器中合理定位，所标注的尺寸应能够保证设计要求；正确地选择工艺基准，可以使零件便于加工和测量，所标注的尺寸应符合工艺要求。因此，最好使零件在同一方向上的设计基准和工艺基准重合，如图 8-6 中从动轴的径向尺寸的设计基准和工艺基准重合。当设计基准和工艺基准不重合时，所注尺寸应在保证设计要求的前提下满足工艺要求。

特别提示

通常将表示零件信息量最多的视图作为主视图，按形状特征、工作位置、加工位置三个原则来选择，其目的是为了在设计绘图时，使设计基准、工艺基准等尽可能一致，以减少尺寸误差，保证产品质量。

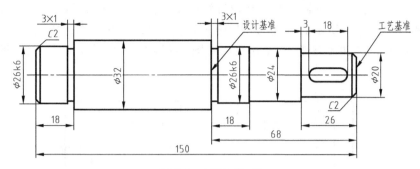

图 8-6　[例 8-5] 图

2. 标注尺寸注意事项

（1）重要尺寸应从主要基准直接注出　零件的重要尺寸是指影响产品性能、工作精度、装配精度及互换性的尺寸。为了使零件的重要尺寸不受其他尺寸误差的影响，应在零件图中直接把重要尺寸注出。如图 8-7 所示尺寸 A 不受其他尺寸的影响，它是重要尺寸。

（2）不能注成封闭尺寸链　封闭的尺寸链是首尾相接，形成一个封闭圈的一组尺寸。如图 8-8a 所示，尺寸注成了封闭尺寸链，尺寸 A 将受到 B、C 的影响而难于保证。正确的标注是将不重要的尺寸 B 去掉，A 不受尺寸 C 的影响，如图 8-8b 所示。

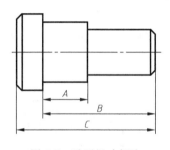

图 8-7　重要尺寸标注

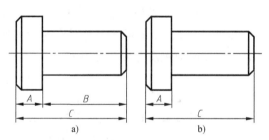

图 8-8　不能注成封闭尺寸链

（3）标注尺寸要考虑工艺要求　为了保证工艺要求，便于加工和测量，各工序得到的尺寸应按加工顺序标注。轴套类零件的轴向尺寸或零件阶梯孔等都应当按加工顺序标注尺寸。如图 8-9 所示的轴类零件，这类零件通常要加工退刀槽、倒角，在标注分段长度尺寸时，应把这些工艺结构包括在内，才符合工艺要求。如图 8-9a 所示图样便于加工，如图 8-9b 所示图样不便于加工。

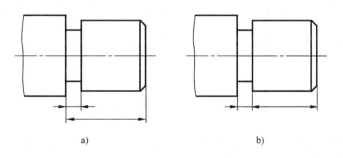

图 8-9　标注尺寸要便于加工

（4）标注尺寸应考虑测量方便　在没有结构上或其他特殊要求时，标注尺寸应考虑测量的方便。如图8-10所示的阶梯孔，如图8-10a所示按两端的大孔深度尺寸直接注出，再注出全长尺寸，这样测量起来就方便；如图8-10b所示尺寸标注不便于测量，是错误的。

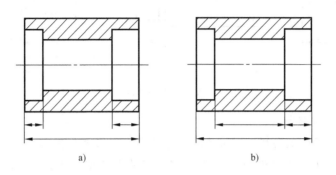

图8-10　标注尺寸要便于测量

[例8-6]　分析如图8-11所示的尺寸标注，比较哪种便于测量。

　　分析　如图8-11a所示的标注：是由设计基准（中心线、对称面）注出加工面或对称面的尺寸，但在实际操作时不易测量。

　　如图8-11b所示的标注：是考虑测量方便标注的。因为这些尺寸对设计要求影响不大，在标注尺寸时应重点考虑测量方便。

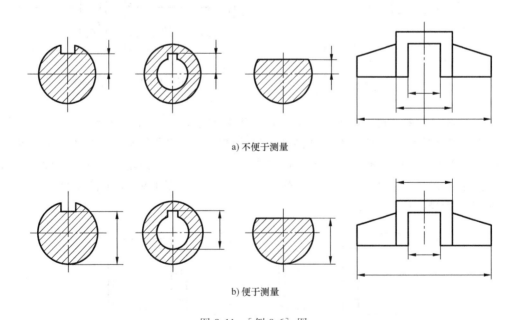

a) 不便于测量

b) 便于测量

图8-11　[例8-6]图

（5）非加工面（毛面）与加工面的尺寸标注　对于铸造和锻造零件，同一方向上的加工面和非加工面应各选一个基准分别标注有关尺寸，并且两个基准之间只允许有一个联系尺寸。

例如图 8-12a 中零件的非加工面间由一组高度尺寸 H_1、H_2、H_3、H_4 相联系，加工面间由另一组高度尺寸 L_1、L_2 相联系，加工基准面与非加工基准面之间的高度尺寸由一个尺寸 A 相联系。而图 8-12b 所注尺寸不合理，请自行分析哪些尺寸标注得不合理。

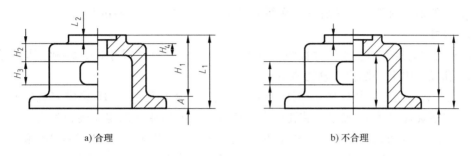

a) 合理　　　　　　　　　　　　　　b) 不合理

图 8-12　毛面与加工面的尺寸标注

[**例 8-7**]　如图 8-13 所示，标注减速器输出轴的尺寸。

选择基准　按轴的加工特点和工作情况，选择轴线为径向（主高度和宽度）基准，最粗轴段（轴肩）的右端面为轴向（长度）基准 A。

标注尺寸

1）由径向基准直接注出 $\phi60$、$\phi74$、$\phi60$ 和 $\phi55$。

2）由轴向基准直接注出尺寸 168 和 13，定出轴向辅助基准 B、D，由辅助基准 B 注出尺寸 80，再定出轴向辅助基准 C。

3）由辅助基准 C、D 分别注出两个键槽的定位尺寸 5，并注出键槽的长度 70、50。

4）注出键槽的断面尺寸 53、18 和 49、16，退刀槽 2×1 和倒角 $C2$ 的尺寸。

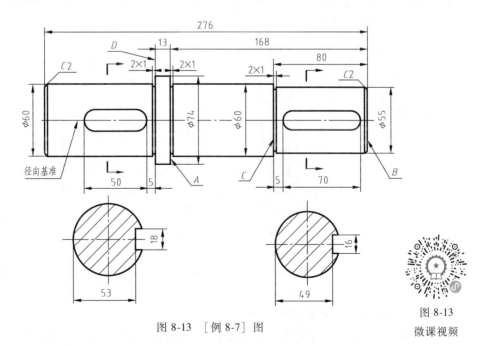

图 8-13　[例 8-7] 图

图 8-13
微课视频

5）标注总长尺寸276。

[**例 8-8**]   如图 8-14 所示为托架，标注其尺寸。

选择基准   在主视图中投影为圆的固定孔轴线到相互垂直的安装面的距离直接影响被支撑轴的装配精度，故选择底座右侧面（大面）为长度方向尺寸基准，水平安装面为高度方向基准；托架前后对称，选择前后对称面为宽度方向基准，如图 8-14 所示。

标注尺寸

1）长度和高度方向主要尺寸标注。由尺寸基准开始，标注尺寸 36、54 确定固定孔的位置；标注孔径 $\phi10$ 和外圆柱面直径 $\phi16$。

2）长度和高度方向其他尺寸标注。由长度基准开始标注尺寸 10 确定安装板长度，从高度基准向下标注尺寸 12 确定安装孔的中心位置，向上标注 6 确定安装板的高度。以标注 36 的确定固定孔位置的垂直轴线为长度方向辅助基准，标注 13 确定螺纹孔 M6 和 $\phi7$、$\phi11$ 的长度方向位置，标注 $R8$ 确定了凸缘的形状；通过尺寸 54 确定了固定孔位置的水平轴线作为高度方向辅助基准，标注尺寸 2 和对称尺寸 11，确定了凸缘高度方向位置。

3）宽度方向主要尺寸的标注。在左视图中标注固定孔宽度尺寸 30；标注安装板宽度尺寸 49，安装孔中心距 24。移出断面图上标注尺寸 24、4、5。

4）其他尺寸如图 8-14 所示，不再叙述。

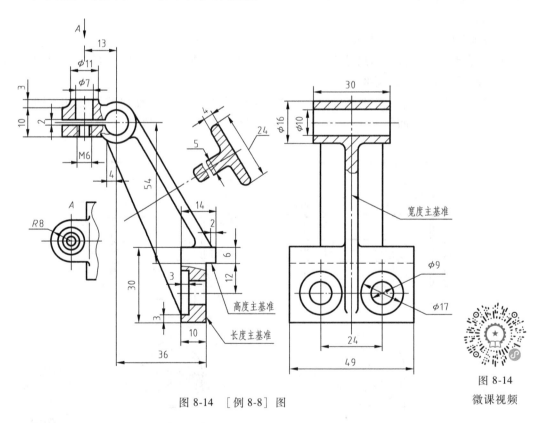

图 8-14   [例 8-8] 图

图 8-14

微课视频

3. 零件上常见典型结构的尺寸注法

零件上一些常见的典型结构要素，如螺纹孔、光孔、沉孔等的标注见表 8-1。

表8-1 零件上常见典型结构要素的尺寸注法

序号	类型	旁注法		普通注法
1	光孔	4×φ4▼10	4×φ4▼10	4×φ4 / 10
2		4×φ4H7▼10 孔▼12	4×φ4H7▼10 孔▼12	4×φ4H7 / 10 / 12
3	螺纹孔	3×M6-7H	3×M6-7H	3×M6-7H
4		3×M6-7H▼10	3×M6-7H▼10	3×M6-7H / 10
5		3×M6-7H▼10 孔▼12	3×M6-7H▼10 孔▼12	3×M6-7H / 10 / 12
6	沉孔	6×φ7 ∨φ13×90°	6×φ7 ∨φ13×90°	90° / 13 / 6×φ7
7		4×φ6.4 ⊔φ12▼4.5	4×φ6.4 ⊔φ12▼4.5	φ12 / 4.5 / 4×φ6.4

（续）

序号	类型	旁注法		普通注法
8	沉孔	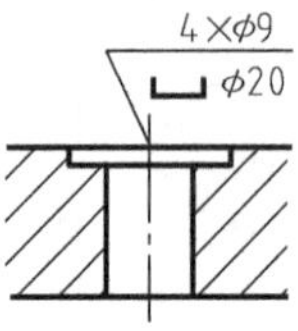	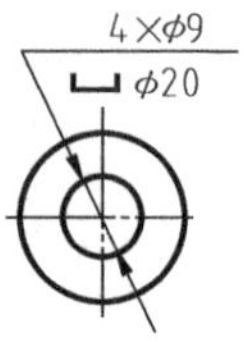	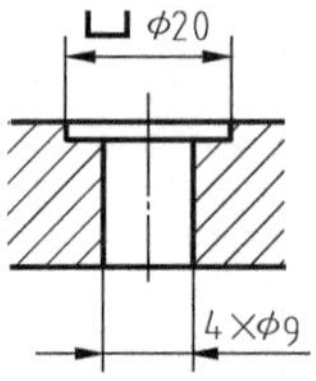
9	45°倒角	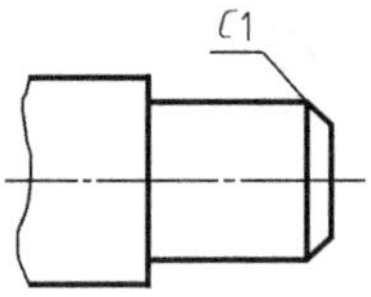	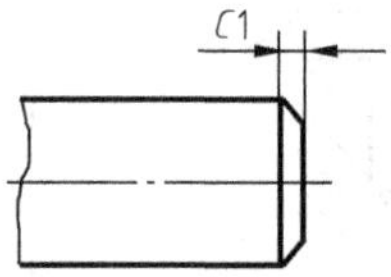	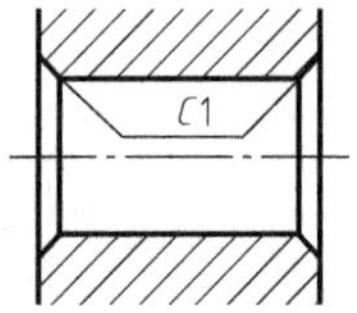
10	30°倒角	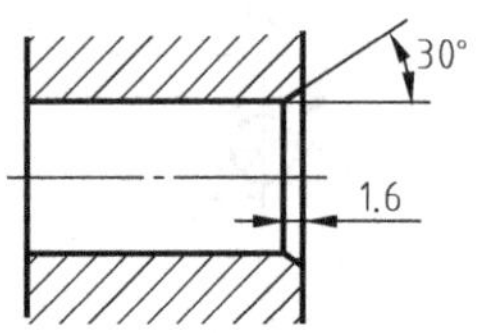		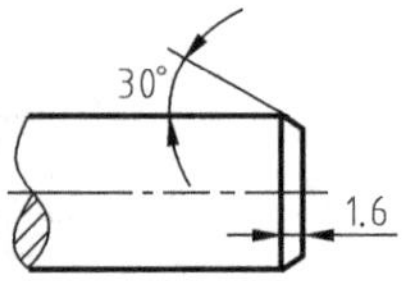
11	退刀槽、越程槽	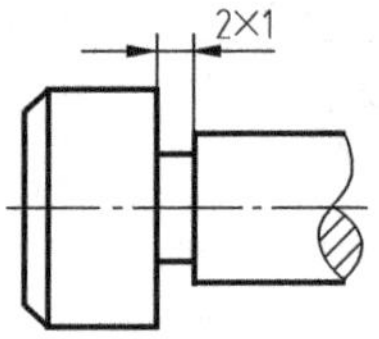	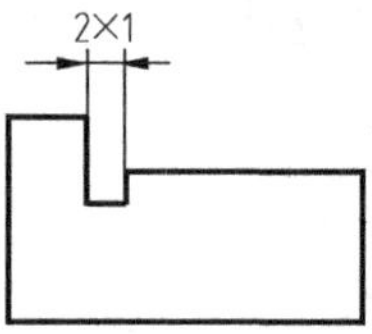	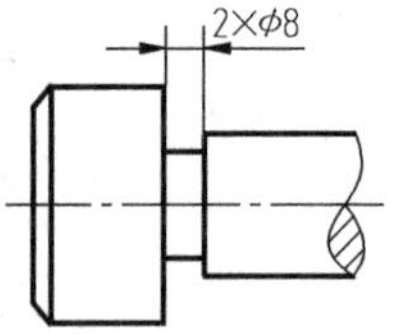

特别提示

零件图的尺寸标注应主要考虑合理性。

➤ 恰当地选择尺寸基准，重要尺寸从主要基准直接注出。

➤ 所注尺寸要符合工艺要求。

➤ 避免注成封闭尺寸链。

思考

选择如图 8-2、图 8-3 所示两个零件的尺寸基准，并进行尺寸标注。

三、零件图的视图选择和尺寸标注综合分析

1. 轴套类零件

轴套类零件的基本形状是同轴回转体，沿轴线方向通常有轴肩、倒角、螺纹、退刀槽、键槽等结构要素。此类零件主要是在车床或磨床上加工。为了加工时便于图物对照、使零件图能够反映轴向结构形状，在绘制零件图时，往往使轴线水平放置。

[例 8-9]　对如图 8-1 所示的主动轴的视图和尺寸标注进行分析。

视图选择分析　按加工位置，在主视图中以轴线水平放置。为了表示键槽和小平面的深度，选择两个移出断面图。

尺寸标注分析

1）基准选择。轴的径向尺寸基准选择轴线，轴向尺寸基准选择左端面。

2）尺寸标注。由径向尺寸基准可标注出各段轴的直径 $\phi13$、$\phi16$、$\phi11$；从轴向基准向右标注长度尺寸 13，并注出总长 120；以 $\phi16$ 轴段右端面为辅助基准，标注 17、2×0.5、37、3 确定各轴段的长度和键槽的定位尺寸；以 $\phi11$ 轴段右端面为辅助基准注出 26 确定小平面的长度。断面图上的尺寸确定了键槽的宽度和深度，以及小平面的位置。

2. 轮盘类零件

轮盘类零件的结构特点是轴向尺寸小而径向尺寸大，零件的主体多数是由同轴回转体构成，也有主体形状是矩形的，并在径向分布有螺纹孔或光孔、销孔等，主要是在车床上加工。为表达轴向结构形状特征，主视图按轴线水平位置选取。

[**例 8-10**]　对如图 8-15 所示端盖零件图进行分析。

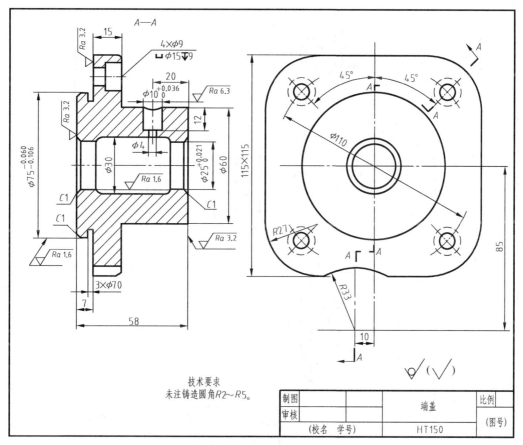

技术要求
未注铸造圆角R2～R5。

制图		端盖	比例
审核			
（校名　学号）		HT150	（图号）

图 8-15　[例 8-10] 图

图 8-15
微课视频

视图选择分析　该端盖零件图选择了两个视图，主视图按加工位置选取，采用全剖视图；为了把内部结构表达清楚，采用复合剖切面，表示出了端盖的轴向结构层次。左视图采用视图，表达了端盖径向结构形状特征，是大圆角方形结构，分布四个沉头孔。

尺寸标注分析

1）基准选择。径向基准为轴孔的轴线，长度方向的主要尺寸基准选择方形板的左端面。

2）尺寸标注。由径向基准注出直径尺寸 $\phi75$、$\phi30$、$\phi25$、$\phi60$，在左视图中注出 $\phi110$；左视图中标注 10、85，确定 $R33$ 圆弧的圆心位置；长度方向从基准开始向左注出 7、$3\times\phi70$，向右注出 15；注出总长 58，总宽、总高 115×115；以右端面为辅助基准标注 20，确定 $\phi10$ 孔的位置。最后注出全部的定形尺寸。

3. 叉架类零件

叉架类零件主要起支承和连接作用，其结构形状比较复杂，且不太规则。要在多种机床上加工，由于加工位置多变，在选择主视图时，主要考虑工作位置和形状特征。

[例 8-11]　对如图 8-16 所示踏脚架零件图进行分析。

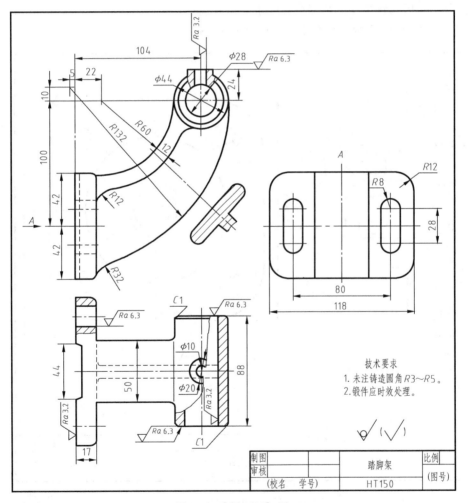

图 8-16　[例 8-11] 图

图 8-16
微课视频

视图选择分析　踏脚架上部的空心圆筒和左面的安装板通过中间的 T 形肋板连接，采用四个视图表达。主视图采用局部剖表达圆筒上凸台与圆筒的连接关系，视图部分表达圆筒、安装板和 T 形肋板的主要结构和相对位置；俯视图表示圆筒、安装板和肋板的宽度及相对位置；A向局部视图表达安装板的形状及槽的分布；移出断面图表达 T 形肋板的断面形状。

尺寸标注分析　在标注叉架类零件的尺寸时，通常用安装基准面或零件的对称面作为尺寸基准。

1）基准选择。选取安装板左端面作为长度方向的主要尺寸基准，选取安装板的水平对称面作为高度方向的主要尺寸基准，宽度方向以前后方向的对称面作为主要尺寸基准。

2）尺寸标注。从长度方向基准开始向右注出 104，由高度方向基准向上注出 100，确定圆筒的位置；由高度方向基准向上、向下注出 42，确定安装板高度尺寸；从长度方向基准开始向右注出 22，确定 R60 圆弧的圆心位置，向左注出 5，再以圆筒水平对称中心线为辅助基准向上注出 10，确定 R132 圆弧的圆心位置。

以圆筒轴线为辅助基准注出 $\phi28$、$\phi44$，在高度方向注出 24，确定凸台的顶面。

在俯视图中，宽度方向注出 44、50、88，在 A 向视图中，宽度方向注出 80、118。最后注全所有的定形尺寸。

4. 箱体类零件

箱体类零件是机器或部件的主体部分，用来支承、包容、保护运动零件或其他零件，这类零件的形状、结构较复杂，加工工序较多。一般均按工作位置和形状特征原则选择主视图，其他视图选择两个或两个以上，应根据实际情况适当采取剖视图、断面图、局部视图和斜视图等多种形式，清晰地表达零件内外形状。

[例 8-12]　对如图 8-17 所示阀体的零件图进行分析。

视图选择分析　该阀体的表达采用了 3 个基本视图，主视图按工作位置原则选取，采用全剖视，清楚地表达内腔的结构，右端圆法兰上有通孔。左视图采用半剖视，从左视图中可知 4 个孔的分布情况，从半个视图中可知，阀体左端是方形法兰，并有 4 个螺纹孔；从半个剖视图中可知，阀体外形是圆柱体。俯视图表示了方形法兰的厚度，局部剖表示了螺纹孔深度。

尺寸标注分析　箱体类零件图常选用设计轴线、对称面、重要端面和重要安装面作为尺寸基准。箱体上需加工的部分，应尽可能按便于加工和检验的要求标注尺寸。

1）基准选择。阀体长度方向的主要尺寸基准是通过 A—A 剖切平面的轴线；高度方向的主要尺寸基准为同轴回转体的轴线；宽度方向的主要尺寸基准是前后对称平面。

2）尺寸标注。阀体的主要结构为圆柱，由高度方向基准注出 $\phi48$、$\phi44$、$\phi34$、$\phi53$、$\phi20$、$\phi51$、$\phi105$，由俯视图注出 $\phi32$、$\phi57$、$\phi35$、$\phi56$、$\phi80$，由左视图注出 $\phi56$、57×57，从基准向上注出 40，确定 M36 螺纹的高度。以顶面为辅助基准，标注 14，确定 $\phi23$ 孔的深度。

由长度基准注出 $\phi16$、$\phi23$、M36，向左注出 19，确定左端面方板的位置，以左端面为辅助基准，在俯视图中向右标注 16、43、9、10，在主视图向右标注 5、38、70，以 $\phi105$ 的右端面为辅助基准向左标注 15，确定 $\phi105$ 圆形法兰的厚度，向右标注 2，确定右面凸台的长度。

注全所有定形、定位尺寸。

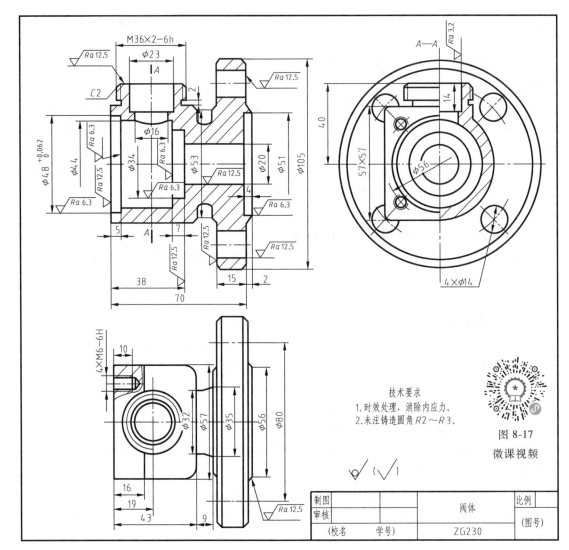

图 8-17 ［例 8-12］图

第三节 零件结构工艺性知识

零件在机器或部件中的作用决定了它各部分的结构，但在设计零件时，除了考虑其作用外，还必须对零件上的某些结构（如铸造圆角、退刀槽等）进行合理设计和规范表达，使其符合铸造工艺和机械加工工艺的要求。

一、铸造零件的工艺结构

1. 起模斜度

用铸造的方法制造零件毛坯时，为了便于在砂型中取出木模，一般沿木模起模方向做成约1:20 的斜度，叫做起模斜度。铸造零件的起模斜度较小时，在图中可不画、不注，如图 8-18a 所示，必要时可在技术要求中说明。斜度较大时，则要画出和标注出斜度，如图 8-18b 所示。

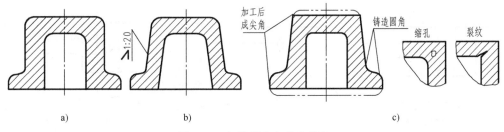

图 8-18　起模斜度和铸造圆角

2. 铸造圆角

铸件在铸造过程中为了防止砂型在浇注时落砂，以及在冷却时产生缩孔和裂纹，将铸件的转角处制成圆角，这种圆角称为铸造圆角，如图 8-18c 所示。铸造圆角半径一般取壁厚的 0.2~0.4 倍，尺寸在技术要求中统一注明，在图上一般不标注铸造圆角。

3. 铸件壁厚

铸件的壁厚应保持均匀或逐渐过渡，如果壁厚不均匀，就会使浇注后零件各部分因冷却速度不同而产生缩孔或裂纹，在壁厚不同的地方可逐渐过渡，如图 8-19 所示。

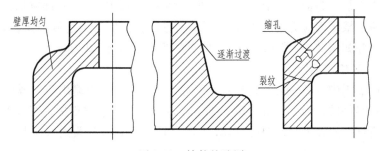

图 8-19　铸件的壁厚

4. 过渡线

铸件及锻件两表面相交时，表面交线因存在圆角而模糊不清，为了方便读图，画图时两表面交线仍按原位置画出，但交线的两端空出而不与轮廓线的圆角相交，此交线称为过渡线。过渡线用细实线绘制，如图 8-20、图 8-21 所示为常见过渡线的画法。

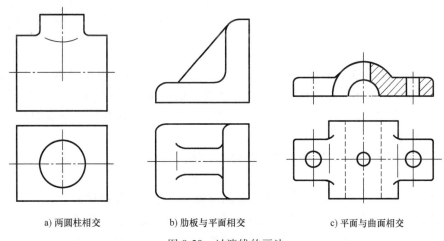

a) 两圆柱相交　　　　　b) 肋板与平面相交　　　　　c) 平面与曲面相交

图 8-20　过渡线的画法

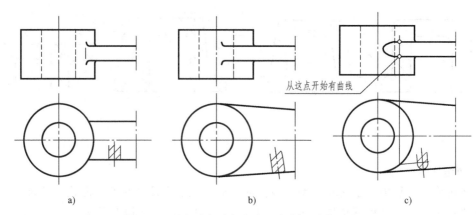

a)　　　　　　　　　　b)　　　　　　　　　　c)

从这点开始有曲线

图 8-21　连杆头与连杆相交、相切过渡线画法

二、零件机械加工的工艺结构

1. 倒角和倒圆

为了去除零件加工表面的毛刺、锐边和便于装配，在轴或孔的端部应加工出倒角。为了避免阶梯轴轴肩的根部因应力集中而产生裂纹，在轴肩处加工出过渡圆角，称为倒圆。45°倒角和倒圆的标注如图 8-22a 所示。非 45°倒角的标注如图 8-22b 所示。

2. 退刀槽和砂轮越程槽

零件在切削加工中（特别是在车螺纹和磨削时），为了便于退出刀具或使被加工表面完全加工，常常在零件的待加工面的末端，加工出退刀槽或砂轮越程槽，图 8-23 所示。图中 b 表示退刀槽的宽度，ϕ 表示退刀槽的直径，b 和 ϕ 的值可查阅相关国家标准。

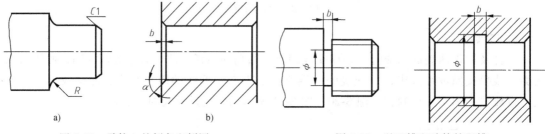

图 8-22　零件上的倒角和倒圆　　　　图 8-23　退刀槽和砂轮越程槽

3. 钻孔结构

用钻头钻盲孔时，在底部有一个 120°的锥角。钻孔深度指的是圆柱部分的深度，不包括锥角，如图 8-24a 所示。在阶梯形钻孔的过渡处，也存在锥角 120°的圆台，如图 8-24b 所示。对于斜孔、曲面上的孔，为使钻头与钻孔端面垂直，应制出与钻头垂直的凸台或凹坑，如图 8-24c、d 所示。

[例 8-13]　比较如图 8-25 所示钻孔结构的正误。

分析

1）如图 8-25a 所示为在斜面上钻孔，孔的位置不能保证，是错误的。

2）如图 8-25b 所示为加工出凹坑，能保证钻头与加工面垂直，正确。

3）如图 8-25c 所示为加工出凸台，能保证钻头与加工面垂直，正确。

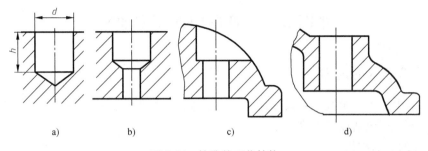

图 8-24 钻孔的工艺结构

4）如图 8-25d 所示为钻头钻透时，钻头单边受力，容易损坏钻头，错误。

5）如图 8-25e 所示为钻头受力均匀的情况，孔的质量能保证，正确。

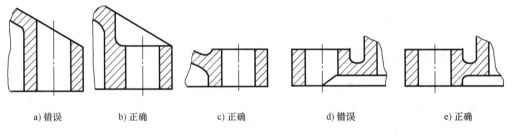

图 8-25 钻孔结构正误比较

4. 凸台和凹坑

为使配合面接触良好，并减少切削加工面积，应将接触部位制成凸台或凹坑等结构，如图 8-26 所示。

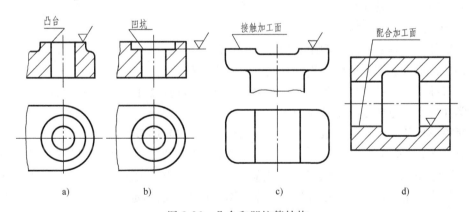

图 8-26 凸台和凹坑等结构

特别提示

绝大部分零件都要经过铸造、锻造和机械加工等制造过程，因此，零件的结构形状不仅要满足设计要求，还要符合制造工艺、装配等方面的要求，以保证零件质量好、成本低、效益高。因而，需要注意零件的结构合理性，以免给生产带来困难。

第四节 零件图中的技术要求

一、技术要求的内容

在零件图中除了一组视图和尺寸标注外，还应具备加工和检验零件的技术要求，零件图中的技术要求主要包括以下内容。

1）零件的表面结构。

2）尺寸公差、几何公差、极限与配合；对零件的材料、热处理和表面修饰的说明。

3）关于特殊加工表面修饰的说明。

以上内容可以用国家标准规定的代号或符号在图中注出，也可以用文字或数字在零件图右下方适当的位置写明。如图 8-1 所示的主动轴零件图中就是以符号、代号和文字说明了该零件在制造时应达到的技术要求。

二、表面结构的表示法（摘自 GB/T 131—2006）

由于加工制造过程受各种因素影响，零件的实际表面都不是绝对平滑的，在放大镜（或显微镜）下观察，可以看到高低不平的情况，零件表面的微观情况如图 8-27 所示。零件的实际表面大多受表面粗糙度、表面波纹度、表面几何形状及表面缺陷等综合影响。它们直接影响零件的性能，需要分别进行测量和控制。在工程图样上，需要根据零件的功能对其表面结构给出要求。表面结构是表面粗糙度、表面波纹度、表面缺陷、表面纹理和表面几何形状的总称。评价零件表面质量最常用的是表面粗糙度参数。

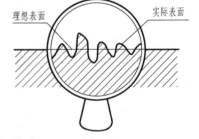

图 8-27 零件表面的微观状况

1. 表面粗糙度的基本概念

表示零件表面具有的较小间距和峰谷所组成的微观几何形状特性，称为表面粗糙度。表面粗糙度对零件的配合性质、耐磨性、抗疲劳强度、耐蚀性、密封性等都有影响，因此，要根据零件表面的工作要求，对零件的表面粗糙度做出相应的规定。

表面粗糙度的高度评定参数有：算术平均偏差 Ra 和轮廓最大高度 Rz，优先选用算术平均偏差 Ra。Ra 是指在取样长度 L 范围内，被测轮廓上各点至基准线距离的算术平均值，如图 8-28 所示。轮廓算术平均偏差 Ra 值的选用，既要满足零件表面功能要求，又要考虑经济合理性。具体选用时，可参考已有的类似零件图，用类比法确定。

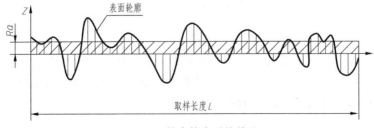

图 8-28 轮廓算术平均偏差

零件的工作表面、配合表面、密封表面、摩擦表面和精度要求高的表面等，Ra 值应取小一些，非工作表面、非配合面和尺寸精度要求低的表面，Ra 值应取大一些。表 8-2 列出了 Ra 值与加工方法的关系及其应用实例。

表 8-2 表面粗糙度 Ra 值应用举例

$Ra/\mu m$	表面特征	主要加工方法	应用举例
>40~80	明显可见刀痕	粗车、粗铣、粗刨、钻、粗纹锉刀和粗砂轮加工	表面粗糙度要求最低的加工面，一般很少应用
>20~40	可见刀痕		
>10~20	微见刀痕	粗车、铣、刨、钻等	不接触表面、不重要的接触表面，如螺纹孔、倒角、机器底面等
>5~10	可见加工痕迹	精车、精铣、精刨、铰、镗、粗磨等	没有相对运动的零件接触面，如箱体、盖、套筒要求紧贴的表面、键和键槽工作表面；相对运动速度不高的接触面，如支架孔、衬套、带轮轴孔的工作表面
>2.5~5	微见加工痕迹		
>1.25~2.5	看不见加工痕迹		
>0.63~1.25	可辨加工痕迹方向	精车、精铰、精镗、精拉、精磨等	要求很好配合的接触表面，如与滚动轴承配合的表面、销孔等；相对运动速度较高的接触面，如齿轮的工作表面
>0.32~0.63	微辨加工痕迹方向		
>0.16~0.32	不可辨加工痕迹方向		
>0.08~0.16	暗光泽面	研磨、抛光、超级精细研磨等	精密量具表面、极重要零件的摩擦面，如汽缸的内表面、精密机床的主轴颈、坐标镗床的主轴颈等
>0.04~0.08	亮光泽面		
>0.02~0.04	镜状光泽面		
>0.01~0.02	雾状镜面		
≤0.01	镜面		

2. 表面结构

在 GB/T 131—2006 中规定了表面结构的图形符号，见表 8-3。表面结构图形符号的画法如图 8-29 所示，其中 $d' = h/10$，$H_1 = 1.4h$，$H_2 = 3h$，h 为字高。

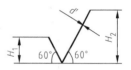

图 8-29 表面结构图形符号的画法

3. 表面结构要求的标注

表面结构要求参数的单位是 μm，标注示例见表 8-4。

表 8-3 表面结构图形符号

符号名称	符号	意义及说明
基本图形符号		基本符号，表示未指定工艺方法的表面，仅用于简化代号标注，没有补充说明时不能单独使用；若与补充的或辅助的说明一起使用，则不需要进一步说明是去除材料或不去除材料形成的表面
扩展图形符号		基本符号加一短横，表示用去除材料的方法获得的表面；仅当其含义是被加工表面时可单独使用
		基本符号加一小圆，表示用不去除材料方法获得的表面，或者是用于保持上道工序形成的表面，不管这种状况是通过去除材料或不去除材料形成的
完整图形符号		在上述三个符号的长边上均加一横线，用于标注对表面结构的各种要求

表 8-4　表面结构要求标注示例

符号	意　义	补充说明
∇ Ra 0.8	表示不允许去除材料,单向上限值,默认传输带,R 轮廓,算术平均偏差 0.8μm,评定长度为 5 个取样长度(默认),"16%规则"(默认)	参数代号与极限值之间应留空格,默认传输带时的取样长度可查阅 GB/T 10610—2009 和 GB/T 6062—2009 选定
∇ Rz max 0.2	表示去除材料,单向上限值,默认传输带,R 轮廓,粗糙度最大高度的最大值 0.2μm,评定长度为 5 个取样长度(默认),"最大规则"	
∇ 0.008-0.8/Ra 3.2	表示去除材料,单向上限值,传输带 0.008~0.8mm,R 轮廓,算术平均偏差 3.2μm,评定长度为 5 个取样长度(默认),"16%规则"(默认)	传输带(0.008~0.8mm)中的数值分别为短波和长波滤波器的截止波长(λs~λc)表示波长范围,取样长度等于 λc。若仅标出一个截止波长,另一值为默认值
∇ U Ra max 3.2 L Ra 0.8	表示不允许去除材料,双向极限值,默认传输带,R 轮廓,算术平均偏差的上限值 3.2μm,评定长度为 5 个取样长度(默认),"最大规则",算术平均偏差的下限值 0.8μm"16%规则"(默认)	双向极限用"U"和"L"表示上限值和下限值,在不致引起歧义时,可不加注"U"和"L"

4. 表面结构要求在图样上的标注

在同一图样上,每一个表面只注一次表面结构要求,且应注在相应的尺寸及其公差的同一视图上。表 8-5 列出了表面结构要求在图样中的标注方法。

表 8-5　表面结构要求在图样中的标注

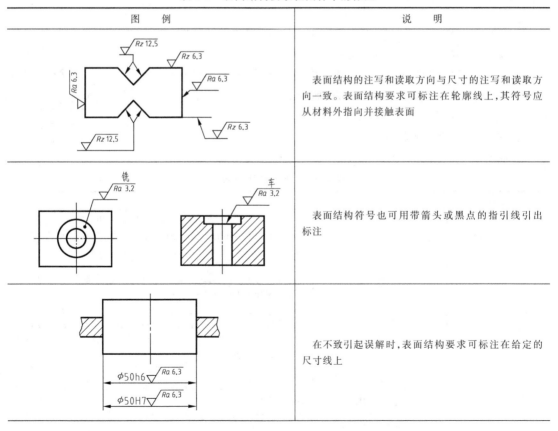

图　例	说　明
	表面结构的注写和读取方向与尺寸的注写和读取方向一致。表面结构要求可标注在轮廓线上,其符号应从材料外指向并接触表面
	表面结构符号也可用带箭头或黑点的指引线引出标注
	在不致引起误解时,表面结构要求可标注在给定的尺寸线上

（续）

图 例	说 明
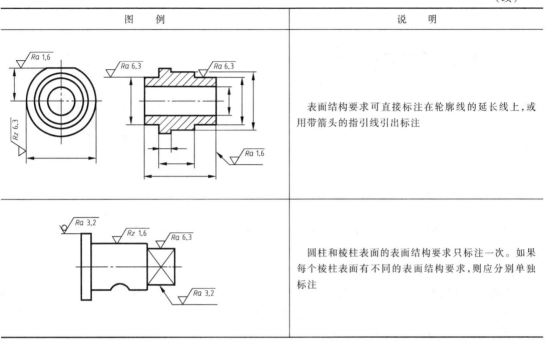	表面结构要求可直接标注在轮廓线的延长线上，或用带箭头的指引线引出标注
	圆柱和棱柱表面的表面结构要求只标注一次。如果每个棱柱表面有不同的表面结构要求，则应分别单独标注

5. 表面结构要求的简化注法

（1）有相同表面结构要求的简化注法　如果在工件的多数表面有相同的表面结构要求，则其表面结构要求可统一注在图样的标题栏附近。此时，表面结构要求的符号后有如下几种情况。

1）在圆括号内给出无任何其他标注的基本符号，如图 8-30a 所示。

2）在圆括号内给出不同的表面结构要求，如图 8-30b 所示。

3）不同的表面结构要求应直接在图中注出。

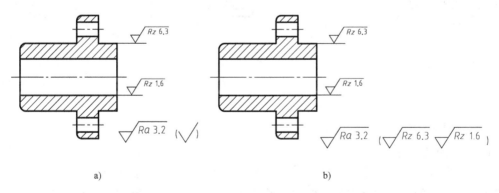

图 8-30　多数表面有相同表面结构要求的简化注法

（2）多个表面有共同要求的注法　当多个表面具有相同的表面结构要求，且图纸空间有限时，用带字母的完整符号，以等式的形式，在图形或标题栏附近，对有相同表面结构要求的表面进行简化标注，如图 8-31a 所示。还可以只用表面结构符号进行简化标注，如图 8-31b 所示，以等式的形式给出多个表面共同的表面结构要求。

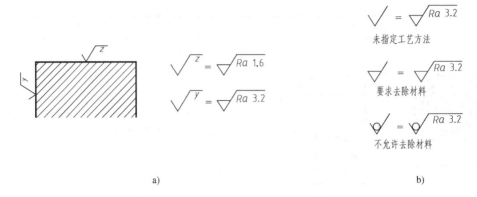

图 8-31　在图纸空间有限时的简化注法

[例 8-14]　按下列要求在视图上标注表面粗糙度，如图 8-32a 所示。

A 面：用去除材料的方法获得，Ra 值为 1.6μm；

B 面：用去除材料的方法获得，Ra 值为 3.2μm；

C 面：用去除材料的方法获得，Ra 值为 6.3μm；

其余表面用去除材料的方法获得，Ra 值为 12.5μm。

标注　标注结果如图 8-32b 所示。

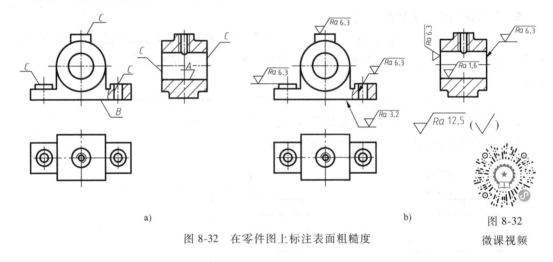

图 8-32　在零件图上标注表面粗糙度

图 8-32

微课视频

三、极限与配合

1. 零件的互换性

同一批零件，不经挑选和辅助加工，任取一个就可顺利地装到机器上去，并满足机器的性能要求，零件的这种性能称为互换性。零件具有互换性，不仅能组织大批量生产，而且可提高产品的质量、降低成本和便于维修。

保证零件具有互换性的措施：由设计者确定合理的配合要求和尺寸公差大小。在满足设计要求的条件下，允许零件实际尺寸有一个变动量，这个允许尺寸的变动量称为公差。

2. 基本术语

尺寸公差及有关术语的举例说明如图 8-33 所示。

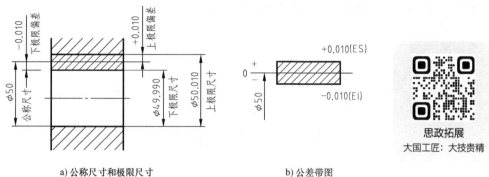

a) 公称尺寸和极限尺寸　　　　　　　　　　b) 公差带图

图 8-33　尺寸公差及有关术语

思政拓展
大国工匠：大技贵精

1) 公称尺寸是指设计给定的尺寸，如 $\phi 50$。

2) 极限尺寸是指允许尺寸变化的两个极限值，尺寸要素允许的最大尺寸称为上极限尺寸，尺寸要素允许的最小尺寸称为下极限尺寸。如

$$上极限尺寸=50+0.010=50.010$$
$$下极限尺寸=50-0.010=49.990$$

3) 尺寸偏差（简称偏差）是指极限尺寸减公称尺寸所得的代数差，分别称为上极限偏差和下极限偏差，即

$$上极限偏差=上极限尺寸-公称尺寸$$
$$下极限偏差=下极限尺寸-公称尺寸$$

国家标准规定：孔的上极限偏差代号为 ES，孔的下极限偏差代号为 EI；轴的上极限偏差代号为 es，下极限偏差代号为 ei。

$$ES=50.010-50=+0.010 \qquad EI=49.990-50=-0.010$$

4) 尺寸公差（简称公差）是指允许尺寸的变动量。

$$公差=上极限尺寸-下极限尺寸=上极限偏差-下极限偏差=+0.010-(-0.010)=0.020$$

5) 零线是指在公差带图（公差与配合图解）中确定偏差的一条基准直线，即零偏差线。通常以零线表示公称尺寸。

6) 尺寸公差带（简称公差带）是指在公差带图中，由代表上、下极限偏差的两条直线所限定的区域。

[例 8-15]　一根轴的直径为 $\phi 50 \pm 0.008$mm，说明其相应的尺寸。

解

公称尺寸 $=\phi 50$mm

上极限尺寸 $=\phi(50+0.008)$mm$=\phi 50.008$mm

下极限尺寸 $=\phi(50-0.008)$mm$=\phi 49.992$mm

es(上极限偏差) $=50.008$mm-50mm$=0.008$mm

ei(下极限偏差) $=49.992$mm-50mm$=-0.008$mm

公差 $=50.008$mm-49.992mm$=0.016$mm　　或 $=0.008$mm$-(-0.008$mm$)=0.016$mm

3. 标准公差与基本偏差

为了便于生产，实现零件的互换性及满足不同的使用要求，国家标准《产品几何技术规范（GPS）极限与配合》（GB/T 1800.1—2009）规定了公差带由标准公差和基本偏差两

个要素组成。标准公差确定公差带大小，基本偏差确定公差带位置，如图 8-34 所示。

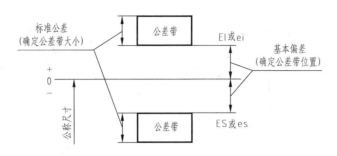

图 8-34　公差带大小及位置

（1）标准公差（IT）　标准公差是标准所列的，用以确定公差带大小的公差值。标准公差分为 20 个等级，即 IT01，IT0，IT1，IT2，…，IT18。IT 表示公差，数字表示公差等级，从 IT01 至 IT18 依次降低。

（2）基本偏差　基本偏差一般指靠近零线的那个偏差。当公差带位于零线的上方时，基本偏差为下极限偏差，反之则为上极限偏差。轴与孔的基本偏差代号用拉丁字母表示，大写为孔，小写为轴，各有 28 个，如图 8-35 所示。由图可知，孔的基本偏差从 A～H 为下极限偏差，从 J～ZC 为上极限偏差，而轴的基本偏差则相反，从 a～h 为上极限偏差，从 j～zc 为下极限偏差；图中 H（h）的基本偏差为零，常作为基准孔或基准轴的偏差代号；JS 和 js 对称于零线，其上、下极限偏差分别为 +IT/2 和 -IT/2，其值可从附表中查得。

4.配合

公称尺寸相同的、相互结合的孔和轴公差带之间的关系称为配合。根据使用要求的不同，孔和轴之间的配合有松有紧，国家标准规定配合分三类：间隙配合、过盈配合和过渡配合。

（1）间隙配合　孔与轴配合时，具有间隙（包括最小间隙等于零）的配合称为间隙配合，此时孔的公差带在轴的公差带之上，如图 8-36 所示。

（2）过盈配合　孔和轴配合时，孔的尺寸减去相配合轴的尺寸，如其代数差是负值，则这个值称为过盈，具有过盈的配合称为过盈配合。此时孔的公差带在轴的公差带之下，如图 8-37 所示。

（3）过渡配合　可能具有间隙或过盈的配合称为过渡配合。此时孔的公差带与轴的公差带相互交叠，如图 8-38 所示。

5.配合制度

当基本尺寸确定后，为了得到孔与轴之间各种不同性质的配合，又便于设计和制造，国家标准规定了两种不同的基准制，即基孔制和基轴制，在一般情况下优先选用基孔制。

（1）基孔制　基本偏差一定的孔的公差带与不同基本偏差的轴的公差带形成各种配合的一种制度，如图 8-39a 所示。基孔制配合中的孔为基准孔，用基本偏差代号 H 表示，基准孔的下偏差为零。

（2）基轴制　基本偏差一定的轴的公差带与不同基本偏差的孔的公差带形成各种配合的一种制度，如图 8-39b 所示。基轴制配合中的轴为基准轴，用基本偏差代号 h 表示，基准轴的上偏差为零。

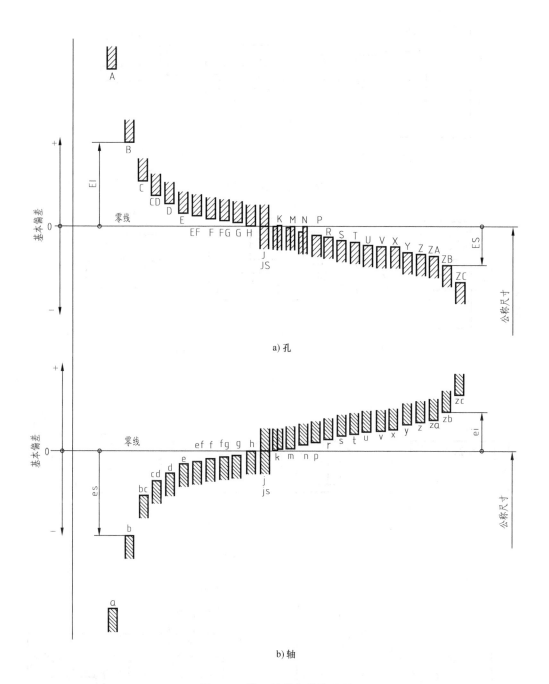

图 8-35 孔、轴基本偏差系列

6. 优先、常用配合

在配合代号中，一般孔的基本偏差为 H，表示基孔制；轴的基本偏差为 h，表示基轴制。20 个标准公差等级和 28 种基本偏差可组成大量的配合。国家标准对孔、轴的公差带的选用分为优先、常用和不常用三类，由孔、轴的优先和常用公差带分别组成基孔制和基轴制的优先和常用配合，见表 8-6 和表 8-7，应首先选用表中的优先配合，其次选用常用配合。

a) 公差与配合示意图　　　　　b) 公差带图

图 8-36　间隙配合

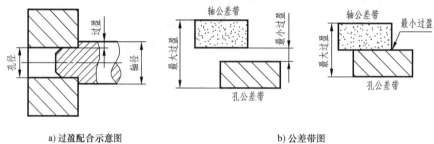

a) 过盈配合示意图　　　　　b) 公差带图

图 8-37　过盈配合

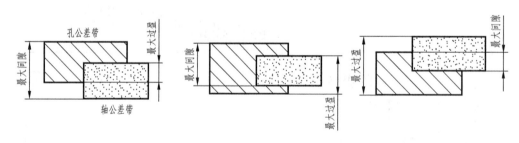

图 8-38　过渡配合公差带图

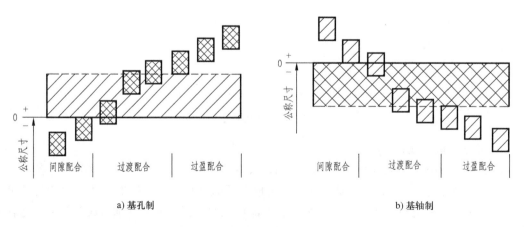

a) 基孔制　　　　　b) 基轴制

图 8-39　基孔制配合和基轴制配合

表 8-6　基孔制的优先、常用配合（摘自 GB/T 1801—2009）

基准孔	轴																				
	a	b	c	d	e	f	g	h	js	k	m	n	p	r	s	t	u	v	x	y	z
	间隙配合								过渡配合				过盈配合								
H6					$\frac{H6}{f5}$		$\frac{H6}{g5}$	$\frac{H6}{h5}$	$\frac{H6}{js5}$	$\frac{H6}{k5}$	$\frac{H6}{m5}$	$\frac{H6}{n5}$	$\frac{H6}{p5}$	$\frac{H6}{r5}$	$\frac{H6}{s5}$	$\frac{H6}{t5}$					
H7						$\frac{H7}{f6}$	$\frac{H7}{g6}$	$\frac{H7}{h6}$	$\frac{H7}{js6}$	$\frac{H7}{k6}$	$\frac{H7}{m6}$	$\frac{H7}{n6}$	$\frac{H7}{p6}$	$\frac{H7}{r6}$	$\frac{H7}{s6}$	$\frac{H7}{t6}$	$\frac{H7}{u6}$	$\frac{H7}{v6}$	$\frac{H7}{x6}$	$\frac{H7}{y6}$	$\frac{H7}{z6}$
H8				$\frac{H8}{e7}$		$\frac{H8}{f7}$	$\frac{H8}{g7}$	$\frac{H8}{h7}$	$\frac{H8}{js7}$	$\frac{H8}{k7}$	$\frac{H8}{m7}$	$\frac{H8}{n7}$	$\frac{H8}{p7}$	$\frac{H8}{r7}$	$\frac{H8}{s7}$	$\frac{H8}{t7}$	$\frac{H8}{u7}$				
				$\frac{H8}{d8}$	$\frac{H8}{e8}$	$\frac{H8}{f8}$		$\frac{H8}{h8}$													
H9			$\frac{H9}{c9}$	$\frac{H9}{d9}$	$\frac{H9}{e9}$	$\frac{H9}{f9}$		$\frac{H9}{h9}$													
H10			$\frac{H10}{c10}$	$\frac{H10}{d10}$				$\frac{H10}{h10}$													
H11	$\frac{H11}{a11}$	$\frac{H11}{b11}$	$\frac{H11}{c11}$	$\frac{H11}{d11}$				$\frac{H11}{h11}$													
H12		$\frac{H12}{b12}$						$\frac{H12}{h12}$													

注：1. $\frac{H6}{n5}$、$\frac{H7}{p6}$ 在公称尺寸小于或等于 3mm 和 $\frac{H8}{r7}$ 在小于或等于 100mm 时，为过渡配合。

2. 标注 ◤ 的配合为优先配合。

表 8-7　基轴制的优先、常用配合（摘自 GB/T 1801—2009）

基准轴	孔																				
	A	B	C	D	E	F	G	H	JS	K	M	N	P	R	S	T	U	V	X	Y	Z
	间隙配合								过渡配合				过盈配合								
h5						$\frac{F6}{h5}$	$\frac{G6}{h5}$	$\frac{H6}{h5}$	$\frac{JS6}{h5}$	$\frac{K6}{h5}$	$\frac{M6}{h5}$	$\frac{N6}{h5}$	$\frac{P6}{h5}$	$\frac{R6}{h5}$	$\frac{S6}{h5}$	$\frac{T6}{h5}$					
h6						$\frac{F7}{h6}$	$\frac{G7}{h6}$	$\frac{H7}{h6}$	$\frac{JS7}{h6}$	$\frac{K7}{h6}$	$\frac{M7}{h6}$	$\frac{N7}{h6}$	$\frac{P7}{h6}$	$\frac{R7}{h6}$	$\frac{S7}{h6}$	$\frac{T7}{h6}$	$\frac{U7}{h6}$				
h7					$\frac{E8}{h7}$	$\frac{F8}{h7}$		$\frac{H8}{h7}$	$\frac{JS8}{h7}$	$\frac{K8}{h7}$	$\frac{M8}{h7}$	$\frac{N8}{h7}$									
h8				$\frac{D8}{h8}$	$\frac{E8}{h8}$	$\frac{F8}{h8}$		$\frac{H8}{h8}$													

（续）

基准轴	孔																				
	A	B	C	D	E	F	G	H	JS	K	M	N	P	R	S	T	U	V	X	Y	Z
	间隙配合								过渡配合			过盈配合									
h9				$\dfrac{D9}{h9}$	$\dfrac{E9}{h9}$	$\dfrac{F9}{h9}$		$\dfrac{H9}{h9}$													
h10				$\dfrac{D10}{h10}$				$\dfrac{H10}{h10}$													
h11	$\dfrac{A11}{h11}$	$\dfrac{B11}{h11}$	$\dfrac{C11}{h11}$	$\dfrac{D11}{h11}$				$\dfrac{H11}{h11}$													
h12		$\dfrac{B12}{h12}$						$\dfrac{H12}{h12}$													

注：标注▼的配合为优先配合。

7. 极限与配合的标注

（1）零件图中的标注形式　在零件图中的标注形式有三种：标注公称尺寸及上、下极限偏差值（常用方法），标注公称尺寸后既注公差带代号又注上、下极限偏差，或者标注公称尺寸及公差带代号，如图 8-40 所示。

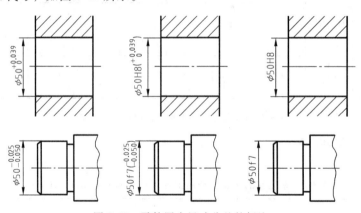

图 8-40　零件图中尺寸公差的标注

（2）在装配图中配合尺寸的标注　在装配图中标注时，应在公称尺寸后注出孔和轴的配合代号。基孔制的标注形式为

$$公称尺寸\frac{基准孔的基本偏差代号（H）\quad 公差等级代号}{配合轴的基本偏差代号\quad 公差等级代号}$$

基轴制的标注形式为

$$公称尺寸\frac{孔的基本偏差代号\quad 公差等级代号}{基准轴的基本偏差代号（h）\quad 公差等级代号}$$

［例 8-16］　解释图 8-41 中标注的配合尺寸。

解

1）图 8-41a 中 $\phi 50H8/f7$，表示公称尺寸为 50，基孔制，8 级基准孔与公差等级为 7 级、基本偏差代号为 f 的轴的间隙配合。

2）图 8-41b 中 φ50P7/h6，表示公称尺寸为 50，基轴制，6 级基准轴与公差等级为 7 级、基本偏差代号为 P 的孔的过盈配合。

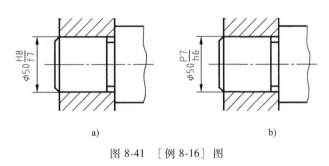

a)　　　　　　　　　　　　　　b)

图 8-41　［例 8-16］图

[**例 8-17**]　如图 8-42a 所示为阶梯销轴装配在底座和滑轮的孔中，试分析配合公差的基准制和配合性质。

分析　根据配合代号查表，画出公差带图如 8-42b 所示，销轴与滑轮的配合尺寸为 φ12F8/h7，为基轴制配合，孔的公差带在轴的公差带之上，为间隙配合。销轴与底座的配合尺寸为 φ12JS8/h7，也为基轴制，从公差带图可知，孔的公差带与轴的公差带相互交叠，是过渡配合。

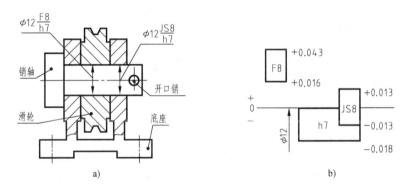

a)　　　　　　　　　　　　　　b)

图 8-42　［例 8-17］图

四、几何公差

要加工出一个尺寸绝对准确的零件是不可能的，同样，要加工出一个形状和零件要素间的相对位置绝对准确的零件也是不可能的。为了满足使用要求，零件的尺寸由尺寸公差加以限制，而零件的形状和零件的要素间的相对位置由几何公差加以限制。国家标准《产品几何技术规范（GPS）几何公差形状、方向、位置和跳动公差标注》（GB/T 1182—2018）规定了工件几何公差标注的基本要求和方法。几何公差是指零件各部分形状、方向、位置和跳动误差所允许的最大变动量，它反映了零件各部分的实际要素对理想要素的误差程度。它同零件的尺寸公差、表面结构一样，是评定零件质量的一项重要指标。

1. 几何公差代号、基准代号

几何公差的名称和符号见表 8-8。

表 8-8 几何公差类型及特征、符号

公差类型	几何特征	符　　号	有无基准要求
形状公差	直线度	⏤	无
	平面度	▱	无
	圆度	○	无
	圆柱度	⌭	无
	线轮廓度	⌒	无
	面轮廓度	⌓	无
方向公差	平行度	∥	有
	垂直度	⊥	有
	倾斜度	∠	有
	线轮廓度	⌒	有
	面轮廓度	⌓	有
位置公差	位置度	⌖	有或无
	同轴度	◎	有
	对称度	⌯	有
	线轮廓度	⌒	有
	面轮廓度	⌓	有
跳动公差	圆跳动	↗	有
	全跳动	⌰	有

（1）公差框格　几何公差用公差框格来标注，公差要求注写在矩形框格中，标注内容、顺序及框格的绘制如图 8-43a 所示。

（2）基准符号　有些几何公差要有基准，基准用一个大写字母表示，字母注写在基准方格内，与一个涂黑的或空白三角形相连，如图 8-43b 所示。

2. 几何公差的标注

（1）被测要素的标注　标注几何公差时，指引线的箭头要指向被测要素的轮廓线或其延长线上。当被测要素是线或表面时，指引线的箭头应指向要素的轮廓线或其延长线上，并

图 8-43　公差框格及基准符号

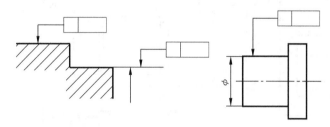

图 8-44　被测要素为表面时的标注

明显地与尺寸线错开，如图 8-44 所示。当被测要素是轴线或对称平面时，指引线的箭头应与该要素尺寸线的箭头对齐，指引线箭头所指方向是公差带的宽度方向或直径方向，如图 8-45 所示。

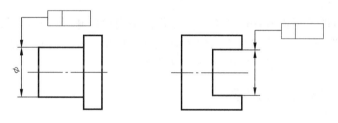

图 8-45　被测要素为轴线或对称平面时的标注

（2）基准要素的标注　当基准要素是轮廓线或轮廓面时，基准三角形放置在要素的轮廓线或其延长线上，并且与尺寸线明显错开，如图 8-46a 所示；基准三角形也可放置在该轮廓面引出的水平线上，如图 8-46b 所示。当基准要素是轴线、中心平面或中心点时，基准三角形应放置在该尺寸的延长线上，如图 8-46c 所示。如果没有足够的位置标注基准要素，尺寸终端的两个箭头中的一个可用基准三角形代替，如图 8-46d 所示。

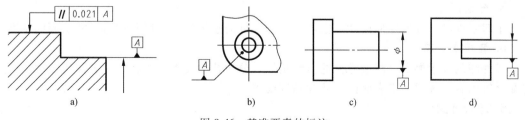

图 8-46　基准要素的标注

[例 8-18]　几何公差的标注如图 8-47 所示，解释图中各公差代号的含义。

解

1）基准 *A* 表示 M32 螺纹的中心轴线，基准 *B* 表示左端 φ30 轴段的中心轴线。

2）公差框格①表示带键槽轴段左端面对于基准 *B* 的垂直度公差是 0.03mm。

3）公差框格②表示 φ45 轴段的圆柱度公差为 0.01mm。

4）公差框格③表示 M32 螺纹轴线对于基准 *B* 的同轴度公差为 φ0.1mm。

5）公差框格④表示轴的右端面对于基准 *A* 的圆跳动公差为 0.01mm。

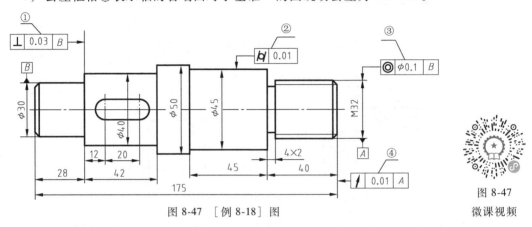

图 8-47　[例 8-18] 图

图 8-47

微课视频

第五节　零件图的识读

读零件图的目的是根据零件图，想象出零件的结构形状并分析其作用；根据所标注的尺寸，了解各组成部分的大小及相互之间的相对位置；根据所标注的技术要求，了解零件的加工要求、精度等级等；还要了解零件名称、材料和用途。

一、读零件图的方法和步骤

1. 看标题栏

了解零件的名称、材料、画图的比例等，从而大体了解零件的功用。对于较复杂的零件，还需要参考有关的技术资料。

2. 分析视图，想象结构形状

分析各视图之间的投影关系及所采用的表达方法。看视图时，先看主要部分，后看次要部分；先看整体，后看细节；先看容易看懂部分，后看难懂部分。按投影对应关系分析形体时，要兼顾零件的尺寸及其功用，以便帮助想象零件的形状。

3. 分析尺寸

了解零件各部分的定形尺寸、定位尺寸和零件的总体尺寸，以及注写尺寸所用的基准。

4. 看技术要求

零件图的技术要求是制造零件的质量指标。分析技术要求，结合零件表面粗糙度、公差与配合等内容，理解加工表面的尺寸和精度要求。

5. 综合考虑

把读懂的结构形状、尺寸标注和技术要求等内容综合起来，就能比较全面地读懂零件图。

分析尺寸　缸体长度方向的尺寸基准是左端面，从基准出发标注定位尺寸 80、15，定形尺寸 95、30 等，以辅助基准（销孔中心）标注了缸体和底板上的定位尺寸 20、40，并标注了定形尺寸 60、R10。宽度方向尺寸基准是缸体前后对称面的中心线，并标注出底板上定位尺寸 72 和定形尺寸 92、50。高度方向的尺寸基准是缸体底面，并标注出定位尺寸 40，定形尺寸 5、12、75。

看技术要求　缸体 $\phi35$ 的活塞孔是工作面并要求防止泄漏；圆锥孔是定位面，所以表面粗糙度 Ra 的最大允许值为 $0.8\mu m$；其次是安装缸盖的左端面，为密封面，Ra 的值为 $1.6\mu m$。$\phi35$ 孔的轴线与底板安装面 B 的平行度公差为 $0.06mm$；左端面与 $\phi35$ 孔的轴线的垂直度公差为 $0.025mm$。因为油缸的工作介质是压力油，所以缸体不应有缩孔、裂纹等缺陷。

图 8-49　缸体零件

综合分析　综合上述分析，对缸体的结构特点、尺寸标注和技术要求等有比较全面的了解，零件的结构形状如图 8-49 所示（不考虑圆角）。

第六节　零件测绘

根据已有的机器零件绘制零件草图，然后根据整理的零件草图绘制零件图的全过程，称为零件测绘。在对零件进行技术改造、仿制和修配时，要通过测绘来获得图样。

一、零件的测绘方法和步骤

1. 分析零件

了解零件的用途、材料、制造方法以及与其他零件的相互关系，分析零件的形状和结构选择主视图，确定表达方案。

2. 画零件草图

零件草图绘制多在现场完成，零件草图是经目测后徒手画出的，以如图 8-50 所示的端盖零件为例，绘制步骤如下。

1）定出各视图的位置，画出各视图的中心线、对称面迹线等基准线，如图 8-51a 所示，注意各视图之间留出标注尺寸的位置。

2）确定绘图比例，按所确定的表达方案画出零件主要的内、外结构形状。先画主要形体，后画次要形体；先定位置，后定形状；先画主要轮廓，后画细节，如图 8-51b 所示。

图 8-50　端盖立体图

3）选定尺寸基准，按照国家标准画出全部定形、定位尺寸界线、尺寸线。校核后加深图线。逐个测量并标注尺寸数值，画剖面符号，注写表面粗糙度代号，填写技术要求和标题栏，如图 8-51c 所示。

3. 画零件图

画零件图的步骤与画草图类似，绘图过程中要注意：草图的表达方案不够完善的地方，在画零件图时应加以改进。如果遗漏了重要的尺寸，必须到现场重新测量。尺寸公差、几何公差和表面粗糙度要符合产品设计要求，应尽量标准化和规范化。

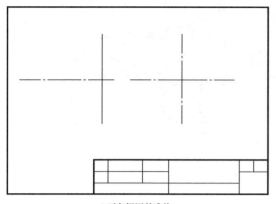

a) 画各视图基准线   b) 画零件各视图的轮廓线

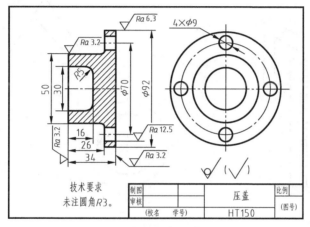

c) 画尺寸线、尺寸界线并描深

图 8-51　画零件图的步骤

二、零件尺寸的测量方法

测量尺寸是零件测绘过程中的重要内容，零件上的全部尺寸数值的量取应集中进行，这样不但可以提高工作效率，还可避免错误和遗漏。测量的基本量具有直尺、内卡钳、外卡钳、游标卡尺和螺纹规等。常用的测量方法有如下几种。

（1）回转体内、外径的测量　回转体内、外径一般用内、外卡钳测量，如图 8-52a 所示，然后再在直尺上读数。也可用游标卡尺测量，如图 8-52b 所示。

（2）直线尺寸的测量　直线尺寸一般可用直尺或三角板直接量出，如图 8-53 所示。

（3）孔中心距的测量　两孔中心距的测量根据孔间距的情况而不同，可用卡钳、直尺或游标卡尺测量，如图 8-54 所示。测量后用式 $A = A_0 + \dfrac{D_1}{2} + \dfrac{D_2}{2}$ 计算。

使用卡钳时注意：用外卡钳量取外径时，卡钳所在平面必须垂直于圆柱体的轴线；用内卡钳量取内径时，卡钳所在平面必须包含圆孔的轴线。

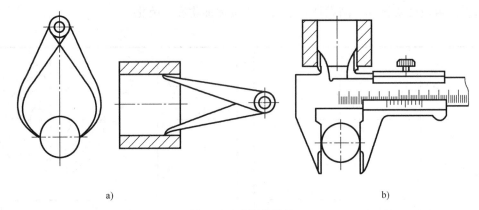

a)　　　　　　　　　　　　　　　b)

图 8-52　直径的测量

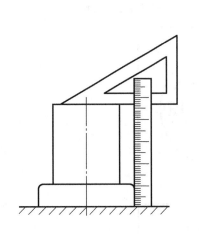

图 8-53　直线尺寸测量

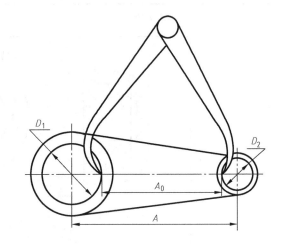

图 8-54　两孔中心距测量

三、测量注意事项

1）不要忽略零件上的工艺结构，如铸造圆角、倒角、退刀槽、凸台等。

2）对于有配合关系的尺寸，可测量出基本尺寸，其偏差应经分析选用合理的配合关系查表得出；对于非配合尺寸或不主要尺寸，应将测得尺寸圆整。

3）对螺纹、键槽、沉头孔、螺纹孔、齿轮等已标准化的结构，在测得主要尺寸后，应查表采用标准结构尺寸。

小　结

1）一张完整的零件图包括：一组视图、全部尺寸、零件的技术要求和标题栏。

2）零件图的视图选择方法及步骤为：

① 了解零件的功用及其各组成部分的作用，以便在选择主视图时从表达主要形体入手；

② 选择视图时，结合零件的工作位置或加工位置来考虑零件的安放位置，选择最能反

映形状特征的方向作为主视图方向，同时要选好其他视图；

③ 零件形状要表达完全，必须逐个形体检查其形状和位置是否唯一确定。

3）零件图上的尺寸标注除了符合完整、正确、清晰的要求外，还要合理，标注的尺寸能满足设计要求和加工工艺要求，又要使尺寸便于制造、测量和检验。

4）零件图上的技术要求包括：表面粗糙度、尺寸公差、几何公差、材料热处理、零件表面修饰的说明及加工、检验时的要求等。

5）读零件图是进行概括了解、具体分析和全面综合的过程，以理解设计意图，进一步分析、联想、归纳，想象出零件的形状。

第九章

装配图的绘制与识读

▶【知识目标】

- 了解装配图的作用和内容，掌握装配图的规定画法、特殊画法和简化画法。
- 熟悉装配图中标注的尺寸类型及技术要求。
- 掌握装配图明细栏填写方法和零件编号方法。
- 了解装配结构的合理性。
- 掌握由零件图绘制装配图的方法和步骤。
- 熟悉读装配图的方法和步骤。

思政拓展
"东方红"拖拉机

▶【能力目标】

- 会按规定画法和特殊画法画装配图及标注尺寸。
- 能根据零件图绘制装配图。
- 能读懂装配图。

表达机器或部件的结构、工作原理、传动路线和零件装配关系的图样，称为装配图。装配图是设计部门提交给生产部门的重要技术文件。在设计、装配、调试、检验、安装、使用和维修机器时，都需要装配图。本章主要介绍装配图的内容、表示方法、画图步骤及读装配图的方法等。

第一节 装配图的作用和内容

一、装配图的作用

装配图是机器设计中设计意图的反映，是机器设计、制造过程中的重要技术依据。装配图的作用有以下几方面。

1) 进行机器或部件设计时，首先要根据设计要求画出装配图，表示机器或部件的结构和工作原理。

2) 进行生产、检验产品时，要依据装配图将零件装成产品，并按照图样的技术要求检验产品。

3) 使用、维修时，要根据装配图了解产品的结构、性能、传动路线、工作原理等，从而决定操作、保养和维修的方法。

4）技术交流时，装配图也是不可缺少的资料。

二、装配图的内容

[例 9-1]　根据如图 9-1 所示滑动轴承装配图，说明装配图的内容。

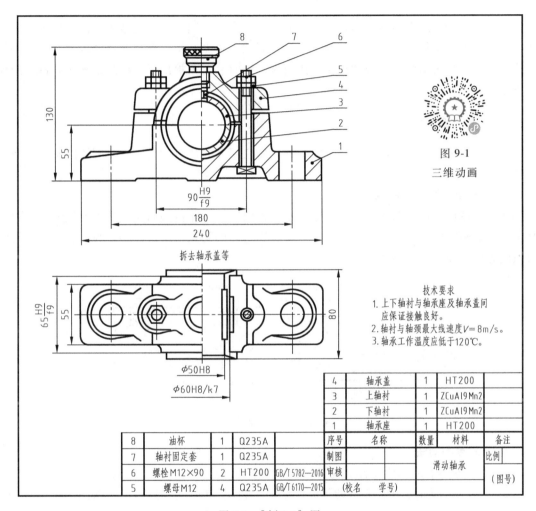

图 9-1
三维动画

技术要求
1. 上下轴衬与轴承座及轴承盖间
　应保证接触良好。
2. 轴衬与轴颈最大线速度 V=8m/s。
3. 轴承工作温度应低于120℃。

4	轴承盖	1	HT200	
3	上轴衬	1	ZCuAl9Mn2	
2	下轴衬	1	ZCuAl9Mn2	
1	轴承座	1	HT200	

8	油杯	1	Q235A		序号	名称	数量	材料	备注
7	轴衬固定套	1	Q235A		制图		滑动轴承		比例
6	螺栓M12×90	2	HT200	GB/T 5782—2016	审核				
5	螺母M12	4	Q235A	GB/T 6170—2015	(校名　学号)				(图号)

图 9-1　[例 9-1] 图

　　一组视图　该滑动轴承装配图采用了半剖视的主视图和俯视图正确、清晰地表达了滑动轴承的工作原理、结构特点、零件间的相互位置、装配关系和连接方式等。

　　必要的尺寸　由图可知，标注的尺寸有部件的规格（性能）尺寸 ϕ50H8，零件之间的配合尺寸 ϕ60H8/k7、90H9/f9、65H9/f9，外形尺寸 240、130、80，安装尺寸 180 和其他重要尺寸 55 等。

　　技术要求　图中用文字、字母、符号等说明了滑动轴承的性能、装配、安装、检验、调整或运转的技术要求。

　　标题栏、零部件序号和明细栏　装配图中需要对每种零件进行编号，并在标题栏上方按编号顺序绘制成零件明细栏，说明每种零件的名称、数量、材料等。标题栏说明机器或部件的名称、图号、比例等。从序号中可知该滑动轴承由 8 种零件组成，从明细栏可知每种零件的名称、数量、材料等。

第二节 装配图的视图表达方法

前面章节介绍的表达零件结构和形状的方法，在装配图中也完全适用，但装配图是以表达机器或部件的工作原理和主要装配关系为中心的，重点是把机器或部件的内部结构、外部形状、相对位置表示出来，因此机械制图国家标准对装配图提出了一些规定画法和特殊的表达方法。

一、规定画法

为了明显区分每个零件，又要清晰地表示出它们之间的装配关系，装配图的画法有如下的规定。

1. 接触面和配合面的画法

相邻两零件的接触面和配合面规定只画一条轮廓线。非接触面用两条轮廓线表示，两个基本尺寸不相同的零件套装在一起时，即使它们之间的间隙很小，也必须画出有明显间隔的两条轮廓线，如图 9-2 所示。

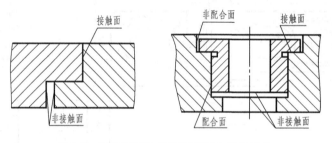

图 9-2 相邻两零件接触面和配合面的画法

2. 剖面线的画法

1）同一零件的剖面线在各剖视图、断面图中应保持方向一致，间隔相等。

2）两零件邻接时，不同零件的剖面线方向应相反，或者方向一致、间隔不等，如图 9-3 所示。

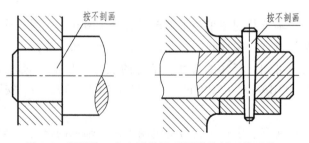

图 9-3 紧固件、实心零件及不同零件剖面线画法

3. 紧固件和实心零件的画法

对于紧固件和实心零件，如螺钉、螺栓、螺母、垫圈、键、销、球及轴等，若剖切平面

通过它们的轴线或对称平面，则这些零件均按不剖绘制；需要时，可采用局部剖视图，如图 9-3 所示。当剖切平面垂直于这些紧固件或实心零件的轴线剖切时，则这些零件应按剖视绘制。

二、装配图中的特殊表示法

1. 沿结合面剖切和拆卸画法

假想沿某些零件的结合面剖切或假想将某些零件拆卸以后，绘出其图形，以表达装配体内部零件间的装配情况。如图 9-1 中的俯视图，右半部分是采用沿轴承盖与底座的结合面剖开，拆去上面部分后画出的。零件的结合面不画剖面线，被横向剖切的轴、螺栓或销等要画剖面线。

2. 假想画法

为了表示运动零件的极限位置或部件和相邻零件（或部件）的相互关系，可以用细双点画线画出其轮廓，如图 9-4 所示，用细双点画线画出了手柄的一个极限位置。

3. 夸大画法

对于直径或厚度小于 2mm 的较小零件或较小间隙，如薄片零件、细丝弹簧等，若按它们的实际尺寸在装配图中很难画出或难以明显表示，则可不按比例而采用夸大画法画出，如图 9-5 所示。

4. 简化画法

1）如图 9-5 所示，在装配图中，若干个相同的零件组成的零件组，如螺栓、螺钉的连接等，允许详细地画出一组，其余只用细点画线画出中心线位置。

2）在装配图中，零件工艺结构，如退刀槽、倒角、倒圆等，允许省略不画。

3）在装配图中，滚动轴承可用简化画法或示意画法表示。

4）在装配图中，当剖切平面通过的部件为标准件或该部件已有其他图形表示清楚时，可按不剖绘制，如图 9-1 所示主视图中的油杯 8，就是按不剖绘制的。

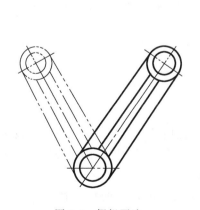

图 9-4　假想画法

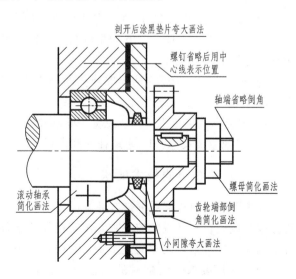

图 9-5　夸大画法和简化画法

第三节　装配图中的尺寸标注和技术要求

一、装配图中的尺寸标注

装配图不是制造零件的直接依据。因此，装配图中不需注出零件的全部尺寸，而只需标注出一些必要的尺寸，这些尺寸可分为以下几类。

1. 性能（规格）尺寸

表示机器或部件性能（规格）尺寸，这些尺寸在设计时已经确定，也是设计、了解和选用该机器或部件的依据。

2. 装配尺寸

装配尺寸包括保证有关零件间配合性质的尺寸、保证零件间相对位置的尺寸、装配时进行加工的尺寸。

3. 安装尺寸

机器或部件安装到基础或其他部件上时所需的尺寸。

4. 外形尺寸

表示机器或部件外形轮廓的尺寸，即总长、总宽和总高。它是机器或部件进行包装运输、安装和厂房设计等不可缺少的数据。

5. 其他重要尺寸

在设计中经过计算而确定的尺寸，如运动零件的极限位置尺寸、主要零件的重要尺寸等。

上述 5 种尺寸在一张装配图上不一定同时都有，有的一个尺寸也可能包含几种含义。应根据机器或部件的实际情况和装配图的作用具体分析，从而合理地标注出装配图的尺寸。

[例 9-2]　说明如图 9-6 所示机用虎钳装配图中的尺寸都属于哪种尺寸。

分析

1）性能（规格）尺寸：0~70 表明虎钳所夹工件的尺寸范围。

2）装配尺寸：$\phi28H6/f6$ 为螺母与活动钳身的配合尺寸，$\phi18H8/f9$ 和 $\phi25H8/f9$ 为固定钳身与螺杆的配合尺寸。

3）安装尺寸：160 为两个安装孔的中心距，$2\times\phi15$ 为安装孔直径，这是虎钳安装时所需要的尺寸。

4）外形尺寸：总长 280、总宽 195 和总高 85。

5）其他重要尺寸：18 为螺杆的高度尺寸。

二、装配图中的技术要求

技术要求是指机器或部件在装配、安装、检验、调试、使用及维护时所必须达到的技术指标或某些质量和外观上的要求。由于机器或部件的性能、用途各不相同，因而技术要求也各不相同，在确定装配图的技术要求时应从以下三方面考虑。

（1）装配要求　装配时的调整要求、装配过程中的注意事项及装配后需达到的技术要求。

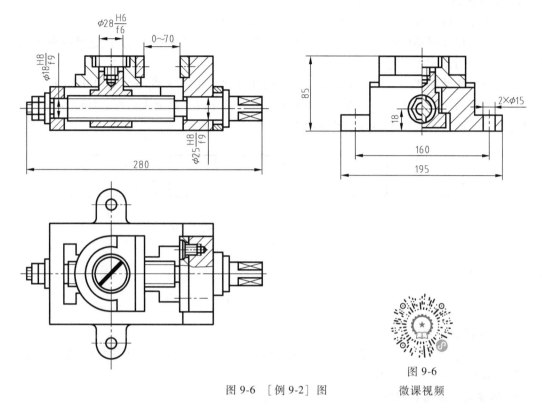

图 9-6 ［例 9-2］图

图 9-6
微课视频

（2）检验要求 对机器或部件的基本性能的检验、试验、验收方法的说明。

（3）使用要求 对机器或部件的性能、维护、保养、使用的注意事项的说明。

特别提示

➤ 装配图不是零件制造的直接依据，在装配图中不需要标注零件的全部尺寸。

➤ 技术要求一般注写在明细栏的上方或图纸下部的空白处，如果内容很多，也可另外编写成技术文件作为装配图的附件。注写内容应根据装配体的需要来确定。

第四节　装配图的零部件序号和明细栏

一、编写零件序号的一些规定

装配图的图形一般较复杂，包含的零件种类和数目也较多，为了便于在设计和生产过程中查阅有关零件，在装配图中必须对每个零件进行编号。

1. 序号的一般规定

1）装配图中，每种零件、部件都必须编写序号。同一装配图中，相同的零件、部件只编写一个序号，且一般只注一次。

2）零件、部件的序号应与明细栏中的序号一致。

3）同一装配图中编写序号的形式应一致。

2．编号方法

序号由点、指引线、横线（或圆圈）和序号数字组成。

指引线、横线用细实线画出。指引线相互不交错，当指引线通过剖面线区域时应与剖面线斜交，避免与剖面线平行。

序号数字比装配图的尺寸数字大一号，如图9-7a所示；或大两号，如图9-7b所示；在指引线附近注写序号，序号的字高比该装配图中所注尺寸数字高度大两号，如图9-7c所示。应注意的是，同一装配图中编写序号的形式应一致。

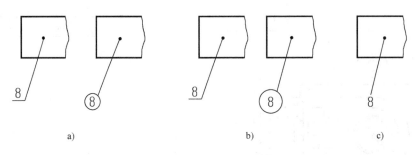

| a) | b) | c) |

图9-7　零件序号编写形式

3．序号编写的顺序

零件、部件序号应沿水平或竖直方向按顺时针（或逆时针）方向顺次排列整齐，并尽可能均匀分布，如图9-1所示。

4．标准件、紧固件的编写

同一组紧固件可采用公共指引线，如图9-8a所示。标准部件（如油杯、滚动轴承等）在图中被当成一个部件，只编写一个序号。

5．很薄的零件或涂黑断面的标注

由于薄零件或涂黑的断面内不便画圆点，此时，可在指引线的末端画出箭头，并指向该部分的轮廓，如图9-8b所示。

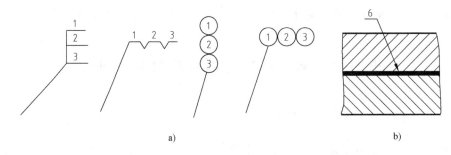

| a) | b) |

图9-8　公共指引线的形式

二、明细栏

明细栏是机器或部件中全部零件、部件的详细目录，它画在标题栏的上方，当标题栏上方位置不够时，也可续写在标题栏的左侧，明细栏的表头边框、表格内部和边框竖线为粗实线，其余均为细实线。

GB/T 10609.1—2008 和 GB/T 10609.2—2009 分别规定了标题栏和明细栏的统一格式。如图 9-9 所示为一种推荐用明细栏格式。零件的序号自下而上填写，以便在增加零件时可继续向上画表格。明细栏中，"代号"栏填写图样中相应组成部分的图样代号或标准号；"名称"栏填写零件、部件名称，若为标准件应注出规定标记中除标准号以外的其余内容，如螺钉 M6×8；"材料"栏填写制造该零件所用材料标记；"备注"栏填写必要的附加说明或其他有关重要内容，例如齿轮的齿数、模数等。

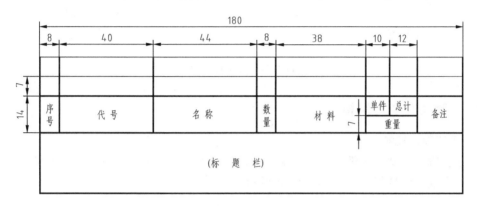

图 9-9　推荐用明细栏格式

第五节　装配结构的合理性简介

在设计和绘制装配图的过程中，应该考虑到装配结构的合理性，以保证机器和部件的性能，并给零件的加工和拆、装带来方便。所以在设计和绘制装配图时，应考虑合理的装配工艺结构。

一、轴、孔配合结构

要保证轴肩与孔的端面接触良好，应在孔的接触面制出倒角结构或在轴肩根部切槽，如图 9-10 所示。

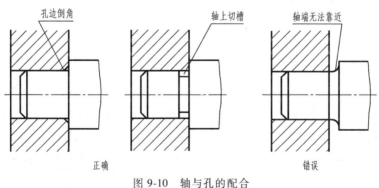

图 9-10　轴与孔的配合

二、接触面的数量

当两个零件接触时，在同一方向应当只有一个接触面，这样即可满足装配要求，制造也较方便，如图 9-11 所示。

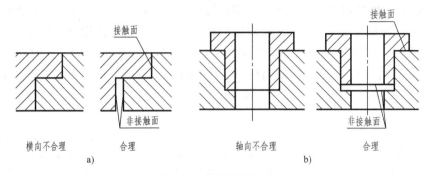

图 9-11　接触面的数量

三、紧固件装配结构

1. 保证零件接触良好

为了使螺栓、螺母、螺钉、垫圈等紧固件与被连接表面接触良好，在被连接件的表面应加工出凸台或鱼眼坑等结构，如图 9-12 所示。

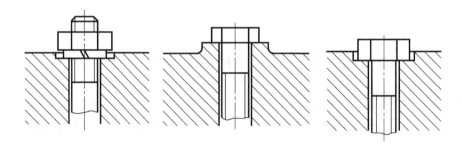

图 9-12　紧固件连接处的装配结构

2. 螺纹连接的合理结构

为了便于拆装，设计时必须留出扳手的活动空间，或改用合适的连接，如图 9-13 和图 9-14 所示。

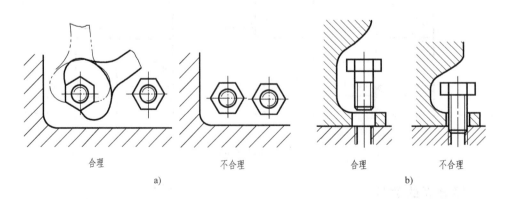

图 9-13　留出扳手活动空间和拆装空间

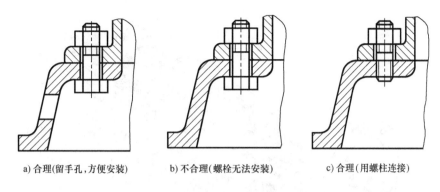

a) 合理(留手孔,方便安装)　　b) 不合理(螺栓无法安装)　　c) 合理(用螺柱连接)

图 9-14　装配件的结构设计要便于拆装

四、滚动轴承的定位

滚动轴承采用轴肩定位或台肩定位时,其高度应小于轴承内圈或外圈的厚度,以便拆卸,如图 9-15 所示。

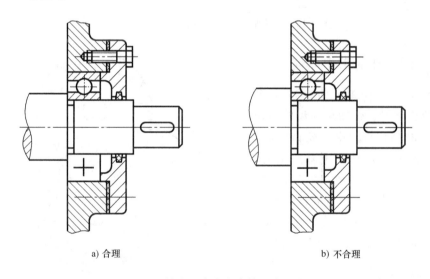

a) 合理　　　　　　　　　　　　b) 不合理

图 9-15　轴肩和台肩定位轴承内、外圈

第六节　由零件图画装配图

部件由一些零件组成,那么根据组成部件的零件的零件图,就可以拼画成部件的装配图。绘制部件装配图时应把装配关系和工作原理表达清楚。本节以如图 9-16 所示的齿轮泵为例,说明画装配图的方法和步骤。

一、了解部件的装配关系

齿轮泵主要由泵体、传动齿轮轴、齿轮轴、齿轮、端盖和一些标准件组成。在看懂零件结构形状的同时,应了解各零件之间的相互位置及连接关系。

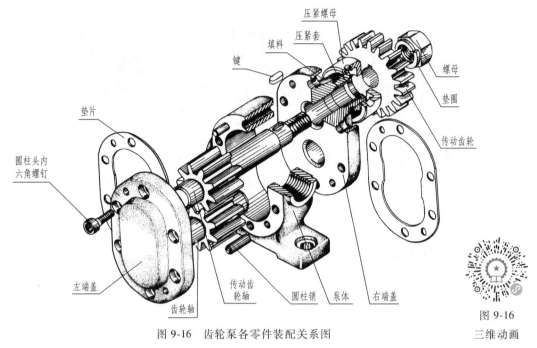

图 9-16　齿轮泵各零件装配关系图

图 9-16
三维动画

二、了解部件的工作原理

齿轮泵的工作原理如图 9-17 所示，当主动齿轮旋转时，带动从动齿轮旋转，在两个齿轮的啮合处，由于轮齿瞬时脱离啮合，使泵室右腔压力下降产生局部真空，油池内的液压油便在大气压力作用下，从吸油口进入泵室右腔的低压区，随着齿轮的转动，由齿间将油带入泵室左腔，并使油产生压力经排油口排出。

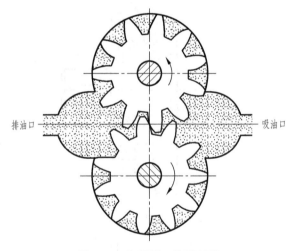

图 9-17　齿轮泵工作原理图

三、视图选择

1. 装配图的主视图选择

1）一般将机器或部件按工作位置或习惯位置放置。

2）主视图选择应尽量反映出部件的结构特征，即装配图应以工作位置和尽量能够清楚反映主要装配关系、工作原理、主要零件结构形状的那个方向作为主视图方向。

2. 其他视图的选择

其他视图主要是补充主视图的不足，进一步表达装配关系和主要零件的结构形状。其他视图的选择考虑以下几点。

1）分析还有哪些装配关系、工作原理及零件的主要结构形状还没有表达清楚，从而选择适当的视图及相应的表达方法。

2）尽量用基本视图和在基本视图上作剖视来表达有关内容。

3）合理布置视图，使图形清晰，便于读图。

特别提示

➤画装配图与画零件图的方法步骤类似，主要不同点是要从装配体的整体结构、工作原理出发，确定合理的表达方案。

➤装配图一般都要画成剖视图，以表达清楚零件的位置关系和装配关系。

四、画装配图的步骤

1. 确定图幅

根据部件的大小、视图数量，选取适当的画图比例，确定图幅的大小。然后画出图框，留出标题栏、明细栏和填写技术要求的位置。

2. 布置视图

画各视图的主要轴线、中心线和定位基准线。并注意各视图之间应留有适当间隔，以便标注尺寸和进行零件编号，如图 9-18a 所示。

3. 画主要装配线

从主视图开始，按照装配干线，从传动齿轮开始，由里向外绘制，如图 9-18b~d 所示。

4. 完成装配图

校核底稿，进行图线加深，画剖面线、尺寸界线、尺寸线和箭头；编注零件序号，注写尺寸数字，填写标题栏和技术要求，完成的装配图如图 9-18e 所示。

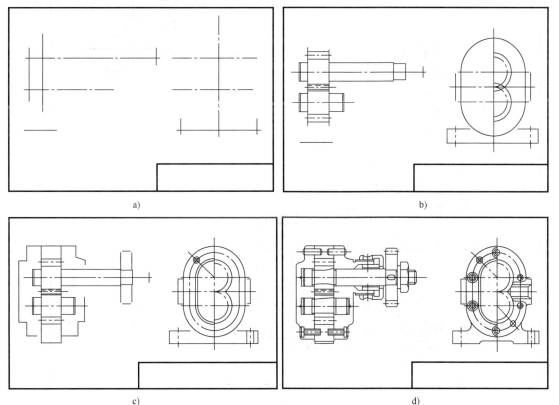

a)　　　　　　　　　　　　　　b)

c)　　　　　　　　　　　　　　d)

图 9-18　装配图的画法

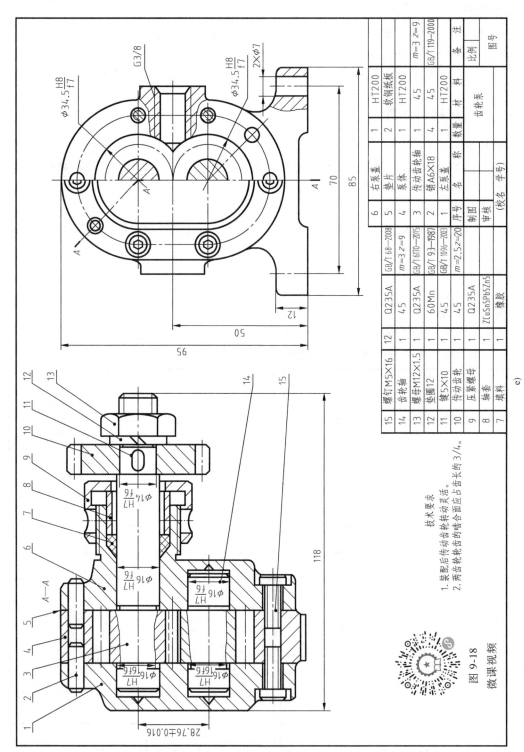

技术要求
1. 装配后传动齿轮转动应灵活。
2. 两齿轮齿的啮合面应占齿长的 3/4。

图 9-18
微课视频

15	螺钉M5×16	12	Q235A	GB/T 68—2008		6	右泵盖	1	HT200	
14	齿轮轴	1	45	m=3 z=9		5	垫片	2	软钢纸板	
13	螺母M12×1.5	1	Q235A	GB/T 6170—2015		4	泵体	1	HT200	
12	垫圈12	1	60Mn	GB/T 93—1987		3	传动齿轮轴	1	45	m=3 z=9
11	键5×10	1	45	GB/T 1096—2003		2	销A6×18	4	45	GB/T 119—2000
10	传动齿轮	1	45	m=2.5 z=20		1	左泵盖	1	HT200	
9	压紧螺母	1	Q235A			序号	名 称	数量	材 料	备 注
8	轴套	1	ZCuSn5Pb5Zn5			制图			比例	
7	填料	1	橡胶			审核	(校名 学号)		图号	齿轮泵

（姓名 学号）

e)

图 9-18 装配图的画法（续）

思考
装配图中零件的剖面符号应该怎么画？

第七节 装配图的识读

在设计、装配、使用、维修机器或部件及学习先进技术时，都会遇到读装配图问题，通过读装配图，可以了解部件的工作原理、性能和功能，明确部件中各个零件的作用和它们之间的相对位置、装配关系及拆装顺序，读懂主要零件及其他有关零件的结构形状。

思政拓展
冯如的飞机

一、读装配图的步骤和方法

1. 概括了解

看标题栏了解部件的名称，对于复杂部件可通过说明书或参考资料了解部件的结构、工作原理和用途。看零件编号和明细栏，了解零件的名称、数量和它在图中的位置。

2. 分析视图

分析各视图的投射方向，读懂剖视图、断面图的剖切位置，从而了解各视图的表达意图和重点。

3. 分析装配关系、传动关系和工作原理

分析各条装配干线，明确各零件间相互配合的要求，以及零件间的定位、连接方式、密封等问题。再进一步理解运动零件与非运动零件之间的相对运动关系。

4. 分析零件、读懂零件的结构形状

由零件序号找出零件的名称、件数及其在各视图中的反映，借助零件上的剖面线和投影关系，分析零件的形状，并通过构形分析确定零件的主要结构形状。分析时，先看主要零件，再看次要零件；先看容易分离的零件，再看其他零件；先分离零件，再分析零件的结构形状。

[例 9-3] 读如图 9-19 所示的装配图。

概括了解 由标题栏可知，该部件是旋塞；由明细栏可知它共有 11 种零件，是较为简单的部件。结合生产实际和产品说明书等有关资料，可知该部件是连接在管路上，用来控制液体流量和管路启闭的装置。主视图中左右两个 $\phi60$ 的孔为其性能规格尺寸，它决定了与旋塞连接的管子的直径。

分析视图 旋塞采用三个基本视图和一个零件的局部视图表达。主视图用半剖视图表达了主要装配干线的装配关系，同时也表达了部件外形；左视图用局部视图表达了旋塞壳与旋塞盖的连接关系和部件外形；俯视图是 A—A 半剖视图，既表达了部件内部结构，又表达了旋塞盖与旋塞壳连接部分的形状。为使塞子上部表达得更清晰，在主视图与俯视图中采用了拆卸画法，拆去了手把。还用单个零件的表示方法表达了手把的形状，如图 9-19 中的零件 9 B 所示。

分析装配关系、传动关系和工作原理 图示旋塞壳左右有液体的进出口，塞子和旋塞壳靠锥面配合。塞子的锥体上有一个梯形通孔，当处于图示位置时，旋塞壳的液体进出孔被塞子关闭，液体不能流通。如果将手把转动某一角度，塞子也随之转动同一角度，塞子锥体上

的梯形通孔与旋塞壳上的液体进出孔接通，液体可以流过。手把转动角度增大，液体的流量增加。转动手把就能起到控制液体流量的作用。

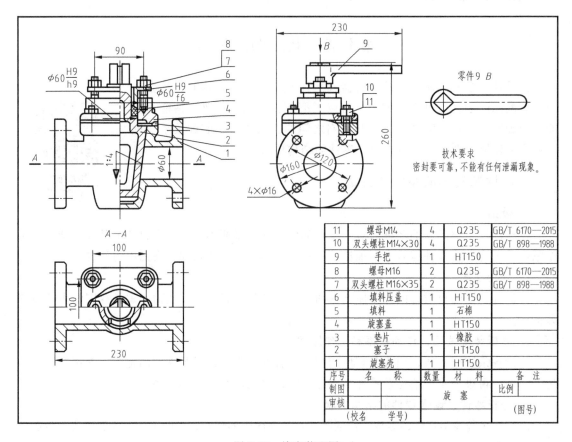

11	螺母M14	4	Q235	GB/T 6170—2015
10	双头螺柱M14×30	4	Q235	GB/T 898—1988
9	手把	1	HT150	
8	螺母M16	2	Q235	GB/T 6170—2015
7	双头螺柱M16×35	2	Q235	GB/T 898—1988
6	填料压盖	1	HT150	
5	填料	1	石棉	
4	旋塞盖	1	HT150	
3	垫片	1	橡胶	
2	塞子	1	HT150	
1	旋塞壳	1	HT150	
序号	名　称	数量	材　料	备　注

制图		旋　塞	比例	
审核				
	（校名　学号）			（图号）

图 9-19　旋塞装配图

零件间的装配关系要从装配干线最清楚的视图入手，主视图反映了旋塞的主要装配关系，由该视图中的 $\phi60H9/f9$、$\phi60H9/h9$ 分别表示填料压盖与旋塞盖、塞子与旋塞盖之间的配合关系，手把带动塞子转动的运动关系；紧固件分别反映填料压盖与旋塞盖、旋塞盖与旋塞壳的连接关系。各紧固件的相对位置在主视图和俯视图中表达出来。

旋塞盖与旋塞壳连接后，为防止液体从结合面渗漏，装有垫片起密封作用，垫片套在旋塞盖的子口上，便于装配和固定。塞子和旋塞盖的密封靠填料函密封结构实现。

分析零件的结构形状

1）分析 4 号零件的结构，由明细栏中的零件序号 4，可知其名称为旋塞盖，在装配图中找到 4 号零件所在位置。

2）利用投影分析，根据零件的剖面线倾斜方向和间隔，确定零件在各视图中的轮廓范围，并可大致了解到该零件的结构。

3）综合分析，确定零件的结构形状，如图 9-20所示（不考虑圆角）。

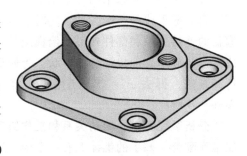

图 9-20　旋塞盖零件结构

总结归纳　主要是在对机器或部件的工作原理、装配关系和各零件的结构形状进行分析之后。还应对所注尺寸和技术要求进行分析研究，从而了解机器或部件的设计意图和装配工艺性能等，并分析确定各零件的拆装顺序。经归纳总结，加深对机器或部件的全面认识，完成识读装配图，并为拆画零件图打下基础。

> **特别提示**
>
> 在以后的学习和工作中经常需要读图，遇到难点和问题的时候，要随时复习学过的知识，反复地拿一些相关的图纸多实践，就能提高读图能力。

二、由装配图拆画零件图

由装配图拆画零件图，简称为拆图。拆图的过程也是继续设计零件的过程，它是在看懂装配图的基础上进行的一项工作。装配图中的零件类型可分为以下几种。

1. 标准件

标准件一般属于外购件，不画零件图。按明细栏中标准件的规定标记，列出标准件即可。

2. 借用零件

借用零件是借用定型产品上的零件，这类零件可用定型产品的已有图样，不拆画。

3. 重要设计零件

重要零件在设计说明书中给出这类零件的图样或重要数据，此类零件应按给出的图样或数据绘图。

4. 一般零件

这类零件是拆画的主要对象。

[例 9-4]　拆画如图 9-19 所示装配图中的旋塞盖零件。

分离零件　从装配图中将旋塞盖分离出来，把其他零件从中卸掉，恢复旋塞盖被挡住的轮廓和结构，即可得到旋塞盖完整的轮廓和视图，如图 9-21 所示。

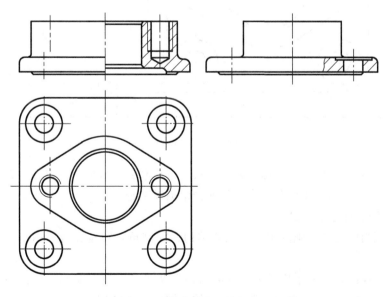

图 9-21　旋塞盖的三个视图

确定零件的视图表达方案　装配图的表达是从整个部件的角度来考虑的，装配图的方案不一定适合每个零件的表达需要，因此在拆图时，不宜照搬装配图中的方案，而应根据零件的结构形状，进行全面的考虑。有的只需对原方案作适当调整或补充，有的则需重新确定。

旋塞盖在装配图主视图中的位置既反映其工作位置，又反映其形状特征，所以仍采用这一位置作零件图的主视图。而旋塞盖的方盘及上部端面的形状、方盘上的四个螺柱孔的位置和深度未表达清楚，因此还需要局部剖视图和俯视图表达，但左视图已无必要，经分析后确定的视图表达方案如图 9-22 所示。

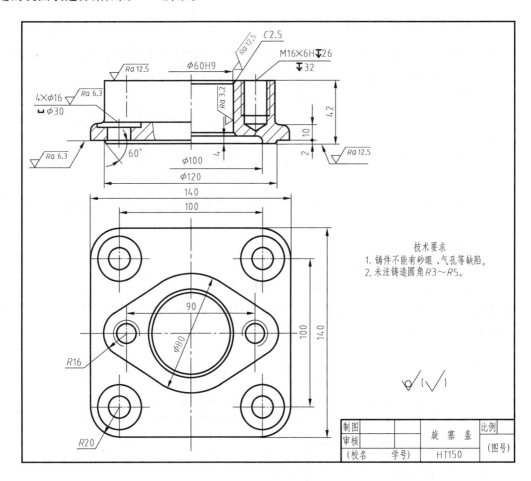

图 9-22　[例 9-4] 图

确定零件尺寸　装配图中已标注的零件尺寸都应移到零件图上，凡注有配合的尺寸，应根据公差代号在零件图上注出公差带代号或极限偏差数值。

拆画零件图应注意的问题

1）在装配图中允许不画的零件的工艺结构，如倒角、圆角、退刀槽等，在零件图中应全部画出。

2）零件的视图表达方案应根据零件的结构形状确定，而不能盲目照抄装配图。要从零件的整体结构形状出发选择视图，箱体类零件主视图应与装配图一致，轴类零件应按加工位置选择主视图，叉架类零件应按工作位置或摆正后位置选择主视图。其他视图应根据零件的结构形状和复杂程度来选定。

3）装配图中已标注的尺寸是设计时确定的重要尺寸，不应随意改动；零件图的尺寸，除在装配图中注出者外，其余都应该在图上按比例直接量取。对于标准结构或配合的尺寸，如螺纹、倒角、退刀槽等的尺寸要查标准注出。

4）标注表面粗糙度、公差配合、几何公差等技术要求时，要根据装配图所示该零件在机器中的功用、与其他零件的相互关系，并结合自己掌握的结构和制造工艺方面知识而定。最后画出的零件图如图 9-22 所示。

特别提示

识读和绘制装配图时，必须了解部件中主要零件的形状、结构和作用，以及各零件间的相互关系等。

三、读、拆、画装配图综合举例

以如图 9-23 所示快速阀为例进行综合举例分析。

1. 概括了解

从有关资料中可知快速阀是用于管道截通的装置，它不同于一般的阀，具有快速运动的机构，能实现快速截通的功能。从明细栏可知，此部件由 14 种普通零件和 9 种标准件组成。

2. 分析视图

该快速阀装配图采用了六个视图，主视图采用局部剖，表达了大部分内部结构，保留局部外形；俯视图为沿齿轮轴的全剖视；左视图用了两处局部剖，大局部剖是沿内阀瓣与阀体结合面剖切，表达阀体内形，小局部剖表示连接方式；"B—B" 剖视图表达了上封盖与齿轮轴的关系及阀盖前凸缘结构；"12 号零件 C" 视图表达了封盖凸台结构；"D—D" 断面图表示手把断面形状。

3. 分析装配关系和工作原理

从主视图中看出齿轮与齿条啮合带动齿条上下运动，使内、外阀瓣抬起、落下，当抬起时阀体左右的 $\phi28$ 孔被打通，当落下时被关闭。内、外阀瓣相互套在一起，内装弹簧的作用是使阀瓣的两端面始终与阀体孔内侧面接触。从俯视图中可以看出齿轮轴两端分别支承在阀盖和上封盖上，搬动手把使齿轮轴转动。拧紧螺母可使填料压盖压紧填料，起防止泄漏的作用。

4. 分析零件结构形状

分析阀体零件。由主左视图可以看出该零件前后、左右对称，中间容纳阀瓣的空间为上方下圆的柱形，左右有 $\phi28$ 孔道及法兰盘，下边有 $\phi38$ 通孔。从 10 号零件圆盖可联想下凸台为圆柱形，有四个 M10 的螺纹孔；同理上边有与阀盖的下连接板形状完全相同的连接板。该零件中间主体外形较难想象，需用线面分析法来看图，最后综合想象出阀体的形状为图 9-24 所示。

5. 确定零件的视图表达方案

阀体零件图的主视图方向与装配图的主视图方向一致，再画出俯视图和左视图，由于此零件为箱体类零件，三个视图均采用半剖视表达内外形结构，如图 9-25 所示。

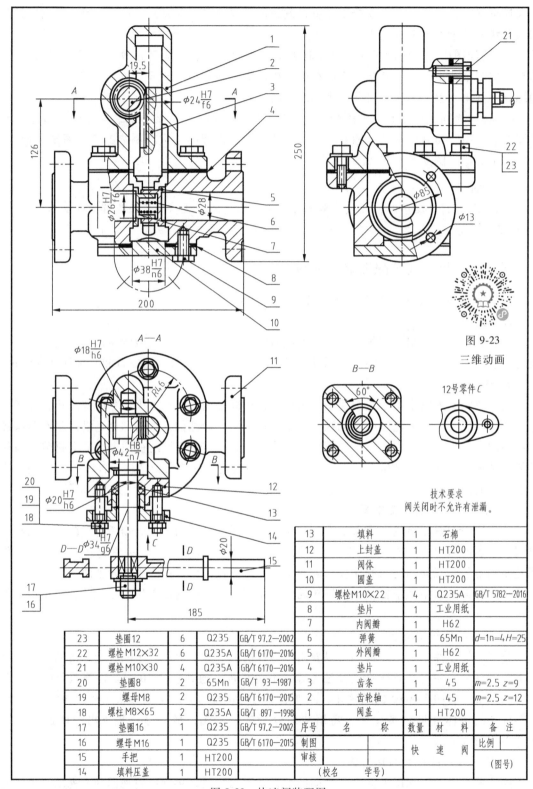

图 9-23

三维动画

技术要求
阀关闭时不允许有泄漏。

13	填料	1	石棉	
12	上封盖	1	HT200	
11	阀体	1	HT200	
10	圆盖	1	HT200	
9	螺栓M10×22	4	Q235A	GB/T 5782—2016
8	垫片	1	工业用纸	
7	内阀瓣	1	H62	
6	弹簧	1	65Mn	d=1n=4H=25
5	外阀瓣	1	H62	
4	垫片	1	工业用纸	
3	齿条	1	45	m=2.5 z=9
2	齿轮轴	1	45	m=2.5 z=12
1	阀盖	1	HT200	
序号	名　称	数量	材料	备　注

23	垫圈12	6	Q235	GB/T 97.2—2002
22	螺栓M12×32	6	Q235A	GB/T 6170—2016
21	螺栓M10×30	4	Q235A	GB/T 6170—2016
20	垫圈8	2	65Mn	GB/T 93—1987
19	螺母M8	2	Q235	GB/T 6170—2015
18	螺柱M8×65	2	Q235A	GB/T 897—1998
17	垫圈16	1	Q235	GB/T 97.2—2002
16	螺母M16	1	Q235	GB/T 6170—2015
15	手把	1	HT200	
14	填料压盖	1	HT200	

制图　　　审核　　（校名　学号）　快　速　阀　比例　（图号）

图 9-23　快速阀装配图

6. 标注拆画零件的尺寸

阀体抄注 $\phi28$、$\phi38H7$、200、$R46$、$\phi13$、$\phi85$，再根据零件图的要求测量并标注全各类尺寸，完成的阀体零件图如图 9-25 所示。

7. 技术要求的标注

表面粗糙度的标注，可根据同类产品资料类比确定或根据经验标注。有相对运动或配合的表面 Ra 值应小于 $3.2\mu m$，有密封要求的表面 Ra 值应小于 $6.3\mu m$，不重要的表面 Ra 值为 $12.5\mu m$。技术要求中可简单地说明未注铸造圆角、几何公差、热处理等要求。

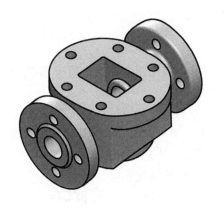

图 9-24　阀体轴测图

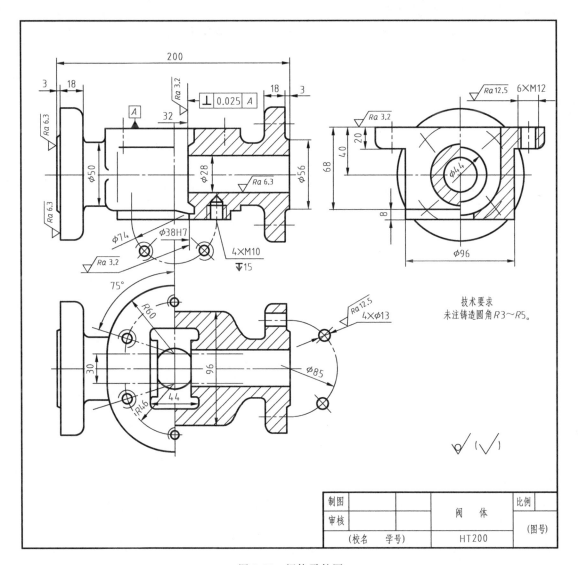

图 9-25　阀体零件图

小　结

1）装配图的内容包括一组视图、必要的尺寸、技术要求、零件序号、标题栏及明细栏等。

2）画装配图时，应按机器或部件的工作位置或以机器放正后最能表达各零件间的装配关系、工作原理、运动情况和重要零件的主要结构等为原则选择主视图，再用其他视图对主视图进行补充，来满足表达要求。

3）读装配图时，先概括了解，看懂装配关系和工作原理，再了解各零件的作用，分离零件并想象出零件的结构形状。通过拆画零件图，提高读图和画图的能力。

4）装配图中标注的尺寸主要是性能规格尺寸、装配尺寸、安装尺寸和外形尺寸等，不需要把所有零件的尺寸都标出。

5）装配图中必须给每个零件编号，并填写明细栏，以便于工程管理和资料查阅。

计算机绘图

- 熟悉计算机绘图的基本原理、基本方法。
- 熟悉 CAD 绘制零件图的步骤及方法。
- 熟练运用 CAD 绘图命令。

- 能正确使用 CAD 命令绘制零件图、装配图和相关专业图。

随着科学技术的迅猛发展，人们制造的产品愈来愈复杂，产品更新换代的周期也愈来愈短。手工绘图的速度和精度逐渐不能适应发展的要求。计算机绘图有着独特的优势，不仅绘图速度快、精度高、便于修改、保存，而且计算机辅助设计和计算机辅助制造的集成，还能完成设计、分析、计算、仿真等任务。

第一节　计算机绘图简介

计算机绘图就是利用计算机及其外围设备绘制各种图样的技术。计算机绘图是随着计算机硬件和软件技术的发展而逐步发展并完善起来的，它几乎可以绘制所有的生产和科研领域中的图形，提供高速、高效和高精度的图形设计和输出方法。

一、计算机绘图系统的功能

一个计算机绘图系统应具有计算、存储、对话、输入和输出的基本功能。

（1）计算功能　绘图系统应包括形体设计、分析的算法程序和描述形体的数据库。最基本的应有点、线、面的表示及几何变换等内容。

（2）存储功能　绘图系统应在计算机的存储器上能存放图形数据，尤其要能够存放形体几何元素之间的连接关系以及各种属性信息，并可基于设计人员的要求对有关信息进行实时检索、变换、增加、删除、修改等操作。

（3）对话功能　绘图系统应能够通过图形显示器直接进行人机对话。

（4）输入功能　绘图系统应能够把图形设计和绘制过程中所需的有关定位尺寸、定形尺寸及必要的参数和命令输入到计算机中去。

（5）输出功能　绘图系统应具有文字、图形等的输出功能。

二、AutoCAD 绘图软件包简介

AutoCAD 是美国 Autodesk 公司推出的从事计算机辅助设计的通用软件包,是一个易于学习和使用的绘图软件,已被广泛用于教学、科研、生产领域。它具有如下主要功能。

1) AutoCAD 采用人机交互方式。用户不必熟记单词繁多的"命令",AutoCAD 提供给用户一系列的菜单命令,用户只需输入命令及相应数据即可画出所需图形。

2) 具有图形绘制、编辑功能。AutoCAD 提供了多种绘图工具,可方便地绘制直线、圆、圆弧、椭圆、圆环、正多边形等图形实体,还可以对绘制的图形进行旋转、移动、复制、修剪、延伸、删除、镜像、缩放等图形编辑操作。此外,还能通过定义图块,在不同的图纸上调用,进而能方便地标注尺寸、编写文字等。

3) AutoCAD 提供了多种辅助绘图工具。在有限的屏幕范围内可绘制各种规格的图纸,并能在图上准确定位,使用不同的线型绘制图形。

4) 适用于多种运行环境。AutoCAD 能在多种操作系统上使用,支持多种图形设备,绘制的图形可在绘图仪或打印机上输出。

5) 提供了强大的二次开发功能。AutoCAD 是一个全开放的结构,用户可以在 AutoCAD 上进行二次开发,编制各种专业绘图软件。

由于 AutoCAD 的广泛使用,本章将以 AutoCAD 2015 为软件环境,介绍使用 AutoCAD 绘制工程图样的方法。

第二节 用 AutoCAD 绘制工程图

一、启动 AutoCAD

安装了 AutoCAD 之后(不论哪个版本),就会在 Windows 桌面上生成一个快捷图标,双击此图标就可进入 AutoCAD,然后单击 [文件]→[新建] 按钮,打开"选择样板"对话框,屏幕状态如图 10-1 所示。在该对话框中,选择对应的样板后,单击 [打开] 按钮,系统会以所选择的样板为模板建立图形文件,就可以开始画图了。

图 10-1　AutoCAD 的屏幕状态

二、AutoCAD 的窗口

用户主要通过 AutoCAD 的窗口进行各种操作，如图 10-2 所示为 AutoCAD 2015 窗口的组成。

（1）绘图区　绘图区是用户在屏幕上作图的区域。在此区域内有一个十字光标，移动鼠标或按键盘上的方向键可以改变它的位置。

（2）菜单栏　菜单栏是一系列命令列表，可利用其执行 AutoCAD 的大部分命令。单击菜单栏中的某一项，会弹出相应的下拉菜单，再单击要执行的某一命令就能进行相应的操作。

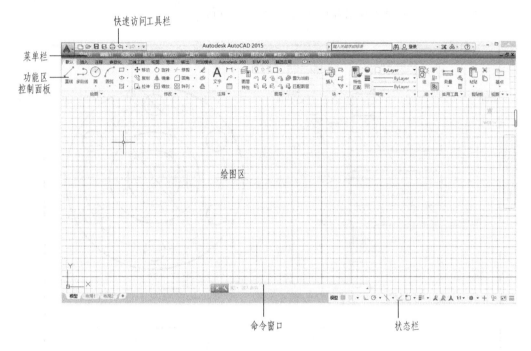

图 10-2　AutoCAD 2015 的窗口

（3）功能区控制面板　在用户单击对应的功能区选项卡后，会显示对应的功能按钮，每个区域均有图形化的按钮。单击某一按钮，就可以启动 AutoCAD 的对应命令。

（4）命令窗口　AutoCAD 将用户输入的命令显示在此区域内，执行命令后，在此显示该命令的提示。它是人机对话的窗口，画图时要注意这里的提示。

（5）状态栏　状态栏用于显示或设置当前的绘图状态。状态栏右边的按钮是几个功能按钮，单击鼠标使其视觉上凹下去就调用了该按钮对应的功能。

（6）快速访问工具栏　快速访问工具栏提供可以快速访问的频繁使用的工具。

三、AutoCAD 命令输入方法

在 AutoCAD 的图形编辑状态下，命令的输入方法有以下几种。

（1）命令按钮法　AutoCAD 功能区控制面板的每一个图形符号就是一个命令按钮，单击某一按钮，程序就执行该按钮对应的命令。

（2）下拉菜单法　AutoCAD 的菜单折叠在屏幕上部的菜单栏，单击某一选项后折叠的

菜单会打开，所以称为下拉菜单。

（3）键盘输入法　在命令窗口的命令提示符"command："下，用户可以从键盘输入AutoCAD的命令，然后按〈Space〉或〈Enter〉键，便可执行该命令。

（4）重复执行命令　按〈Enter〉键就可重复执行刚执行完的命令。

四、使用 AutoCAD 绘制零件图和装配图

1. 绘制零件图

AutoCAD 具有很强的绘图和编辑功能，可画出各种图形。

[例 10-1]　用 AutoCAD 画出如图 10-3 所示的零件图。

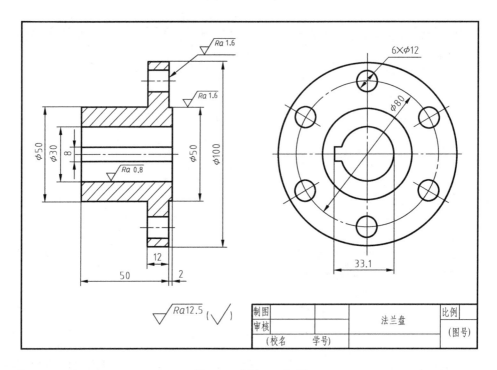

图 10-3　[例 10-1] 图

（1）**分析零件特点，确定表达方案**　该零件属于轮盘类零件，零件结构比较简单，选用主、左两个视图表达零件的内外结构形状。主视图采用全剖视图，表达内部结构形状；左视图采用视图，表达外形结构特点。

（2）**设置绘图环境**　设置绘图单位和绘图区域、设置图层、设置线型比例、定义文字样式、定义尺寸标注样式、绘制图框和标题栏等。

（3）**设置图层**　图层的选择应根据 AutoCAD 关于线型显示与绘图输出的特点来考虑，一个图层可以定义一种线型及颜色，不同的线型要画在不同的图层上。打开"图层设置管理器"对话框进行设置，见表 10-1。

（4）**画各视图的轮廓线**　根据零件的结构特点，确定作图顺序。图中的法兰盘按主视图、左视图的顺序画图。主视图主要利用画线命令，左视图根据"高平齐"，通过画水平构造线，用画圆命令画出左视图的外形轮廓。

表 10-1　图层设置

图层名	图线颜色	线型	线宽
粗实线	黑	Continuous	0.5
细实线	蓝	Continuous	0.25
中心线	红	Center	0.25
尺寸标注	紫	Continuous	0.25

1）画主视图。使中心线层为当前层，单击［正交］按钮，打开正交工具，利用画线命令，画出中心线，如图 10-4a 所示。

使粗实线层为当前层，绘制轮廓线。因为法兰盘为对称结构，先完成上半部分图形，然后利用镜向命令完成下半部分图形。具体过程如下。

命令：Line

指定第一个点：用鼠标在中心线上点取一点

指定下一点或［放弃 U］：25（单击［正交］按钮使"正交限制光标"开，向上拉出一直线，输入长度）

指定下一点或［放弃 U］：38（向右输入长度）

指定下一点或［放弃 U］：25（向上输入长度）

指定下一点或［放弃 U］：12（向右输入长度）

指定下一点或［放弃 U］：25（向下输入长度）

指定下一点或［放弃 U］：2（向右输入长度）

指定下一点或［放弃 U］：25（向下输入长度）

指定下一点或［放弃 U］：按键盘上的〈Enter〉键，结束命令

利用偏移命令绘制内孔线条。

命令：offset

指定偏移距离或［通过（T）/删除（E）/图层（L）］<通过>：10（输入偏移距离，$\phi50$ 与 $\phi30$ 之间的距离）

选择要偏移的对象，或［退出（E）/放弃（U）］<退出>：选择要偏移的图线，在选择的线段下方单击

指定通过点或［退出（E）/多个（M）/放弃（U）］<退出>：按键盘上的〈Enter〉键，结束命令

同理可画出其他线段，如图 10-4b 所示。

利用镜向命令，画出下半部分。具体过程如下。

命令：mirror

选择对象：选项找到 9 个（用窗口方式选择如图 10-4b 所示除中心线外的图线）

指定镜向线的第一个点：捕捉中心线的一个端点

指定镜向线的第二个点：捕捉中心线的另一个端点

要删除源对象吗？［是（Y）/否（N）］<N>：按键盘上的〈Enter〉键，结束命令，不删除源对象

绘制的图形如图 10-4c 所示。

2）画左视图。首先根据"高平齐"画左视图的中心线。由于左视图中主要是圆形，利用画圆命令即可画出图形。具体过程如下。

命令：circle

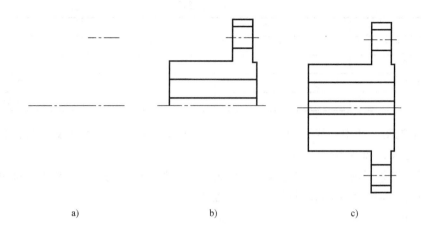

a)　　　　　　　　b)　　　　　　　　c)

图 10-4　主视图的画法

指定圆的圆心或［三点(3P)/二点(2P)/切点(切点、半径)(T)］:(用鼠标单击中心线交点)

指定圆的半径或［直径(D)］:40(输入圆半径)

将粗实线层设置为当前层，重复执行命令，画出 $\phi30$、$\phi50$、$\phi100$ 和 $\phi12$ 圆。如图 10-5 所示。6 个 $\phi12$ 的小圆用环形阵列命令完成。具体过程如下。

命令:arraypolar

选择对象:2 found(选择小圆和垂直中心线),按键盘上的〈Enter〉键

指定阵列的中心点或［基点(B)/旋转轴(A)］:捕捉大圆的中心点

选择夹点以编辑阵列或［关联(AS)/基点(B)/项目(I)/项目间角度(A)/填充角度(F)/行(ROM)/层(L)/旋转项目(ROT)/退出(X)］<退出>:I

输入阵列中的项目数或［表达式(E)］<6>:6(生成相同结构的个数,使小圆均布在整个圆周上)

选择夹点以编辑阵列或［关联(AS)/基点(B)/项目(I)/项目间角度(A)/填充角度(F)/行(ROM)/层(L)/旋转项目(ROT)/退出(X)］<退出>:按键盘上的〈Enter〉键,结束命令

将图中长出的中心线用修剪命令进行修剪，结果如图 10-6 所示。

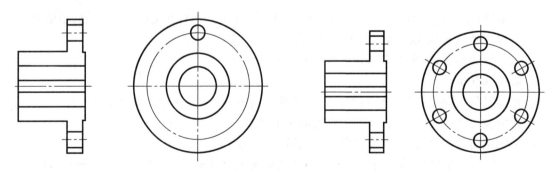

图 10-5　左视图的画法　　　　　　　　图 10-6　左视图阵列圆的画法

用画线命令画键槽。具体过程如下。

命令:Line

指定第一个点:调出对象捕捉工具条,单击 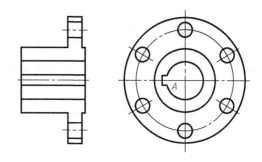(捕捉自)按钮,捕捉点 A,$\phi30$ 圆的左端点作为基准点

指定下一点或[放弃 U]:@ -3.1,4(输入相对于基准点的相对坐标)

指定下一点或[放弃 U]:(打开正交方式)画出线段

同样方法即可画出键槽,结果如图 10-7 所示。

3)画剖面线。主视图为剖视图,要进行图案填充。单击"图案填充创建"标签打开其选项卡,如图 10-8 所示。

在需要填充剖面线的区域单击,填充范围有填充图案的效果预览出现。填充图案类型选择"ANSI31"(45°斜线),在比例栏输入比例,设置完毕,单击[关闭图案填充创建]按钮,最后图形如图 10-3 所示。

图 10-7　左视图键槽的画法

图 10-8　"图案填充创建"选项卡

(5)**标注尺寸**　尺寸标注要在一个单独的图层上,便于管理。标注尺寸前要先设置尺寸样式,尺寸标注样式在"标注样式管理器"中完成。调出尺寸标注命令,即可按需要进行标注。

(6)**标注技术要求,填写标题栏**　国家标准对图样中的文字有规定,在标注文字前要设置字体,使其符合国家标准的要求,文字标注样式要在"文字样式"对话框中完成。命令格式如下。

命令:DT(执行输入单行文本命令)

指定文字的起点或[对正(J)/样式(S)]:当前文字样式:"工程图式样"文字高度:5.000
注释性:否 对正:左(输入文字的起点)

指定高度<7.000>:5(输入文字的高度)

指定文字旋转角度<0>:(文字的旋转角度)

输入文字内容,输入完毕按〈Enter〉键结束

表面粗糙度符号若是每处都重新绘制则费时费力,将其定义成图块存盘,需要时将它插入到图形中,就可以避免重复性绘制图形,节省绘图时间。

1)定义图块。按国家标准规定画出表面粗糙度符号,并为其附加上属性。属性是图块中的文字信息,在图块中用属性,使插入图块时,块中的文字可以及时更新为输入的新内容。

依次单击[绘图]→[块]→[定义属性],系统弹出"属性定义"对话框,在对话框中设置标签属性、提示属性、属性值、文字高度、文字对齐方式等。将带属性的图形定义为块,单击 按钮,屏幕显示"块定义"对话框,在此对话框中要输入块名(块名允许用汉

字）、用户插入基准点，单击［选择对象］按钮，系统要求选择定义块的图形，选择后单击对话框中的［确定］按钮，完成带属性的图块定义。

2）插入带属性的图块。图块插入用"插入块"命令，单击 按钮，显示"插入块"对话框，从中选择要插入的图块名，根据命令行的提示，输入有关参数。

2. 拼画装配图

装配图是由多个零件装配而成的，作图时可先画出零件图，再将零件图定义为图块文件，用插入图块的方法拼画装配图。其要点是定义块时，关闭在装配图中不需要的零件图中的层（如尺寸标注层），删除在装配图中不需要的线条，修剪掉插入后被遮挡的图线，选择合理的定位基准。

［例10-2］ 用 AutoCAD 画如图 10-9 所示联轴器的装配图。

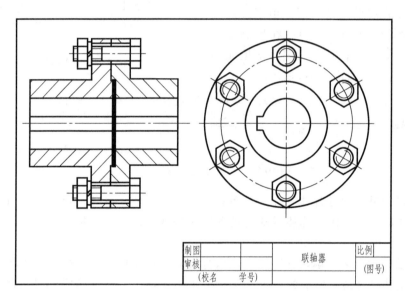

图 10-9 联轴器装配图

联轴器是由左、右法兰盘和螺栓组件装配而成的，画装配图前，将左法兰盘、右法兰盘、螺母、螺栓、弹簧垫片的零件图画出。

（1）定义图块 现将如图 10-3 所示零件图中的主视图定义为图块，操作步骤如下。

1）用"打开"命令打开左法兰盘的图形文件"左法兰盘 . dwg"。

2）关闭尺寸标注层。

3）擦去右端螺栓孔的图线。

4）用"创建块"命令把主视图定义成图块，如图 10-10 所示，插入基点选择点 B。把图块命名为"左法兰盘 . dwg"。

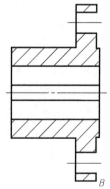

图 10-10 把左法兰盘定义成块

5）用"写块"命令将该图块存盘，在命令行输入"WBLOCK"后按〈Enter〉键，可打开"写块"对话框进行相关设置，然后单击［确定］

按钮完成存储。

（2）**拼画装配图**

1）建立装配图图形文件。根据装配图的大小选图幅，用 A3 图幅作图。用"打开"命令打开样板图；用"插入"命令将左法兰盘插入到样板图的适当位置；用"插入"命令将右法兰盘图块插入，其基点与左法兰盘的点 B 对准，使两零件很好地结合；将螺母、螺栓、弹簧垫片图块插入。

2）调整某些零件的表达方法，适应装配图的要求。螺纹的连接要按制图的规定画法作图。

3）画左视图，与零件图画法基本相同，只需在零件图的基础上，画 6 个六角螺母和螺纹的投影即可。

4）在装配图中，只标注与装配有关的尺寸，标注与机器或部件性能有关的技术要求，完成的装配图如图 10-9 所示。

小　　结

1）AutoCAD 2015 用户界面主要由菜单栏、工具栏、绘图区、命令窗口和状态栏等组成。

2）启动命令的方式有命令按钮法、下拉菜单法和键盘输入法。

3）绘图时先进行相关设置，包括设置绘图单位和绘图区域、设置图层、设置线型比例、定义文字样式、定义尺寸标注样式等。

附 录

附表1　普通螺纹　直径与螺距系列（摘自 GB/T 193—2003）、基本尺寸（摘自 GB/T 196—2003）

D——内螺纹大径；d——外螺纹大径；
D_2——内螺纹中径；d_2——外螺纹中径；
D_1——内螺纹小径；d_1——外螺纹小径；
P——螺距；H——原始三角形高

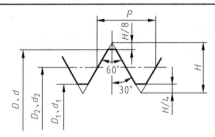

（单位：mm）

公称直径 D、d		螺距 P		粗牙中径 D_2、d_2	粗牙小径 D_1、d_1
第一系列	第二系列	粗牙	细牙		
3		0.5	0.35	2.675	2.459
	3.5	0.6		3.110	2.850
4		0.7	0.5	3.545	3.242
	4.5	0.75		4.013	3.688
5		0.8		4.480	4.134
6		1	0.75	5.350	4.917
8		1.25	1,0.75	7.188	6.647
10		1.5	1.25,1,0.75	9.026	8.376
12		1.75	1.25,1	10.863	10.106
	14	2	1.5,(1.25),1	12.701	11.835
16		2	1.5,1	14.701	13.835
	18	2.5		16.376	15.294
20		2.5		18.376	17.294
	22	2.5	2,1.5,1	20.376	19.294
24		3		22.051	20.752
	27	3		25.051	23.752
30		3.5	(3),2,1.5,1	27.727	26.211
	33	3.5	(3),2,1.5	30.727	29.211
36		4	3,2,1.5	33.402	31.670

注：1. 优先选用第一系列，括号内尺寸尽可能不用。
　　2. M14×1.25 仅用于火花塞。

附表 2　梯形螺纹　基本尺寸（摘自 GB/T 5796.3—2005）

D_4——内螺纹大径；D_1——内螺纹小径；

D_2——内螺纹中径；d——外螺纹大径；

d_3——外螺纹小径；d_2——外螺纹中径；

P——螺距

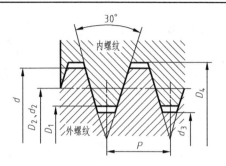

（单位：mm）

公称直径		螺距 P	中径 $d_2 = D_2$	大径 D_4	小径		公称直径		螺距 P	中径 $d_2 = D_2$	大径 D_4	小径	
第一系列	第二系列				d_3	D_1	第一系列	第二系列				d_3	D_1
8		1.5	7.25	8.30	6.20	6.50			3	24.50	26.50	22.50	23.00
	9	1.5	8.25	9.30	7.20	7.50		26	5	23.50	26.50	20.50	21.00
		2	8.00	9.50	6.50	7.00			8	22.00	27.00	17.00	18.00
10		1.5	9.25	10.30	8.20	8.50			3	26.50	28.50	24.50	25.00
		2	9.00	10.50	7.50	8.00	28		5	25.50	28.50	22.50	23.00
	11	2	10.00	11.50	8.50	9.00			8	24.00	29.00	19.00	20.00
		3	9.50	11.50	7.50	8.00			3	28.50	30.50	26.50	27.00
12		2	11.00	12.50	9.50	10.00		30	6	27.00	31.00	23.00	24.00
		3	10.50	12.50	8.50	9.00			10	25.00	31.00	19.00	20.00
	14	2	13.00	14.50	11.50	12.00			3	30.50	32.50	28.50	29.00
		3	12.50	14.50	10.50	11.00	32		6	29.00	33.00	25.00	26.00
16		2	15.00	16.50	13.50	14.00			10	27.00	33.00	21.00	22.00
		4	14.00	16.50	11.50	12.00			3	32.50	34.50	30.50	31.00
	18	2	17.00	18.50	15.50	16.00		34	6	31.00	35.00	27.00	28.00
		4	16.00	18.50	13.50	14.00			10	29.00	35.00	23.00	24.00
20		2	19.00	20.50	17.50	18.00			3	34.50	36.50	32.50	33.00
		4	18.00	20.50	15.50	16.00	36		6	33.00	37.00	29.00	30.00
	22	3	20.50	22.50	18.50	19.00			10	31.00	37.00	25.00	26.00
		5	19.00	22.50	16.50	17.00			3	36.50	38.50	34.50	35.00
		8	18.00	23.00	13.00	14.00		38	7	34.50	39.00	30.00	31.00
24		3	22.50	24.50	20.50	21.00			10	33.00	39.00	27.00	28.00
		5	21.50	24.50	18.50	19.00			3	38.50	40.50	36.50	37.00
		8	20.00	25.00	15.00	16.00	40		7	36.50	41.00	32.00	33.00
									10	35.00	41.00	29.00	30.00

附表3　55°非密封管螺纹（摘自 GB/T 7307—2001）

标记示例

尺寸代号为1/2的右旋圆柱内螺纹：
G 1/2

尺寸代号为1/2的 A 级右旋圆柱外螺纹：
G 1/2 A

尺寸代号为1/2的 B 级左旋圆柱外螺纹：
G 1/2 B-LH

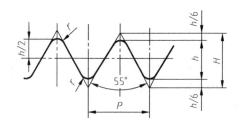

尺寸代号	每25.4mm 内的牙数 n	螺距 P /mm	牙高 h /mm	圆弧半径 $r \approx$ /mm	公称直径		
					大径 $d = D$ /mm	中径 $d_2 = D_2$ /mm	小径 $d_1 = D_1$ /mm
1/16	28	0.907	0.581	0.125	7.723	7.142	6.561
1/8	28	0.907	0.581	0.125	9.728	9.147	8.566
1/4	19	1.337	0.856	0.184	13.157	12.301	11.445
3/8	19	1.337	0.856	0.184	16.662	15.806	14.950
1/2	14	1.814	1.162	0.249	20.955	19.793	18.631
5/8	14	1.814	1.162	0.249	22.911	21.749	20.587
3/4	14	1.814	1.162	0.249	26.441	25.279	24.117
7/8	14	1.814	1.162	0.249	30.201	29.039	27.877
1	11	2.309	1.479	0.317	33.249	31.770	30.291
1⅛	11	2.309	1.479	0.317	37.897	36.418	34.939
1¼	11	2.309	1.479	0.317	41.910	40.431	38.952
1½	11	2.309	1.479	0.317	47.803	46.324	44.845
1¾	11	2.309	1.479	0.317	53.746	52.267	50.788
2	11	2.309	1.479	0.317	59.614	58.135	56.656
2¼	11	2.309	1.479	0.317	65.710	64.231	62.752
2½	11	2.309	1.479	0.317	75.184	73.705	72.226
2¾	11	2.309	1.479	0.317	81.534	80.055	78.576
3	11	2.309	1.479	0.317	87.884	86.405	84.926
3½	11	2.309	1.479	0.317	100.330	98.851	97.372
4	11	2.309	1.479	0.317	113.030	111.551	110.072
4½	11	2.309	1.479	0.317	125.730	124.251	122.772
5	11	2.309	1.479	0.317	138.430	136.951	135.472
5½	11	2.309	1.479	0.317	151.130	149.651	148.172
6	11	2.309	1.479	0.317	163.830	162.351	160.872

附表 4 六角头螺栓（摘自 GB/T 5782—2016）

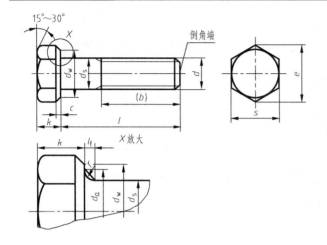

标记示例

螺纹规格为 M12、公称长度 l = 80mm、性能等级
为 8.8 级、表面不经处理的 A 级六角头螺栓：

螺栓 GB/T 5782 M12×80

（单位：mm）

螺纹规格 d			M3	M4	M5	M6	M8	M10	M12	M16	M20	M24	M30	M36
e_{min}	产品等级	A	6.01	7.66	8.79	11.05	14.38	17.77	20.03	26.75	33.53	39.98	—	—
		B	5.88	7.50	8.63	10.89	14.20	17.59	19.85	26.17	32.95	39.55	50.85	60.79
s_{max} = 公称			5.5	7	8	10	13	16	18	24	30	36	46	55
k 公称			2	2.8	3.5	4	5.3	6.4	7.5	10	12.5	15	18.7	22.5
l_{fmax}			1	1.2	1.2	1.4	2	2	3	3	4	4	6	6
d_{amax}			3.6	4.7	5.7	6.8	9.2	11.2	13.7	17.7	22.4	26.4	33.4	39.4
c	max		0.4	0.4	0.5	0.5	0.6	0.6	0.6	0.8	0.8	0.8	0.8	0.8
	min		0.15	0.15	0.15	0.15	0.15	0.15	0.15	0.2	0.2	0.2	0.2	0.2
d_{wmin}	产品等级	A	4.57	5.88	6.88	8.88	11.63	14.63	16.63	22.49	28.19	33.61	—	—
		B	4.45	5.74	6.74	8.74	11.47	14.47	16.47	22	27.7	33.25	42.75	51.11
d_{smax}			3	4	5	6	8	10	12	16	20	24	30	36
d_{smin}	产品等级	A	2.86	3.82	4.82	5.82	7.78	9.78	11.73	15.73	19.67	23.67	—	—
		B	2.75	3.70	4.70	5.70	7.64	9.64	11.57	15.57	19.48	23.48	29.48	35.38
r_{min}			0.1	0.2	0.2	0.25	0.4	0.4	0.6	0.6	0.8	0.8	1	1
b 参考	$l \leqslant 125$		12	14	16	18	22	26	30	38	46	54	66	78
	$125 < l \leqslant 200$		18	20	22	24	28	32	36	44	52	60	72	84
	$l > 200$		31	33	35	37	41	45	49	57	65	73	85	97
l 公称			20~30	25~40	25~50	30~60	40~80	45~100	50~120	65~160	80~200	90~240	110~300	140~360
l 系列			20,25,30,35,40,45,50,55,60,65,70,80,90,100,110,120,130,140,150,160,180,200,220,240,260,280,300,320,340,360,380,400											

注：A 和 B 为产品等级。A 级用于 $d \leqslant 24$mm 和 $l \leqslant 10d$，或者 $l \leqslant 150$mm（按较小值）的螺栓；B 级用于 $d > 24$mm 或 $l > 10d$，或者 $l > 150$mm（按较小值）的螺栓。

附表5　双头螺柱

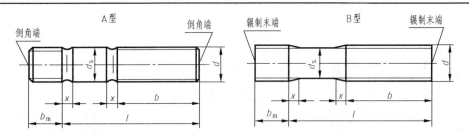

$b_m = 1d$(GB/T 897—1988)，$b_m = 1.25d$(GB/T 898—1988)，$b_m = 1.5d$(GB/T 899—1988)，$b_m = 2d$(GB/T 900—1988)

标记示例

两端均为粗牙普通螺纹，$d = 10$mm、$l = 50$mm、性能等级为4.8级、不经表面处理、B型、$b_m = 1d$ 的双头螺柱：

螺柱 GB/T 897 M10×50

旋入机体一端为粗牙普通螺纹，旋螺母一端为螺距 $P = 1$mm 的细牙普通螺纹，$d = 10$mm、$l = 50$mm、性能等级为4.8级、不经表面处理、A型、$b_m = 1d$ 的双头螺柱：

螺柱 GB/T 897 AM10—M10×1×50

（单位:mm）

螺纹规格 d	b_m(公称) GB/T 897	GB/T 898	GB/T 899	GB/T 900		l/b				
M5	5	6	8	10	l	16~20		25~50		
					b	10		16		
M6	6	8	10	12	l	20~22	25~30	32~75		
					b	10	14	18		
M8	8	10	12	16	l	20~22	25~30	32~90		
					b	12	16	22		
M10	10	12	15	20	l	25~28	30~38	40~120	130	
					b	14	16	26	32	
M12	12	15	18	24	l	25~30	32~40	45~120	130~180	
					b	16	20	30	36	
M16	16	20	24	32	l	30~38	40~55	60~120	130~200	
					b	20	30	38	44	
M20	20	25	30	40	l	35~40	45~65	70~120	130~200	
					b	25	35	46	52	
M24	24	30	36	48	l	45~50	55~75	80~120	130~200	
					b	30	45	54	60	
M30	30	38	45	60	l	60~65	70~90	95~120	130~200	210~250
					b	40	50	66	72	85
M36	36	45	54	72	l	65~75	80~110	120	130~200	210~300
					b	45	60	78	84	97
M42	42	52	63	84	l	70~80	85~110	120	130~200	210~300
					b	50	70	90	96	109
M48	48	60	72	96	l	80~90	95~110	120	130~200	210~300
					b	60	80	102	108	121
l(系列)	16、20、25、30、35、40、45、50、60、70、80、90、100、110、120、130、140、150、160、170、180、190、200、210、220、230、240、250、260、280、300									

附表6 开槽圆柱头螺钉（摘自 GB/T 65—2016）、开槽沉头螺钉（摘自 GB/T 68—2016）

开槽圆柱头螺钉（GB/T 65—2016）　　　　　　　　　开槽沉头螺钉（GB/T 68—2016）

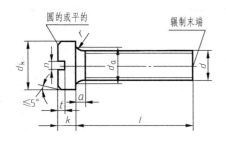
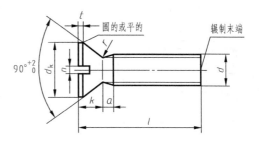

标记示例

螺纹规格为 M5、公称长度 l = 20mm、性能等级为 4.8 级、表面不经处理的开槽圆柱头螺钉：

螺钉 GB/T 65 M5×20

螺纹规格为 M5、公称长度 l = 20mm、性能等级为 4.8 级、表面不经处理的开槽沉头螺钉：

螺钉 GB/T 68 M5×20

（单位：mm）

螺纹规格 d			M3	M4	M5	M6	M8	M10
a	max		1	1.4	1.6	2	2.5	3
b	min		25	38	38	38	38	38
n	公称		0.8	1.2	1.2	1.6	2	2.5
GB/T 65	d_k	max	5.50	7.00	8.50	10.00	13.00	16.00
		min	5.32	6.78	8.28	9.78	12.73	15.73
	k	max	2.00	2.60	3.30	3.9	5.0	6.0
		min	1.86	2.46	3.12	3.6	4.7	5.7
	t	min	0.85	1.10	1.30	1.60	2.00	2.40
	r	min	0.10	0.20	0.20	0.25	0.40	0.40
	d_a	max	3.6	4.7	5.7	6.8	9.2	11.2
	l(商品规格范围公称长度)		4~30	5~40	6~50	8~60	10~80	12~80
	l(系列)		4,5,6,8,10,12,(14),16,20,25,30,35,40,45,50,(55),60,(65),70,(75),80					
GB/T 68	d_k 理论值 max		6.3	9.4	10.4	12.6	17.3	20
	实际值	max	5.50	8.40	9.30	11.30	15.80	18.30
		min	5.20	8.04	8.94	10.87	15.37	17.78
	k	max	1.65	2.7	2.7	3.3	4.65	5
	r	max	0.8	1	1.3	1.5	2	2.5
	t	max	0.85	1.3	1.4	1.6	2.3	2.6
		min	0.6	1.0	1.1	1.2	1.8	2.0
	l(商品规格范围公称长度)		5~30	6~40	8~50	8~60	10~80	12~80
	l(系列)		5,6,8,10,12,(14),16,20,25,30,35,40,45,50,(55),60,(65),70,(75),80					

附表7　紧定螺钉

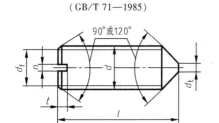

开槽锥端紧定螺钉
（GB/T 71—1985）

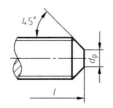

开槽平端紧定螺钉
（GB/T 73—1985）

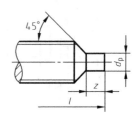

开槽长圆柱端紧定螺钉
（GB/T 75—1985）

标记示例

螺纹规格 d＝M5、公称长度 l＝12mm、性能等级为12H级、表面氧化的开槽锥端紧定螺钉：

螺钉 GB/T 71 M5×12

（单位：mm）

螺纹规格 d			M2	M2.5	M3	M4	M5	M6	M8	M10	M12
d_f≈			螺纹小径								
n（公称）			0.25	0.4	0.4	0.6	0.8	1	1.2	1.6	2
t		min	0.64	0.72	0.8	1.12	1.28	1.6	2	2.4	2.8
		max	0.84	0.95	1.05	1.42	1.63	2	2.5	3	3.6
GB/T 71—1985	d_t	min	—	—	—	—	—	—	—	—	—
		max	0.2	0.25	0.3	0.4	0.5	1.5	2	2.5	3
	l		3~10	3~12	4~16	6~20	8~25	8~30	10~40	12~50	(14)~60
GB/T 73—1985 GB/T 75—1985	d_p	min	0.75	1.25	1.75	2.25	3.2	3.7	5.2	6.64	8.14
		max	1	1.5	2	2.5	3.5	4	5.5	7	8.5
GB/T 73—1985	l	120°	2~2.5	2.5~3	3	4	5	6	—	—	—
		90°	3~10	4~12	4~16	5~20	6~25	8~30	8~40	10~50	12~60
GB/T 75—1985	z	min	1	1.25	1.5	2	2.5	3	4	5	6
		max	1.25	1.5	1.75	2.25	2.75	3.25	4.3	5.3	6.3
	l	120°	3	4	5	6	8	8~10	10~(14)	12~16	(14)~20
		90°	4~10	5~12	6~16	8~20	10~25	12~30	16~40	20~50	25~60
l（公称）			2,3,4,5,6,8,10,12,(14),16,20,25,30,35,40,45,50,(55),60								

注：在 GB/T 71—1985 中，当 d＝M2.5、l＝3mm 时，螺钉两端的倒角应制成120°。尽可能不采用括号内的规格。

附表 8　1 型六角螺母（摘自 GB/T 6170—2015）

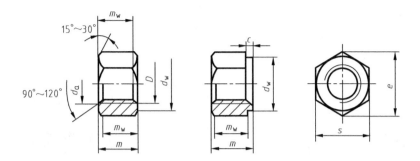

标记示例

螺纹规格为 M12、性能等级为 10 级、不经表面处理的 A 级 1 型六角螺母：

螺母 GB/T 6170 M12

（单位：mm）

螺纹规格 D		M3	M4	M5	M6	M8	M10	M12	M16
c	max	0.40	0.40	0.50	0.50	0.60	0.60	0.60	0.80
	min	0.15	0.15	0.15	0.15	0.15	0.15	0.15	0.20
d_a	max	3.45	4.60	5.75	6.75	8.75	10.80	13.00	17.30
	min	3.00	4.00	5.00	6.00	8.00	10.00	12.00	16.00
d_w	min	4.60	5.90	6.90	8.90	11.60	14.60	16.60	22.50
e	min	6.01	7.66	8.79	11.05	14.38	17.77	20.03	26.75
m	max	2.40	3.20	4.70	5.20	6.80	8.40	10.80	14.80
	min	2.15	2.90	4.40	4.90	6.44	8.04	10.37	14.10
m_w	min	1.70	2.30	3.50	3.90	5.20	6.40	8.30	11.30
s	公称＝max	5.50	7.00	8.00	10.00	13.00	16.00	18.00	24.00
	min	5.32	6.78	7.78	9.78	12.73	15.73	17.73	23.67
螺纹规格 D		M20	M24	M30	M36	M42	M48	M56	M64
c	max	0.80	0.80	0.80	0.80	1.00	1.00	1.00	1.00
	min	0.20	0.20	0.20	0.20	0.30	0.30	0.30	0.30
d_a	max	21.60	25.90	32.40	38.90	45.40	51.80	60.50	69.10
	min	20.00	24.00	30.00	36.00	42.00	48.00	56.00	64.00
d_w	min	27.70	33.30	42.80	51.10	60.00	69.50	78.70	88.20
e	min	32.95	39.55	50.85	60.79	71.30	82.60	93.56	104.86
m	max	18.00	21.50	25.60	31.00	34.00	38.00	45.00	51.00
	min	16.90	20.00	24.30	29.40	32.40	36.40	43.40	49.10
m_w	min	13.50	16.20	19.40	23.50	25.90	29.10	34.70	39.30
s	公称＝max	30.00	36.00	46.00	55.00	65.00	75.00	85.00	95.00
	min	29.16	35.00	45.00	53.80	63.10	73.10	82.80	92.80

注：A 级用于 $D \leqslant 16$mm 的螺母；B 级用于 $D > 16$mm 的螺母。

附表9　垫圈

平垫圈　A 级（GB/T 97. 1—2002）
小垫圈　A 级（GB/T 848—2002）

平垫圈　倒角型 A 级（GB/T 97. 2—2002）

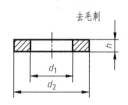

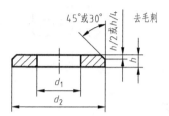

标记示例

公称规格 8mm、硬度等级为 140HV 级、不经表面处理、产品等级为 A 级的倒角型平垫圈：

垫圈 GB/T 97.2 8-140HV

（单位：mm）

公称规格 d		2	2.5	3	4	5	6	8	10	12	16	20	24	30	36
d_1 公称（min）	GB/T 848	2.2	2.7	3.2	4.3	5.3	6.4	8.4	10.5	13	17	21	25	31	37
	GB/T 97.1														
	GB/T 97.2	—	—	—	—	5.3	6.4	8.4	10.5	13	17	21	25	31	37
d_2 公称（max）	GB/T 848	4.5	5	6	8	9	11	15	18	20	28	34	39	50	60
	GB/T 97.1	5	6	7	9	10	12	16	20	24	30	37	44	56	66
	GB/T 97.2	—	—	—	—										
h 公称	GB/T 848	0.3	0.5	0.5	0.5	1	1.6	1.6	1.6	2	2.5	3	4	4	5
	GB/T 97.1	0.3	0.5	0.5	0.8	1	1.6	1.6	2	2.5	3	3	4	4	5
	GB/T 97.2	—	—	—	—										

附表 10 标准型弹簧垫圈 (摘自 GB/T 93—1987)

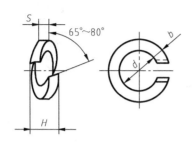 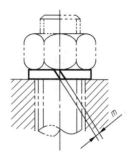

标记示例

规格 16mm、材料为 65Mn、表面氧化处理的标准型弹簧垫圈:

垫圈 GB/T 93 16

（单位:mm）

规格(螺纹大径)		4	5	6	8	10	12	16	20	24	30
d	min	4.1	5.1	6.1	8.1	10.2	12.2	16.2	20.2	24.5	30.5
	max	4.4	5.4	6.68	8.68	10.9	12.9	16.9	21.04	25.5	31.5
$S(b)$	公称	1.1	1.3	1.6	2.1	2.6	3.1	4.1	5	6	7.5
	min	1	1.2	1.5	2	2.45	2.95	3.9	4.8	5.8	7.2
	max	1.2	1.4	1.7	2.2	2.75	3.25	4.3	5.2	6.2	7.8
H	min	2.2	2.6	3.2	4.2	5.2	6.2	8.2	10	12	15
	max	2.75	3.25	4	5.25	6.5	7.75	10.25	12.5	15	18.75
$m \leqslant$		0.55	0.65	0.8	1.05	1.3	1.55	2.05	2.5	3	3.75

附表 11   圆柱销   不淬硬钢和奥氏体不锈钢（摘自 GB/T 119.1—2000）

圆柱销   淬硬钢和马氏体不锈钢（摘自 GB/T 119.2—2000）

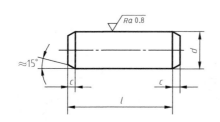

标记示例

公称直径 10mm、公称长度 50mm 的圆柱销：

销 GB/T 119.1 10×50

（单位：mm）

d	4	5	6	8	10	12	16	20	25	30	40	50
$c\approx$	0.63	0.8	1.2	1.6	2	2.5	3	3.5	4	5	6.3	8
长度范围	8~40	10~50	12~60	14~80	18~95	22~140	26~180	35~200	50~200	60~200	80~200	95~200
l(系列)	8,10,12,14,16,18,20,22,24,26,28,30,32,35,40,45,50,55,60,65,70,75,80,85,90,95,100,120,140,160,180,200											

附表 12   圆锥销（摘自 GB/T 117—2000）

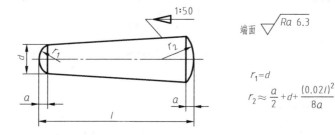

$$r_1=d$$
$$r_2\approx\frac{a}{2}+d+\frac{(0.02l)^2}{8a}$$

标记示例

公称直径 10mm、公称长度 60mm 的 A 型圆锥销：

销 GB/T 117 10×60

（单位：mm）

d	4	5	6	8	10	12	16	20	25	30	40	50
$a\approx$	0.5	0.63	0.8	1	1.2	1.6	2	2.5	3	4	5	6.3
长度范围	14~55	18~60	22~90	22~120	26~160	32~180	40~200	45~200	50~200	55~200	60~200	65~200
l(系列)	14,16,18,20,22,24,26,28,30,32,35,40,45,50,55,60,65,70,75,80,85,90,95,100,120,140,160,180,200											

附表 13　滚动轴承　深沟球轴承　外形尺寸（摘自 GB/T 276—2013）

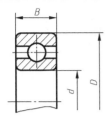

类型代号:6
标记示例
滚动轴承 6208 GB/T 276—2013

轴承型号	外形尺寸/mm			轴承型号	外形尺寸/mm		
	d	D	B		d	D	B
特轻(10)系列				中(03)窄系列			
6004	20	42	12	6304	20	52	15
6005	25	47	12	6305	25	62	17
6006	30	55	13	6306	30	72	19
6007	35	62	14	6307	35	80	21
6008	40	68	15	6308	40	90	23
6009	45	75	16	6309	45	100	25
6010	50	80	16	6310	50	110	27
6011	55	90	18	6311	55	120	29
6012	60	95	18	6312	60	130	31
6013	65	100	18	6313	65	140	33
6014	70	110	20	6314	70	150	35
6015	75	115	20	6315	75	160	37
6016	80	125	22	6316	80	170	39
6017	85	130	22	6317	85	180	41
6018	90	140	24	6318	90	190	43
6019	95	145	24	6319	95	200	45
6020	100	150	24	6320	100	215	47
轻(02)窄系列				重(04)窄系列			
6204	20	47	14	6404	20	72	19
6205	25	52	15	6405	25	80	21
		62					
6206	30		16	6406	30	90	23
6207	35	72	17	6407	35	100	25
6208	40	80	18	6408	40	110	27
6209	45	85	19	6409	45	120	29
6210	50	90	20	6410	50	130	31
6211	55	100	21	6411	55	140	33
6212	60	110	22	6412	60	150	35
6213	65	120	23	6413	65	160	37
6214	70	125	24	6414	70	180	42
6215	75	130	25	6415	75	190	45
6216	80	140	26	6416	80	200	48
6217	85	150	28	6417	85	210	52
6218	90	160	30	6418	90	225	54
6219	95	170	32	6419	95	240	55
6220	100	180	34	6420	100	250	58

附表 14　滚动轴承　推力球轴承　外形尺寸（摘自 GB/T 301—2015）

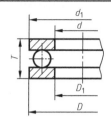

类型代号:5

标记示例

滚动轴承 51108 GB/T 301—2015

轴承型号	尺寸/mm					轴承型号	尺寸/mm				
	d	D	T	D_{1min}	d_{1max}		d	D	T	D_{1min}	d_{1max}
特轻(11)系列						中(13)系列					
51104	20	35	10	21	35	51304	20	47	18	22	47
51105	25	42	11	26	42	51305	25	52	18	27	52
51106	30	47	11	32	47	51306	30	60	21	32	60
51107	35	52	12	37	52	51307	35	68	24	37	68
51108	40	60	13	42	60	51308	40	78	26	42	78
51109	45	65	14	47	65	51309	45	85	28	47	85
51110	50	70	14	52	70	51310	50	95	31	52	95
51111	55	78	16	57	78	51311	55	105	35	57	105
51112	60	85	17	62	85	51312	60	110	35	62	110
51113	65	90	18	67	90	51313	65	115	36	67	115
51114	70	95	18	72	95	51314	70	125	40	72	125
51115	75	100	19	77	100	51315	75	135	44	77	135
51116	80	105	19	82	105	51316	80	140	44	82	140
51117	85	110	19	87	110	51317	85	150	49	88	150
51118	90	120	22	92	120	51318	90	155	50	93	155
51120	100	135	25	102	135	51320	100	170	55	103	170
轻(12)系列						重(14)系列					
51204	20	40	14	22	40	51405	25	60	24	27	60
51205	25	47	15	27	47	51406	30	70	28	32	70
51206	30	52	16	32	52	51407	35	80	32	37	80
51207	35	62	18	37	62	51408	40	90	36	42	90
51208	40	68	19	42	68	51409	45	100	39	47	100
51209	45	73	20	47	73	51410	50	110	43	52	110
51210	50	78	22	52	78	51411	55	120	48	57	120
51211	55	90	25	57	90	51412	60	130	51	62	130
51212	60	95	26	62	95	51413	65	140	56	68	140
51213	65	100	27	67	100	51414	70	150	60	73	150
51214	70	105	27	72	105	51415	75	160	65	78	160
51215	75	110	27	77	110	51416	80	170	68	83	170
51216	80	115	28	82	115	51417	85	180	72	88	177
51217	85	125	31	88	125	51418	90	190	77	93	187
51218	90	135	35	93	135	51420	100	210	85	103	205
51220	100	150	38	103	150	51422	110	230	95	113	225

附表 15　滚动轴承　圆锥滚子轴承　外形尺寸（摘自 GB/T 297—2015）

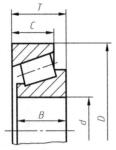

类型代号:3
标记示例
滚动轴承 32306 GB/T 297—2015

轴承型号	外形尺寸/mm					轴承型号	外形尺寸/mm				
	d	D	T	B	C		d	D	T	B	C
特轻(02)窄系列						宽(22)系列					
30204	20	47	15.25	14	12	32204	20	47	19.25	18	15
30205	25	52	16.25	15	13	32205	25	52	19.25	18	16
30206	30	62	17.25	16	14	32206	30	62	21.25	20	17
30207	35	72	18.25	17	15	32207	35	72	24.25	23	19
30208	40	80	19.75	18	16	32208	40	80	24.75	23	19
30209	45	85	20.75	19	16	32209	45	85	24.75	23	19
30210	50	90	21.75	20	17	32210	50	90	24.75	23	19
30211	55	100	22.75	21	18	32211	55	100	26.75	25	21
30212	60	110	23.75	22	19	32212	60	110	29.75	28	24
30213	65	120	24.75	23	20	32213	65	120	32.75	31	27
30214	70	125	26.25	24	21	32214	70	125	33.25	31	27
30215	75	130	27.25	25	22	32215	75	130	33.25	31	27
30216	80	140	28.25	26	22	32216	80	140	35.25	33	28
30217	85	150	30.5	28	24	32217	85	150	38.5	36	30
30218	90	160	32.5	30	26	32218	90	160	42.5	40	34
30219	95	170	34.5	32	27	32219	95	170	45.5	43	37
30220	100	180	37	34	29	32220	100	180	49	46	39
中(03)窄系列						中宽(23)系列					
30304	20	52	16.25	15	13	32304	20	52	22.25	21	18
30305	25	62	18.25	17	15	32305	25	62	25.25	24	20
30306	30	72	20.75	19	16	32306	30	72	28.75	27	23
30307	35	80	22.75	21	18	32307	35	80	32.75	31	25
30308	40	90	25.25	23	20	32308	40	90	35.25	33	27
30309	45	100	27.25	25	22	32309	45	100	38.25	36	30
30310	50	110	29.25	27	23	32310	50	110	42.25	40	33
30311	55	120	31.5	29	25	32311	55	120	45.5	43	35
30312	60	130	33.5	31	26	32312	60	130	48.5	46	37
30313	65	140	36	33	28	32313	65	140	51	48	39
30314	70	150	38	35	30	32314	70	150	54	51	42
30315	75	160	40	37	31	32315	75	160	58	55	45
30316	80	170	42.5	39	33	32316	80	170	61.5	58	48
30317	85	180	44.5	41	34	32317	85	180	63.5	60	49
30318	90	190	46.5	43	36	32318	90	190	67.5	64	53
30319	95	200	49.5	45	38	32319	95	200	71.5	67	55
30320	100	215	51.5	47	39	32320	100	215	77.5	73	60

附表 16　平键　键槽的剖面尺寸（摘自 GB/T 1095—2003、GB/T 1096—2003）

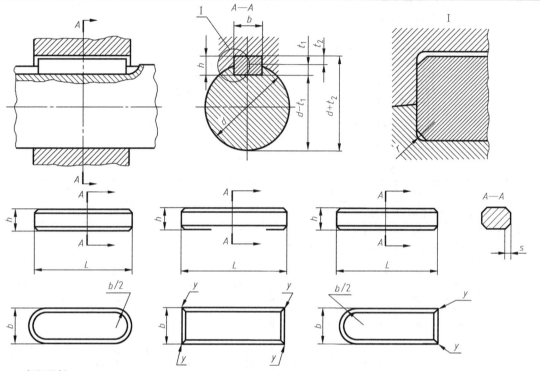

标记示例

$b=18$mm、$h=11$mm、$L=100$mm 的圆头普通平键（A 型）：

GB/T 1096 键 18×11×100

$b=18$mm、$h=11$mm、$L=100$mm 的方头普通平键（B 型）：

GB/T 1096 键 B 18×11×100

$b=18$mm、$h=11$mm、$L=100$mm 的单圆头普通平键（C 型）：

GB/T 1096 键 C 18×11×100

（单位：mm）

轴径 d	键的公称尺寸			公称尺寸	键槽									
					宽度极限偏差					深度				半径 r
										轴 t_1		毂 t_2		
					正常连接		紧密连接	松连接		公称尺寸	极限偏差	公称尺寸	极限偏差	
	b	h	L		轴 N9	毂 JS9	轴和毂 P9	轴 H9	毂 D10					min	max
自 6~8	2	2	6~20	2	-0.004	±0.0125	-0.006	+0.025	+0.060	1.2		1.0		0.08	0.16
>8~10	3	3	6~36	3	-0.029		-0.031	0	+0.020	1.8	+0.1 0	1.4	+0.1 0	
>10~12	4	4	8~45	4	0	±0.015	-0.012	+0.030	+0.078	2.5		1.8		
>12~17	5	5	10~56	5	-0.030		-0.042	0	+0.030	3.0		2.3		
>17~22	6	6	14~70	6						3.5		2.8		0.16	0.25
>22~30	8	7	18~90	8	0	±0.018	-0.015	+0.035	+0.098	4.0		3.3		
>30~38	10	8	22~110	10	-0.036		-0.051	0	+0.040	5.0		3.3		
>38~44	12	8	28~140	12						5.0	+0.2 0	3.3	+0.2 0	0.25	0.40
>44~50	14	9	36~160	14	0	±0.0215	-0.018	+0.043	+0.120	5.5		3.8		
>50~58	16	10	45~180	16	-0.043		-0.061	0	+0.050	6.0		4.3		
>58~65	18	11	50~200	18						7.0		4.4		
L（系列）	6,8,10,12,14,16,18,20,22,25,28,32,36,40,45,50,56,63,70,80,90,100,110,125,140,160,180,200													

附表 17　公称尺寸小于 500mm 的标准公差数值表（摘自 GB/T 1800.2—2009）

（单位：μm）

公称尺寸 /mm	公差等级																			
	IT01	IT0	IT1	IT2	IT3	IT4	IT5	IT6	IT7	IT8	IT9	IT10	IT11	IT12	IT13	IT14	IT15	IT16	IT17	IT18
≤3	0.3	0.5	0.8	1.2	2	3	4	6	10	14	25	40	60	100	140	250	400	600	1000	1400
>3~6	0.4	0.6	1	1.5	2.5	4	5	8	12	18	30	48	75	120	180	300	480	750	1200	1800
>6~10	0.4	0.6	1	1.5	2.5	4	6	9	15	22	36	58	90	150	220	360	580	900	1500	2200
>10~18	0.5	0.8	1.2	2	3	5	8	11	18	27	43	70	110	180	270	430	700	1100	1800	2700
>18~30	0.6	1	1.5	2.5	4	6	9	13	21	33	52	84	130	210	330	520	840	1300	2100	3300
>30~50	0.6	1	1.5	2.5	4	7	11	16	25	39	62	100	160	250	390	620	1000	1600	2500	3900
>50~80	0.8	1.2	2	3	5	8	13	19	30	46	74	120	190	300	460	740	1200	1900	3000	4600
>80~120	1	1.5	2.5	4	6	10	15	22	35	54	87	140	220	350	540	870	1400	2200	3500	5400
>120~180	1.2	2	3.5	5	8	12	18	25	40	63	100	160	250	400	630	1000	1600	2500	4000	6300
>180~250	2	3	4.5	7	10	14	20	29	46	72	115	185	290	460	720	1150	1850	2900	4600	7200
>250~315	2.5	4	6	8	12	16	23	32	52	81	130	210	320	520	810	1300	2100	3200	5200	8100
>315~400	3	5	7	9	13	18	25	36	57	89	140	230	360	570	890	1400	2300	3600	5700	8900
>400~500	4	6	8	10	15	20	27	40	63	97	155	250	400	630	970	1550	2500	4000	6300	9700

附表 18　公称尺寸至 500mm 的孔

公称尺寸/mm	A	B	C	D	D	E	E	F	F	G	G	H	H	H	H	H	H	H
											常用及优先公差带							
	11	12	11*	9*	10	8	9	8*	9	6	7*	6	7*	8*	9*	10	11*	12
≤3	+330 +270	+240 +140	+120 +60	+45 +20	+60 +20	+28 +14	+39 +14	+20 +6	+31 +6	+8 +2	+12 +2	+6 0	+10 0	+14 0	+25 0	+40 0	+60 0	+100 0
>3~6	+345 +270	+260 +140	+145 +70	+60 +30	+78 +30	+38 +20	+50 +20	+28 +10	+40 +10	+12 +4	+16 +4	+8 0	+12 0	+18 0	+30 0	+48 0	+75 0	+120 0
>6~10	+370 +280	+300 +150	+170 +80	+76 +40	+98 +40	+47 +25	+61 +25	+35 +13	+49 +13	+14 +5	+20 +5	+9 0	+15 0	+22 0	+36 0	+58 0	+90 0	+150 0
>10~14	+400 +290	+330 +150	+205 +95	+93 +50	+120 +50	+59 +32	+75 +32	+43 +16	+59 +16	+17 +6	+24 +6	+11 0	+18 0	+27 0	+43 0	+70 0	+110 0	+180 0
>14~18																		
>18~24	+430 +300	+370 +160	+240 +110	+117 +65	+149 +65	+73 +40	+92 +40	+53 +20	+72 +20	+20 +7	+28 +7	+13 0	+21 0	+33 0	+52 0	+84 0	+130 0	+210 0
>24~30																		
>30~40	+470 +310	+420 +170	+280 +120	+142 +80	+180 +80	+89 +50	+112 +50	+64 +25	+87 +25	+25 +9	+34 +9	+16 0	+25 0	+39 0	+62 0	+100 0	+160 0	+250 0
>40~50	+480 +320	+430 +180	+290 +130															
>50~65	+530 +340	+490 +190	+330 +140	+174 +100	+220 +100	+106 +60	+134 +60	+76 +30	+104 +30	+29 +10	+40 +10	+19 0	+30 0	+46 0	+74 0	+120 0	+190 0	+300 0
>65~80	+550 +360	+500 +200	+340 +150															
>80~100	+600 +380	+570 +220	+390 +170	+207 +120	+260 +120	+126 +72	+159 +72	+90 +36	+123 +36	+34 +12	+47 +12	+22 0	+35 0	+54 0	+87 0	+140 0	+220 0	+350 0
>100~120	+630 +410	+590 +240	+400 +180															
>120~140	+710 +460	+660 +260	+450 +200	+245 +145	+305 +145	+148 +85	+185 +85	+106 +43	+143 +43	+39 +14	+54 +14	+25 0	+40 0	+63 0	+100 0	+160 0	+250 0	+400 0
>140~160	+770 +520	+680 +280	+460 +210															
>160~180	+830 +580	+710 +310	+480 +230															
>180~200	+950 +660	+800 +340	+530 +240	+285 +170	+355 +170	+172 +100	+215 +100	+122 +50	+165 +50	+44 +15	+61 +15	+29 0	+46 0	+72 0	+115 0	+185 0	+290 0	+460 0
>200~225	+1030 +740	+840 +380	+550 +260															
>225~250	+1110 +820	+880 +420	+570 +280															
>250~280	+1240 +920	+1000 +480	+620 +300	+320 +190	+400 +190	+191 +110	+240 +110	+137 +56	+186 +56	+49 +17	+69 +17	+32 0	+52 0	+81 0	+130 0	+210 0	+320 0	+520 0
>280~315	+1370 +1050	+1060 +540	+650 +330															
>315~355	+1560 +1200	+1170 +600	+720 +360	+350 +210	+440 +210	+214 +125	+265 +125	+151 +62	+202 +62	+54 +18	+75 +18	+36 0	+57 0	+89 0	+140 0	+230 0	+360 0	+570 0
>355~400	+1710 +1350	+1250 +680	+760 +400															
>400~450	+1900 +1500	+1390 +760	+840 +440	+385 +230	+480 +230	+232 +135	+290 +135	+165 +68	+223 +68	+60 +20	+83 +20	+40 0	+63 0	+97 0	+155 0	+250 0	+400 0	+630 0
>450~500	+2050 +1650	+1470 +840	+880 +480															

基本偏差数值（摘自 GB/T 1800.2—2009）　　　　　　　　　（单位：μm）

（带 * 号者为优先公差带）

JS			K		M		N		P		R		S		T		U
6	7	8	6	7*	7	8	6	7*	6	7*	6	7	6	7*	6	7	6*
±3	±5	±7	0/-6	0/-10	-2/-12	-2/-16	-4/-10	-4/-14	-6/-12	-6/-16	-10/-16	-10/-20	-14/-20	-14/-24	—	—	-18/-24
±4	±6	±9	+2/-6	+3/-9	0/-12	+2/-16	-5/-13	-4/-16	-9/-17	-8/-20	-12/-20	-11/-23	-16/-24	-15/-27	—	—	-20/-28
±4.5	±7	±11	+2/-7	+5/-10	0/-15	+1/-21	-7/-16	-4/-19	-12/-21	-9/-24	-16/-25	-13/-28	-20/-29	-17/-32	—	—	-25/-34
±5.5	±9	±13	+2/-9	+6/-12	0/-18	+2/-25	-9/-20	-5/-23	-15/-26	-11/-29	-20/-31	-16/-34	-25/-36	-21/-39	—	—	-30/-41
±6.5	±10	±16	+2/-11	+6/-15	0/-21	+4/-29	-11/-24	-7/-28	-18/-31	-14/-35	-24/-37	-20/-41	-31/-44	-27/-48	—	—	-37/-50
															-37/-50	-33/-54	-44/-57
±8	±12	±19	+3/-13	+7/-18	0/-25	+5/-34	-12/-28	-8/-33	-21/-37	-17/-42	-29/-45	-25/-50	-38/-54	-34/-59	-43/-59	-39/-64	-55/-71
															-49/-65	-45/-70	-65/-81
±9.5	±15	±23	+4/-15	+9/-21	0/-30	+5/-41	-14/-33	-9/-39	-26/-45	-21/-51	-35/-54	-30/-60	-47/-66	-42/-72	-60/-79	-55/-85	-81/-100
											-37/-56	-32/-62	-53/-72	-48/-78	-69/-88	-64/-94	-96/-115
±11	±17	±27	+4/-18	+10/-25	0/-35	+6/-48	-16/-38	-10/-45	-30/-52	-24/-59	-44/-66	-38/-73	-64/-86	-58/-93	-84/-106	-78/-113	-117/-139
											-47/-69	-41/-76	-72/-94	-66/-101	-97/-119	-91/-126	-137/-159
											-56/-81	-48/-88	-85/-110	-77/-117	-115/-140	-107/-147	-163/-188
±12.5	±20	±31	+4/-21	+12/-28	0/-40	+8/-55	-20/-45	-12/-52	-36/-61	-28/-68	-58/-83	-50/-90	-93/-118	-85/-125	-127/-152	-119/-159	-183/-208
											-61/-86	-53/-93	-101/-126	-93/-133	-139/-164	-131/-171	-203/-228
											-68/-97	-60/-106	-113/-142	-105/-151	-157/-186	-149/-195	-227/-256
±14.5	±23	±36	+5/-24	+13/-33	0/-46	+9/-63	-22/-51	-14/-60	-41/-70	-33/-79	-71/-100	-63/-109	-121/-150	-113/-159	-171/-200	-163/-209	-249/-278
											-75/-104	-67/-113	-131/-160	-123/-169	-187/-216	-179/-225	-275/-304
±16	±26	±40	+5/-27	+16/-36	0/-52	+9/-72	-25/-57	-14/-66	-47/-79	-36/-88	-85/-117	-74/-126	-149/-181	-138/-190	-209/-241	-198/-250	-306/-338
											-89/-121	-78/-130	-161/-193	-150/-202	-231/-263	-220/-272	-341/-373
±18	±28	±44	+7/-29	+17/-40	0/-57	+11/-78	-26/-62	-16/-73	-51/-87	-41/-98	-97/-133	-87/-144	-179/-215	-169/-226	-257/-293	-247/-304	-379/-415
											-103/-139	-93/-150	-197/-233	-187/-244	-283/-319	-273/-330	-424/-460
±20	±31	±48	+8/-32	+18/-45	0/-63	+11/-86	-27/-67	-17/-80	-55/-95	-45/-108	-113/-153	-103/-166	-219/-259	-209/-272	-317/-357	-307/-370	-477/-517
											-119/-159	-109/-172	-239/-279	-229/-292	-347/-387	-337/-400	-527/-567

附表 19　公称尺寸至 500mm 的轴

公称尺寸/mm	a 11	b 11	c 11*	d 8	d 9*	e 7	e 8	f 7*	f 8	g 6*	g 7	h 5	h 6*	h 7*	h 8	h 9*	h 10	h 11*
≤3	-270/-330	-140/-200	-60/-120	-20/-34	-20/-45	-14/-24	-14/-28	-6/-16	-6/-20	-2/-8	-2/-12	0/-4	0/-6	0/-10	0/-14	0/-25	0/-40	0/-60
>3~6	-270/-345	-140/-215	-70/-145	-30/-48	-30/-60	-20/-32	-20/-38	-10/-22	-10/-28	-4/-12	-4/-16	0/-5	0/-8	0/-12	0/-18	0/-30	0/-48	0/-75
>6~10	-280/-370	-150/-240	-80/-170	-40/-62	-40/-76	-25/-40	-25/-47	-13/-28	-13/-35	-5/-14	-5/-20	0/-6	0/-9	0/-15	0/-22	0/-36	0/-58	0/-90
>10~14	-290/-400	-150/-260	-95/-205	-50/-77	-50/-93	-32/-50	-32/-59	-16/-34	-16/-43	-6/-17	-6/-24	0/-8	0/-11	0/-18	0/-27	0/-43	0/-70	0/-110
>14~18	-290/-400	-150/-260	-95/-205	-50/-77	-50/-93	-32/-50	-32/-59	-16/-34	-16/-43	-6/-17	-6/-24	0/-8	0/-11	0/-18	0/-27	0/-43	0/-70	0/-110
>18~24	-300/-430	-160/-290	-110/-240	-65/-98	-65/-117	-40/-61	-40/-73	-20/-41	-20/-53	-7/-20	-7/-28	0/-9	0/-13	0/-21	0/-33	0/-52	0/-84	0/-130
>24~30	-300/-430	-160/-290	-110/-240	-65/-98	-65/-117	-40/-61	-40/-73	-20/-41	-20/-53	-7/-20	-7/-28	0/-9	0/-13	0/-21	0/-33	0/-52	0/-84	0/-130
>30~40	-310/-470	-170/-330	-120/-280	-80/-119	-80/-142	-50/-75	-50/-89	-25/-50	-25/-64	-9/-25	-9/-34	0/-11	0/-16	0/-25	0/-39	0/-62	0/-100	0/-160
>40~50	-320/-480	-180/-340	-130/-290	-80/-119	-80/-142	-50/-75	-50/-89	-25/-50	-25/-64	-9/-25	-9/-34	0/-11	0/-16	0/-25	0/-39	0/-62	0/-100	0/-160
>50~65	-340/-530	-190/-380	-140/-330	-100/-146	-100/-174	-60/-90	-60/-106	-30/-60	-30/-76	-10/-29	-10/-40	0/-13	0/-19	0/-30	0/-46	0/-74	0/-120	0/-190
>65~80	-360/-550	-200/-390	-150/-340	-100/-146	-100/-174	-60/-90	-60/-106	-30/-60	-30/-76	-10/-29	-10/-40	0/-13	0/-19	0/-30	0/-46	0/-74	0/-120	0/-190
>80~100	-380/-600	-220/-440	-170/-390	-120/-174	-120/-207	-72/-107	-72/-126	-36/-71	-36/-90	-12/-34	-12/-47	0/-15	0/-22	0/-35	0/-54	0/-87	0/-140	0/-220
>100~120	-410/-630	-240/-460	-180/-400	-120/-174	-120/-207	-72/-107	-72/-126	-36/-71	-36/-90	-12/-34	-12/-47	0/-15	0/-22	0/-35	0/-54	0/-87	0/-140	0/-220
>120~140	-460/-710	-260/-510	-200/-450	-145/-208	-145/-245	-85/-125	-85/-148	-43/-83	-43/-106	-14/-39	-14/-54	0/-18	0/-25	0/-40	0/-63	0/-100	0/-160	0/-250
>140~160	-520/-770	-280/-530	-210/-460	-145/-208	-145/-245	-85/-125	-85/-148	-43/-83	-43/-106	-14/-39	-14/-54	0/-18	0/-25	0/-40	0/-63	0/-100	0/-160	0/-250
>160~180	-580/-830	-310/-560	-230/-480	-145/-208	-145/-245	-85/-125	-85/-148	-43/-83	-43/-106	-14/-39	-14/-54	0/-18	0/-25	0/-40	0/-63	0/-100	0/-160	0/-250
>180~200	-660/-950	-340/-630	-240/-530	-170/-242	-170/-285	-100/-146	-100/-172	-50/-96	-50/-122	-15/-44	-15/-61	0/-20	0/-29	0/-46	0/-72	0/-115	0/-185	0/-290
>200~225	-740/-1030	-380/-670	-260/-550	-170/-242	-170/-285	-100/-146	-100/-172	-50/-96	-50/-122	-15/-44	-15/-61	0/-20	0/-29	0/-46	0/-72	0/-115	0/-185	0/-290
>225~250	-820/-1110	-420/-710	-280/-570	-170/-242	-170/-285	-100/-146	-100/-172	-50/-96	-50/-122	-15/-44	-15/-61	0/-20	0/-29	0/-46	0/-72	0/-115	0/-185	0/-290
>250~280	-920/-1240	-480/-800	-300/-620	-190/-271	-190/-320	-110/-162	-110/-191	-56/-108	-56/-137	-17/-49	-17/-69	0/-23	0/-32	0/-52	0/-81	0/-130	0/-210	0/-320
>280~315	-1050/-1370	-540/-860	-330/-650	-190/-271	-190/-320	-110/-162	-110/-191	-56/-108	-56/-137	-17/-49	-17/-69	0/-23	0/-32	0/-52	0/-81	0/-130	0/-210	0/-320
>315~355	-1200/-1560	-600/-960	-360/-720	-210/-299	-210/-350	-125/-182	-125/-214	-62/-119	-62/-151	-18/-54	-18/-75	0/-25	0/-36	0/-57	0/-89	0/-140	0/-230	0/-360
>355~400	-1350/-1710	-680/-1040	-400/-760	-210/-299	-210/-350	-125/-182	-125/-214	-62/-119	-62/-151	-18/-54	-18/-75	0/-25	0/-36	0/-57	0/-89	0/-140	0/-230	0/-360
>400~450	-1500/-1900	-760/-1160	-440/-840	-230/-327	-230/-385	-135/-198	-135/-232	-68/-131	-68/-165	-20/-60	-20/-83	0/-27	0/-40	0/-63	0/-97	0/-155	0/-250	0/-400
>450~500	-1650/-2050	-840/-1240	-480/-880	-230/-327	-230/-385	-135/-198	-135/-232	-68/-131	-68/-165	-20/-60	-20/-83	0/-27	0/-40	0/-63	0/-97	0/-155	0/-250	0/-400

（h 栏上方注：常用及优先公差带）

基本偏差数值（摘自 GB/T 1800.2—2009）　　　　　　　　　　（单位：μm）

（带 * 号者为优先公差带）

js	k		m		n		p		r		s		t		u	v	x	y	z
6	6*	7	6	7	5	6*	6*	7	6	7	5	6*	6	7	6*	6	6	6	6
±3	+6/0	+10/0	+8/+2	+12/+2	+8/+4	+10/+4	+12/+6	+16/+6	+16/+10	+20/+10	+18/+14	+20/+14	—	—	+24/+18	—	+26/+20	—	+32/+26
±4	+9/+1	+13/+1	+12/+4	+16/+4	+13/+8	+16/+8	+20/+12	+24/+12	+23/+15	+27/+15	+24/+19	+27/+19	—	—	+31/+23	—	+36/+28	—	+43/+35
±4.5	+10/+1	+16/+1	+15/+6	+21/+6	+16/+10	+19/+10	+24/+15	+30/+15	+28/+19	+34/+19	+29/+23	+32/+23	—	—	+37/+28	—	+43/+34	—	+51/+42
±5.5	+12/+1	+19/+1	+18/+7	+25/+7	+20/+12	+23/+12	+29/+18	+36/+18	+34/+23	+41/+23	+36/+28	+39/+28	—	—	+44/+33	—	+51/+40	—	+61/+50
																+55/+39	+56/+45	—	+71/+60
±6.5	+15/+2	+23/+2	+21/+8	+29/+8	+24/+15	+28/+15	+35/+22	+43/+22	+41/+28	+49/+28	+44/+35	+48/+35	—	—	+54/+41	+60/+47	+67/+54	+76/+63	+86/+73
													—	—	+61/+48	+68/+55	+77/+64	+88/+75	+101/+88
±8	+18/+2	+27/+2	+25/+9	+34/+9	+28/+17	+33/+17	+42/+26	+51/+26	+50/+34	+59/+34	+54/+43	+59/+43	+64/+48	+73/+48	+76/+60	+84/+68	+96/+80	+110/+94	+128/+112
													+70/+54	+79/+54	+86/+70	+97/+81	+113/+97	+130/+114	+152/+136
±9.5	+21/+2	+32/+2	+30/+11	+41/+11	+33/+20	+39/+20	+51/+32	+62/+32	+60/+41	+71/+41	+66/+53	+72/+53	+85/+66	+96/+66	+106/+87	+121/+102	+141/+122	+163/+144	+191/+172
									+62/+43	+73/+43	+72/+59	+78/+59	+94/+75	+105/+75	+121/+102	+139/+120	+165/+146	+193/+174	+229/+210
±11	+25/+3	+38/+3	+35/+13	+48/+13	+38/+23	+45/+23	+59/+37	+72/+37	+73/+51	+86/+51	+86/+71	+93/+71	+113/+91	+126/+91	+146/+124	+168/+146	+200/+178	+236/+214	+280/+258
									+76/+54	+89/+54	+94/+79	+101/+79	+126/+104	+139/+104	+166/+144	+194/+172	+232/+210	+276/+254	+332/+310
±12.5	+28/+3	+43/+3	+40/+15	+55/+15	+45/+27	+52/+27	+68/+43	+83/+43	+88/+63	+103/+63	+110/+92	+117/+92	+147/+122	+162/+122	+195/+170	+227/+202	+273/+248	+325/+300	+390/+365
									+90/+65	+105/+65	+118/+100	+125/+100	+159/+134	+174/+134	+215/+190	+253/+228	+305/+280	+365/+340	+440/+415
									+93/+60	+108/+68	+126/+108	+133/+108	+171/+146	+186/+146	+235/+210	+277/+252	+335/+310	+405/+380	+490/+465
±14.5	+33/+4	+50/+4	+46/+17	+63/+17	+51/+31	+60/+31	+79/+50	+96/+50	+106/+77	+123/+77	+142/+122	+151/+122	+195/+166	+212/+166	+265/+236	+313/+284	+379/+350	+454/+425	+549/+520
									+109/+80	+126/+80	+150/+130	+159/+130	+209/+180	+226/+180	+287/+258	+339/+310	+414/+385	+499/+470	+604/+575
									+113/+84	+130/+84	+160/+140	+169/+140	+225/+196	+242/+196	+313/+284	+369/+340	+454/+425	+549/+520	+669/+640
±16	+36/+4	+56/+4	+52/+20	+72/+20	+57/+34	+66/+34	+88/+56	+108/+56	+126/+94	+146/+94	+181/+158	+190/+158	+250/+218	+270/+218	+347/+315	+417/+385	+507/+475	+612/+580	+742/+710
									+130/+98	+150/+98	+193/+170	+202/+170	+272/+240	+292/+240	+382/+350	+457/+425	+557/+525	+682/+650	+822/+790
±18	+40/+4	+61/+4	+57/+21	+78/+21	+62/+37	+73/+37	+98/+62	+119/+62	+144/+108	+165/+108	+215/+190	+226/+190	+304/+268	+325/+268	+426/+390	+511/+475	+626/+590	+766/+730	+936/+900
									+150/+114	+171/+114	+233/+208	+244/+208	+330/+294	+351/+294	+471/+435	+566/+530	+696/+660	+856/+820	+1036/+1000
±20	+45/+5	+68/+5	+63/+23	+86/+23	+67/+40	+80/+40	+108/+68	+131/+68	+166/+126	+189/+126	+259/+232	+272/+232	+370/+330	+393/+330	+530/+490	+635/+595	+780/+740	+980/+920	+1140/+1100
									+172/+132	+195/+132	+279/+252	+292/+252	+400/+360	+423/+360	+580/+540	+700/+660	+860/+820	+1040/+1000	+1290/+1250

参 考 文 献

[1] 钱可强. 机械制图 [M]. 5版. 北京：高等教育出版社，2018.

[2] 陈意平，任仲伟，朱颜. 机械制图 [M]. 沈阳：东北大学出版社，2013.

[3] 丁一，梁宁. 机械制图 [M]. 重庆：重庆大学出版社，2016.

[4] 丛伟. 画法几何学 [M]. 2版. 北京：机械工业出版社，2018.

[5] 丛伟. 工程制图 [M]. 2版. 北京：机械工业出版社，2018.

[6] 严胜利，刘胜杰，乔治安. 机械制图 [M]. 西安：西北工业大学出版社，2010.

[7] 大连理工大学工程图学教研室. 机械制图 [M]. 7版. 北京：高等教育出版社，2013.

[8] 大连理工大学工程图学教研室. 画法几何学 [M]. 7版. 北京：高等教育出版社，2011.

[9] 庞正刚. 机械制图 [M]. 北京：北京航空航天大学出版社，2012.

[10] 王兰美，殷昌贵. 画法几何及工程制图：机械类 [M]. 3版. 北京：机械工业出版社，2014.

[11] 金大鹰. 机械制图 [M]. 4版. 北京：机械工业出版社，2016.

[12] 胡建生. 机械制图 [M]. 北京：机械工业出版社，2019.

[13] 冯秋官. 机械制图与计算机绘图 [M]. 4版. 北京：机械工业出版社，2010.

[14] 王庆有，林新英. 机械制图 [M]. 北京：机械工业出版社，2014.

[15] 徐文胜. 机械制图与计算机绘图 [M]. 北京：机械工业出版社，2015.